THE CATALYST: RNA AND THE QUEST T LIFE'S DEEPEST SECRE

生命的催化劑 RNA：

Dr. Thomas R. Cech
湯瑪斯・切克博士 著

蕭秀姍 譯

諾貝爾化學獎得主
破解生命最深沉謎題的探索之旅

獻給培育我科學熱忱的父母

羅勃特（Robert）與安妮特（Annette），

與在這段旅程中陪伴我的

卡蘿（Carol）、艾莉森（Allison）與珍妮佛（Jennifer）。

目錄

審定序
核酶發現，改寫生命起源與醫藥未來 ············007

推薦序
百變RNA的王者之路 ············011

推薦序
RNA的華麗變奏曲：
從科學邊陲到醫療、科技最前沿 ············013

國內好評 ············017

國外好評 ············019

序言
RNA的時代 ············023

第一部 探索 ············031

第一章
傳訊者 ············033

第二章
生命的剪接 ············059

第三章
獨自進行 ············081

第四章
變形者的形狀 ············109

第五章
控制中心……135

第六章
起源……155

第二部　治療……175

第七章
青春之泉是死亡陷阱嗎？……177

第八章
當線蟲扭動時……207

第九章
精準的寄生物，馬虎的複製……229

第十章
RNA對上RNA……245

第十一章
運用剪刀加速前進……273

後記
RNA的未來……307

致謝……317

詞彙表……321

審定序
核酶發現，改寫生命起源與醫藥未來

國立臺灣大學共同教育中心兼任副教授 曹順成

1900年遺傳法則的再發現開啟了生命密碼探索史的新頁，第一個里程碑是摩根和他的學生們以果蠅為模式生物證明了染色體學說，使得基因與染色體的研究成為生物學接下來幾十年間的重心，並將生物學的研究從巨觀的個體推進至微觀的分子層級。

不過，了解基因在染色體上呈線性排列，並未解釋生命的遺傳密碼究竟為何，因此找尋遺傳物質、生命密碼的工作在全球各地熱烈展開。科學家從生命的複雜度著眼，自然將解開生命密碼的研究重點聚焦在由20種氨基酸組成的蛋白質，而非只由4種核苷酸組成的DNA。但是1940年代以細菌的轉化、和噬菌體利用細菌為宿主進行複製等實驗，都指出生命的密碼應該是DNA，使得DNA瞬間成為生命研究的焦點。

20世紀下半場生命密碼的研究聚焦在細胞內的分子活動，初期實驗檯上重要的主角是單細胞原核生物，從細胞內的化學反應，到微生物如何進行基因調控，科學家們藉由分離、純化及合成核酸與蛋白質，開啟了分子生物學的黃金時代。這個時期的重要研究有1953年DNA的雙股螺旋結構的建立，同時也揭露了生命如何複製。接下來30年的研究圍繞著中心法則，研究細胞核內的DNA如何藉由RNA將遺傳訊息傳送到細胞中，以製造執行各種功能的蛋白質。

當中心法則的研究擴及多細胞真核生物時，科學家們嘗試了各種方法，研究不連續的基因如何經由正確的剪接將訊息傳遞到細胞中，本書作者切克就是當時專注研究RNA剪接的科學家之一，他以單細胞的四膜蟲為模式生物，嘗試了解RNA剪接的機制。過程中他發現RNA剪接可以在細胞外單純的條件下完成，卻遍尋不著負責此一重要反應的關鍵酵素（蛋白質）。

研究的轉捩點，發生在他們反問：「如果負責RNA剪接反應的不是蛋白質呢？」這個重要的轉念成了發現核酶的關鍵，於是他們以細胞外合成RNA分子進行相同的實驗，賓果！合成的RNA分子並不只是一個核酸，還具備我們認為只有酵素才能進行的剪裁功能，這個發現將我們帶入了前所未知的RNA世界。

核酶的發現，讓RNA從一個細胞中忠實的訊息傳遞者，搖身一變成為分子生物學舞台上的新星，也吸引許多科學家投入研究。21世紀初微小RNA的發現、非編碼RNA的重要性、CRISPR/Cas9基因編輯的工具、和阻止新冠病毒的RNA疫苗，都肇因於RNA的生物學研究。

核酶的發現也讓科學家提出全新的生命起源假說——RNA世界。研究生命起源是非常困難的科學問題，雖然米勒的實驗證實有機物質可以從無機物產生，但是第一個生命的樣貌始終是個難解之謎，主要的糾結在於生命是可以複製、繁衍的單元，而我們已經在20世紀中葉證實DNA核酸攜帶了生命密碼，然而生命的繁殖必須經由蛋白質協助，使得科學家們在DNA起源和蛋白質起源二個假說中爭論不休。核酶的發現顯示，核酸也有進行反應的酵素功能，單一的RNA分子同時可以攜帶生命密碼和進行反應，使得RNA成為第一個生命的最佳候選分子，生命起源是RNA世界的假說也改寫了生命演化的篇章。

本書由諾貝爾獎得主以現場科學家的身分，將此一重要研究發現娓娓道來，他不僅是核酶研究實驗室主持人，也親身參與了這個劃時代的發現。他在書中忠實地呈現研究的時空背景、參與的重要科學家、RNA生物學的發展，和現今RNA研究在科學與臨床的重要性。

核酶的發現在當年不僅挑戰了所有酶都是蛋白質的觀念，也為生命的起源、人類之所以成為人類，和我們的老化與病死提出了新見解。在切克等科學家們鍥而不捨的努力下，RNA生物學領域（例如：干擾性RNA、非編碼RNA）的研究為近20年來RNA的治療模式立下基礎，而RNA治療法和現有的治療方法並不衝突，甚至可以相輔相成。

CRISPER/Cas9的DNA編輯技術以簡單、快速、精準、低成本和跨物種的特性，在提高農作物品質與改善園藝性狀、增加植物抗病性、改變植物二次代謝物方面都有不錯的成效，未來可望用於人體治療，尤其是病毒潛伏性感染（例如：愛滋病毒、疱疹病毒、B型肝炎病毒）和神經退化性疾病（例如：阿茲海默症和帕金森氏症等），甚至染色體異常（例如：唐氏症）方面，打造人類更完美的生活藍圖。

透過本書的閱讀，我們看到一位受好奇心驅使的科學家，親自為自己的研究進行實驗、大膽假設、小心求證，建立了全新的科學領域。除了研究之外，他在人才培育上也不遺餘力，在諾貝爾獎的光環下持續投身科學教育與人才培育。他也創立RNA研究學會，將相關領域的人才連結在一起，也為21世紀的RNA研究埋下種子。2006年RNA靜默研究、2023年RNA核苷酸檢基的修飾，促成新冠疫苗的開發，到2024年微小RNA的調控作用，3座諾貝爾獎的肯定，在在證明了RNA是未來醫藥研究的新興要角。

推薦序

百變RNA的王者之路

國立臺灣大學醫學院微生物科學研究所助理教授　曾紀綱

20世紀以來，去氧核醣核酸（DNA）一直是遺傳學、分子生物學乃至現代醫學的核心。然而，當科學家沉醉於保有基因密碼的DNA魅力時，一位站在幕後的重要分子——核糖核酸（RNA），一步一步悄悄地走到了世界舞台中央。

這個早期被認為只是DNA轉換成蛋白質過程的中間產物，事實上，才是真正牽動生命起源、老化過程、疾病機制、甚至可能延長壽命的關鍵因子。諾貝爾獎得主湯瑪斯·切克所撰寫的《生命的催化劑RNA》一書，不僅是一群世界頂尖核糖核酸科學家的重要科學發現回憶錄，更是一段RNA崛起成為21世紀生物醫學主角的歷史見證。

作者湯瑪斯博士本身是RNA革命的親歷者與推動者之一，也是1989年諾貝爾化學獎得主，在本書中，湯瑪斯博士以深入淺出的方式，帶領讀者回顧RNA如何從「DNA的助手」演變成「生物醫學的王者」，讓讀者認識RNA可以是一位具有酵素催化能力的魔術師（Ribozyme）、剪接核酸的裁縫師（pre-mRNA splicing）、決定生命永生與老化的魔法師（Telomerase）、改寫生命密碼的編輯者（CRISPR）、最後再到新冠疫苗背後的設計師（mRNA vaccine）。在本書中，湯瑪斯博士帶領讀者穿越一段段跨世代的歷史發現，這不僅是一本關於分子生物學的科普書，也讓讀者對生命本質有所反思。

對於正處在生技革命浪潮中的我們，《生命的催化劑RNA》不只是一本科學歷史讀物，更是一盞鼓舞科學後進的明燈，無論是研究人員、醫療從業者，還是對生命奧秘感到好奇的讀者，都值得打開本書，看見RNA的靈活與創造力，以及一位成功的研究者如何在失敗與意外中一步步地改寫歷史。願讀者跟隨著湯瑪斯博士，展開一場關於RNA的驚奇旅程。

推薦序

RNA的華麗變奏曲：從科學邊陲到醫療、科技最前沿

中央研究院生物醫學研究所特聘研究員　譚婉玉

看到諾貝爾獎得主湯瑪斯·切克的科普著作《生命的催化劑RNA》時，我感觸萬千。猶記得切克教授獲獎之際，我正在念博士班二年級，由於我的論文是研究信使RNA（mRNA）剪接，他的獲獎給了我很大的知識震撼和精神鼓舞。4年後的夏天，我進入耶魯大學瓊·史泰茲（Joan Steitz）教授實驗室準備開始進行博士後研究，那時瓊和她先生湯姆正好結束他們在科羅拉多大學的學術休假回到紐哈芬，他們受到切克教授的研究啟發，首次合寫了一篇文章闡述剪接體中的RNA可能藉由定位2個金屬離子來催化剪接反應。我一抵達實驗室，瓊就囑我好好閱讀這篇文章，我因而再次感受到源自切克教授「催化RNA」的魅力。那時是20世紀末期，RNA正漸漸擺脫灰姑娘的角色，但誰也沒想到在21世紀COVID-19爆發時，她忽然華麗登場拯救了世界。

現在正是我們需要回顧RNA歷史和前瞻RNA未來的時刻。切克教授的《生命的催化劑RNA》正好陪我們走一趟RNA之旅。

在本書中，切克教授用深入淺出的描述，帶著我們見證RNA如何從科學的邊陲一步步走到舞台中央。本書的安排像是

一場精心策劃的大師音樂會，在上半場的「探索」主題中，切克教授安排了上個世紀的RNA「古典」曲目，從70年前科學家合力解碼RNA，揭露了遺傳訊息翻譯成蛋白質語言的秘密開始，接著發現真核生物的mRNA並非像修士逐字謄抄經文般一字不漏地將DNA序列「複製貼上」，而是要經過精準的剪輯才能成為可讀的文本，這個剪輯過程還需要一群細胞核內特殊的RNA參與。接著切克教授娓娓道出他的核酶研究，以及如何解析它具有催化活性的摺疊構型，他的發現不僅顛覆了以往認為只有蛋白質才能做為生物催化劑的觀念，也催生了RNA可能是生命起源分子的劃時代假說。

在下半場「治療」主題中，切克教授安排演出的是「跨世紀和跨界」曲目，他讓我們見識到幾種不同的RNA分子如何在短短的二、三十年間，從被發現到成為現代醫療與生技產業的新星。令人興奮的是，這些RNA全都獲得諾貝爾獎的青睞，這在其他領域是少有的現象。親身參與端粒酶研究的切克教授從維持染色體末端長度的端粒酶開始談起，生動地描述了這項研究的競爭與合作，並且揭露了它與癌症和老化的密切關係。接著登場的是兩類極小型的RNA分子（小型干擾RNA和微小RNA），它們和反義寡核苷酸一樣雖小卻能立大功，已為罕見疾病帶來曙光。再來便是驚豔全世界的RNA疫苗，它以創紀錄的速度在人類疫苗史上獲得成功，這項成就還是要歸功於長期以來默默無聞的基礎研究。最後壓軸登場的是源自於細菌「免疫」系統的CRISPR，它利用RNA魚雷準確命中標的基因，也成為未來基因治療和編輯的「利刃」。

如此精彩的演出當然要「安可」一下，切克教授在最後談到RNA的未來可能存在於基因體的「暗物質」區域，它所產生的長鏈非編碼RNA有可能在未來粉墨登場，揭露我們現在仍未知的事。至於本書中已提到的RNA，除了醫療之外，還可應用於農業、環境與生質能源，因此RNA可說與我們的生活息息相關。若說20世紀最重要的生物分子是DNA，那麼21世紀最重要的分子應該就是RNA了。

最後還是要提到切克教授說他寫這本書的目的之一就是要「科普」，他除了用流暢的筆調帶領我們穿越RNA的關鍵研究，還告訴我們他為了在分離出來的四膜蟲細胞核內看到核糖體RNA的生成，需要在裡面加一點毒蕈菇醬汁（至於他為什麼要這麼做，就要請您自己拜讀）。他常說做實驗其實就像烤蛋糕，我們研究人員就是決定要不要加巧克力的烘焙師傅；他也比喻抗生素就像一把卡在引擎活塞上的扳手，阻止核糖體火車頭的前進。他讓我們看見科學不只是冷硬知識的堆砌，而是科學家懷著強烈的好奇心和無限的熱情去探索未知，最後在嚴謹的研究背後看見生命的微妙與壯麗。

我誠摯推薦這本書給所有對生命科學和醫療生技充滿好奇與懷抱熱忱的人。

國內好評（依姓氏筆畫序）

我樂意推薦此書，因為切克博士這本書是生命科學領域近幾世紀來最重要的科普著作！

——國立陽明交通大學終身講座教授／中央研究院院士　吳妍華

本書作者湯瑪斯．切克和我曾在加州大學柏克萊分校化學系的同一間實驗室，同時攻讀博士學位，他那時即已顯露出對實驗過程的熱忱及對實驗結果的認真思考能力。在這本深入淺出，介紹RNA研究的過去歷史、目前狀況，以及將來生醫重要性的科普書中，我覺得最有趣的就是，作者如何對一個當時幾乎無人可以接受的重大發現鍥而不捨，並建立了RNA在生物演化和基礎生物學上的嶄新角色。

我很榮幸並毫無保留地，推薦此書給所有在台灣生物科學領域做研究的學生和老師們。

——臺北醫學大學講座教授／中央研究院院士　沈哲鯤

欣見舊識湯瑪斯．切克以其獨特觀點，帶領讀者回顧RNA的科學歷史。

——中央研究院院士　姚孟肇

《生命的催化劑RNA》這本由諾貝爾化學獎得主湯瑪斯．切克博士親筆撰寫的科學探索之作，以深入淺出的方式，引領讀者認識RNA分子在生命中扮演的關鍵角色，開啟一段探索生命起源與運作奧秘的知識旅程。透過本書，我們得以一窺生命最深層的密碼，並激發對生命本質與未來的深層思索與無限想像。《生命的催化劑RNA》不僅是一場精彩的科學之旅，更是一扇啟迪生命奧秘的智慧之窗，誠摯推薦給所有對生命科學懷抱熱忱的讀者。

——國立陽明交通大學生化暨分子生物研究所助理教授 張崇德

國外好評

諾貝爾獎得主湯瑪斯・切克以一個兼具啟發性與吸引力的故事，帶領我們進入RNA的世界。對形塑生命以及驅動科學與醫學未來的分子感興趣的讀者，必然不能錯過本書。

——2020年諾貝爾化學獎得主／CRISPR基因編輯技術共同發明者與創新基因體研究所創辦人 珍妮佛・道納（Jennifer Doudna）

本書帶領我們了解到，在RNA崛起成為本世紀分子的背後，有著許多令人難以置信卻真實發生過的故事。切克運用創意的比喻，生動描寫出科學與科學家的故事。

——2009年諾貝爾生醫獎得主／加州大學聖塔克魯斯分校分子、細胞與發育生物學特聘教授 卡羅・格萊德（Carol Greider）

RNA是神秘的生命魔法分子，是活體細胞運作的核心，它有助於思考生命的起源，在預防與治療疾病上也益發有用。這本由世界頂尖RNA專家所寫的絕妙著作，是任何對生物與醫療科學感興趣的讀者必讀之作。

——2001年諾貝爾生醫獎得主／《生命之鑰》（*What Is Life?: Understand Biology in Five Steps*）作者 保羅・納斯（Paul Nurse）

湯瑪斯・切克這位全球頂尖分子生物學家為RNA譜出了一首愛之曲。在本書中，他揭開了RNA可以做到但與RNA相關且名聲更響的DNA卻做不到之事。RNA以英雄之姿現身，讀者將深陷其魅力之中。

——1989年諾貝爾生醫獎得主／美國國家衛生研究院前院長

哈羅德・瓦慕斯（Harold Varmus）

這是一本深入探討RNA多重功能的著作，內容引人入勝，發人深省。我們當今仍身處於RNA的時代，並持續探索其多樣化的應用與生物學意涵。切克教授巧妙結合眾多學者的專業領域，以說故事的方式，層層揭示RNA在細胞內的各項功能發現，從淺入深，循序漸進地為讀者鋪陳RNA研究的全貌。唯有切克教授能以如此獨特而動人的敘述方式，傳達出研究RNA所帶來的興奮與無限期待。

——美國加州大學舊金山分校醫學系副教授 黃威龍

湯瑪斯・切克帶領我們進入所謂的RNA時代。當其他人專注於DNA時，切克則在探究當時較不為人知、但能夠創造生命物質的奇妙RNA分子，這種分子同時也是生命起源的關鍵。本書生動描寫了RNA的奇蹟以及形塑了我們的未來的發現，包括了疫苗與基因編輯工具等等。我很高興切克寫了這本書。

——《紐約時報》王牌銷暢作家 華特・艾薩克森（Walter Isaacson），

著有《達文西傳》與《破解基因碼的人》（繁中版皆為商周出版）

這本書精彩講述了引領關鍵RNA疫苗技術發展與其他重要醫學突破的科學歷程。讀完這本極佳著作，可以讓讀者的知識更為豐富，更有能力做出自己的健康決策。

——默克藥廠退休總裁 肯尼斯・弗雷澤（Kenneth Frazier）

一系列打破RNA教條並贏得諾貝爾獎的發現，讓我們對生命如何運作的理解全面改觀，也催生了能夠拯救生命的精良技術。湯瑪斯・切克這位傑出先驅者所撰寫的《生命的催化劑RNA》一書，精彩描述了在生物學與醫學上的RNA革命。

——《生命的法則》（The Serengeti Rules）作者
西恩・卡羅爾（Sean B. Carroll）

生動有趣……（在本書中，）RNA的謀略顯然就是讓我們成為人類的核心特質。我們似乎正處於生物學概念啟蒙運動，也就是切克先生所稱的「RNA時代」開端。生物學會不斷變化。

——《華爾街日報》 阿德里安・沃爾夫森（Adrian Woolfson）

切克將其職業生涯的大部分時間投注於RNA研究，因此對這段科學理解過程中的關鍵人物與偶發事件擁有難得的洞察力。他清晰、引人入勝且通俗易懂的敘述，對一般讀者與專業人士同樣深具吸引力。

——《自然》期刊 約翰・馬蒂克（John Mattick）

《生命的催化劑RNA》讀來令人愉悅，出自一位既令人喜愛又具權威的作家之手。

——《新科學人》湯姆・萊斯利（Tom Leslie）

《生命的催化劑RNA》捕捉了關於生命起源種種問題所蘊含的熱情，以及我們從探索中可學到的知識……作者以審慎的文筆道出RNA在生物世界中的核心地位。

——《Undark》雜誌 C・布蘭登・奧格布努（C. Brandon Ogbunu）

這是一本內容極為豐富的著作……（切克）以輕鬆而迷人的筆觸寫作，並巧妙優雅地運用比喻加以說明。

——《泰晤士文學增刊》（*The TLS*）妮莎・凱瑞（Nessa Carey）

感謝切克與其他人的努力，讓我們得以清楚看見RNA影響老化與催化生物反應的力量。

—— 文學網路媒體（Literary Hub）

切克是一位思路清晰的散文作家。他生動傳遞了他與同事揭開RNA奧秘時的興奮之情……（本書是）專家對生物學最熱門議題所做的最新現況報導。

——《科克斯書評》（*Kirkus*）

感謝書中簡單易懂的比喻，讓其中的生物學論述變得清楚明瞭……令人著迷。

——《出版者周刊》（Publishers Weekly）星級評論

序言：RNA的時代

人們常說，20世紀前半是物理學的時代。時空的曲率、亞原子粒子的動力學、宇宙大爆炸與黑洞、可以摧毀整座城市或為城市供給動力的原子能釋放等等，這所有的發現引爆了科學革命，也改變了我們的日常生活。我們可以說物理學本身的大爆炸，發生的時間大約就界在愛因斯坦帶給我們 $E = mc^2$ 方程式的1905年，與貝爾實驗室發明出電晶體的1947年之間。

隨著20世紀下半葉到來，生物學開始將物理學逐出科學的聚光燈之外。而我在這裡所說的「生物學」，指的是DNA。畢竟這後半世紀，大致始於弗朗西斯·克里克（Francis Crick）與詹姆斯·華生（James Watson）在1953年的DNA雙螺旋重大發現，並以1990年～2003年間將我們所有DNA解碼成人類生物藍圖的「人類基因體計畫」（Human Genome Project）劃下句點。今日，人人都知道炙手可熱的DNA帶有我們的遺傳訊息，可以用來追溯我們祖先的起源、找出遺傳疾病，並解決犯罪問題。DNA甚至成了日常用語。如果我告訴你某個東西「在我的DNA中」，無論指的是對爬山的熱愛，或是對泰式料理的青睞，都表示它是我個人本質裡重要的一部分。

在DNA的時代中，大眾幾乎完全無視RNA。當然，教科書上會提到RNA，學生也會學到RNA（核糖核酸）是如何從DNA（去氧核糖核酸）雙螺旋複製而來，還有**信使RNA**（messenger RNA；mRNA）又是如何傳送DNA密碼以引導蛋白質合成。只是RNA從來就不是舞台上的主角。它在生物化學中就像個和聲歌手，在主唱者的陰影下努力演唱著。

然而，對科學界的人士來說，RNA過去不曾被看見的功能開始被看見了。RNA極其微小，直徑僅有1奈米左右。如果你將信使RNA分子並排堆疊起來，一根頭髮的寬度就足以排入5萬個信使RNA分子。然而，研究學者開始發現，RNA可用其多功能性來補足它在尺寸上的不足：透過像摺紙般摺疊出各種形狀，它可以輕易克服不尋常的障礙，讓它的遺傳之母DNA看起來就像只會單招套路的小角色。

DNA確實只有一招把戲，不過那個招數卻是地球上所有生命的核心。DNA就只有儲存遺傳訊息這個功能。它就像埃及木乃伊墳墓中的象形文字，或老式黑膠唱片上的凹槽，或組成電腦儲存資訊位元的1與0。DNA的工作就是待在細胞核中，儲存好訊息。若要讀取與運用訊息，就得透過蛋白質以及「RNA」的幫忙才行。

而對於RNA，我們首先要了解的是其用途極為多元。是的，它與DNA一樣，可以儲存訊息。舉例來說，許多折磨我們的病毒都跟DNA毫無關係，它們的基因是由與它們十分般配的RNA所構成。不過，儲存訊息只是RNA劇本的第一章而已。RNA與DNA不同，它們可以在活體細胞中扮演多種活躍角色。它可以像**酵素**（enzyme）般作用、剪接與切割其他RNA分子，或將**胺基酸**（amino acid）這種元件組裝成蛋白質（建構所有生命的材料）。RNA經由在**染色體**（chromosome）端部擴建DNA來維持幹細胞的活性，並預防老化的過程。經由操縱CRISPR這種基因編輯機制，RNA賦予我們改寫生命密碼的能力。許多科學家相信RNA甚至掌控地球生命如何開始的奧秘。

RNA終於開始走出DNA的陰影，展現自身的無限潛力。自2000年以來，與RNA相關的突破研究已造就出11位諾貝爾獎得主。RNA研究所產出的科學期刊論文數量與專利數目，每年都成長4倍[1]。還有超過400種RNA藥物[2]正處於開發階段，遠超出當前正在使用的RNA藥物種類。而且僅在2022年，就有超過10億美金的私募基金投注在探索RNA新研究領域[3]的生物科技新創公司。

或許過去DNA主宰了科學界的研究，不過RNA顯然是未來的焦點。21世紀已經成為RNA的時代，而且這個世紀還有很長的路要走。

1 Janet M. Sasso, Barbara J. B. Ambrose, Rumiana Tenchov, Ruchira S. Datta, Matthew T. Basel, Robert K. DeLong, and Qiongqiong Angela Zhou, "The Progress and Promise of RNA Medicine—An Arsenal of Targeted Treatments," *Journal of Medical Chemistry* 65, 6975–7015, 2022.

2 Lin Ning, Mujiexin Liu, Yushu Gou, Yue Yang, Bifang He, and Jian Huang, "Development and Application of Ribonucleic Therapy Strategies Against COVID-19," *International Journal of Biological Sciences* 18, 5070–85, 2022.

3 Cheryl Barton, "Renewed Interest in RNA-Targeted Therapies—Delivery Remains the Achilles Heel," *Pharma Letter*, January 31, 2023, https://www.thepharmaletter.com/article/renewed-interest-in-rna-targeted-therapies-delivery-remains-the-achilles-heel.

本書是針對有心了解RNA的民眾所撰寫的一本指南，幫助他們從字面或隱喻上了解RNA是「如何透過病毒傳播」、「如何變得爆紅」（go viral），以及RNA如何從只有生化學家關注的艱澀主題，轉變成形塑科學與醫學未來的主流話題。

我在這篇故事中所扮演的角色並不是中立的觀察者，而是積極的參與者。身為科羅拉多大學博爾德分校（University of Colorado in Boulder）的化學暨生物化學教授，我在職業生涯中投入大多數的時間研究RNA。我見證了RNA的發現，這些發現促成科學家們重新思考地球生命起源的深層問題，並揭露了關於人類健康與疾病的驚人見解。其中有些發現是出自我與自己的研究團隊，還有其他的發現是來自好友與同事的研究，所以我提到他們時會直接寫名字，不會連名帶姓地提。

整體而言，RNA研究上的這些突破，代表著DNA雙螺旋發現後最具顛覆性的科學成就之一。然而多年來，大眾還沒有足夠的知識領會這項成就，因為他們對RNA是什麼，以及為何科學家們對RNA如此熱衷，大致上只有一個模糊的概念。我一直認為這是件憾事，因為這當中隱含了許多撼動人心的故事。此外，大部分的RNA研究都是由大眾繳納的稅款支持，所以大眾應該要知道他們的投資獲得了什麼樣的回報。

接著，在2020年那個動盪的春季，RNA吸引了大眾的目光。就跟其他多數人一樣，我的工作當時也暫停了。我的實驗室被關閉，課程也被暫停。但我所研究的主題卻在突然間成了每個人談論的話題，因為新型冠狀病毒（SARS-CoV-2）這種RNA病毒所造成的Covid-19（新型冠狀病毒肺炎）當下正在全球肆虐。為了對抗這隻病毒，全球第一批RNA疫苗以空前的速度製造出來。這是建立在數十年來RNA科學基礎研究突破上的驚人成就，然而大多數人卻對這些突破的內容一無所知。

因此，民眾自然會想了解這個身兼亂世成因與可能解方的分子。於是，我從RNA科學家搖身一變成了RNA的代言人。我以揭開RNA神秘面紗為己任，先是對大眾演講，現在則是寫出你手上拿著的這本書。

我將RNA的故事分成兩個部分。第一部描繪了RNA如何展露出它是生命偉大催化劑的故事。我們將從1950年代開始，當時的實驗揭開了RNA如何精心安排蛋白質的建構（執行生物體從聚集細胞到代謝食物等多種重要功能的就是蛋白質）。然後，我們看到RNA如何透過一種稱為**剪接**（splicing）的奇特轉變，幫助我們人類利用DNA訊息完成比真菌、線蟲或果蠅等生物所能執行的更多功能。

接下來，故事會出現個人轉折。我講述了我的團隊如何發現**核酶**（ribozymes）這種催化性RNA，而核酶的存在似乎違反了「酶必定是蛋白質」的大自然基本法則。這項突破性發現讓我獲得了1989年的諾貝爾化學獎，並成為RNA歷史上的一個重大轉折。科學界從此不再將RNA分子視為被動的傳訊者，或是生物化學中的小角色，而是這個舞台上的明星。

我們下一個重大挑戰就是，繪製出被認為是達成多項奇蹟的RNA驚人結構形式（這是就連解出DNA結構的偉大華生也會自嘆不如的成就）。我們接著發現到，RNA如何成為**核糖體**（ribosome）背後的秘密動力來源。核糖體是我們細胞中的「控制中心」，它會讀取信使RNA所帶的密碼訊息，並運用這些訊息建構出驅動諸多生命現象的蛋白質。最後，我們將檢視RNA如何解決科學上最重大的因果關係問題，也就是去了解40億年前的地球生命是如何開始的。

本書第一部的內容在講述RNA如何維持生命，第二部則在描寫RNA如何超越大自然當前極限去改善與延長生命。我們以**端粒酶**（telomerase）的非凡故事做為開場，這是一種由RNA所驅動的酶，它讓我們知道永生與癌症實際上是一體兩面。接下來我們了解到，可以像開關那樣關閉細胞中信使RNA的微小RNA如何重新變換用途，以阻斷疾病的路徑。

然而，RNA不只能用於治療，也能對我們造成傷害。RNA是歷史上許多最致命病毒的遺傳物質，從小兒麻痺病毒到造成Covid-19的新型冠狀病毒都包括在內。儘管這些病毒讓RNA惡名昭彰，mRNA疫苗卻向我們展現了RNA仍然可以幫助我們轉危為安。它們不只保護我們免於Covid-19的侵害，未來或許還可以保護我們免受癌症與其他多種疾病侵害。

最後，身為CRISPR基因剪刀背後的動力，RNA對DNA展開了絕地大反攻。賦予我們重塑DNA能力的CRISPR基因剪刀，已經徹底革新了基礎科學研究，在醫學與減緩氣候變遷上也即將有深度的應用。事實證明，RNA促成大自然眾多重要作用的多功能性，也成為生醫工程師重新定義我們所知生命的完美工具。

由於本書主角存在於地球上的每種生物之中，也已經存在了將近40億年之久，所以我不可能毫無遺漏地講述RNA的整個故事。我必須在保留及刪除哪些內容上做出艱難抉擇。我也必須簡化許多科學概念，讓它們變得淺顯易懂。有時我會將RNA比喻成義大利麵條，並將RNA的剪接作用與文書處理程式裡複製及貼上功能相比擬。這樣的簡化法可能會讓我的同事們感到不快，不過正如我妻子（她也是生化學家）經常提醒我的那樣，我寫這本書原本就不是要給他們看的。

我預期我可能還會在其他方面惹惱學界的朋友。在講述這個故事時，我試著聚焦在RNA本身。所以我的故事會提到有些研究學者是在偶然間獲得關鍵發現，或是在發現真相之前多拐了幾個彎，但這並不代表我認為自己很了不起。對於書中所提到的每項科學議題，我都會嘗試在書目中指出其他研究人員所做的貢獻[4]。然而，我仍要為我可能產生的許多疏失先行致歉。今日RNA科學最美好的其中一面就是，絕大多數的研究發現都是出自多位學者的貢獻，他們如同橄欖球賽中的球員般，不斷地互相傳球，儘管研究人員有時會擠成一團，讓球在這段期間看似失去了蹤影。這是場競爭激烈、一片混亂且有時讓人感到痛苦的比賽，但榮耀的時刻也會現身其中。

4　對於想逐步了解RNA學術研究發展的讀者，我推薦 *RNA: Life's Indispensable Molecule* by Jim Darnell (Cold Spring Harbor, NY: Cold Spring Harbor Laboratory Press, 2011) and *RNA: The Epicenter of Genetic Information* by John Mattick and Paulo Amaral (Boca Raton, FL: CRC Press, 2022).

第一部

探索

RNA的各種形式與功能

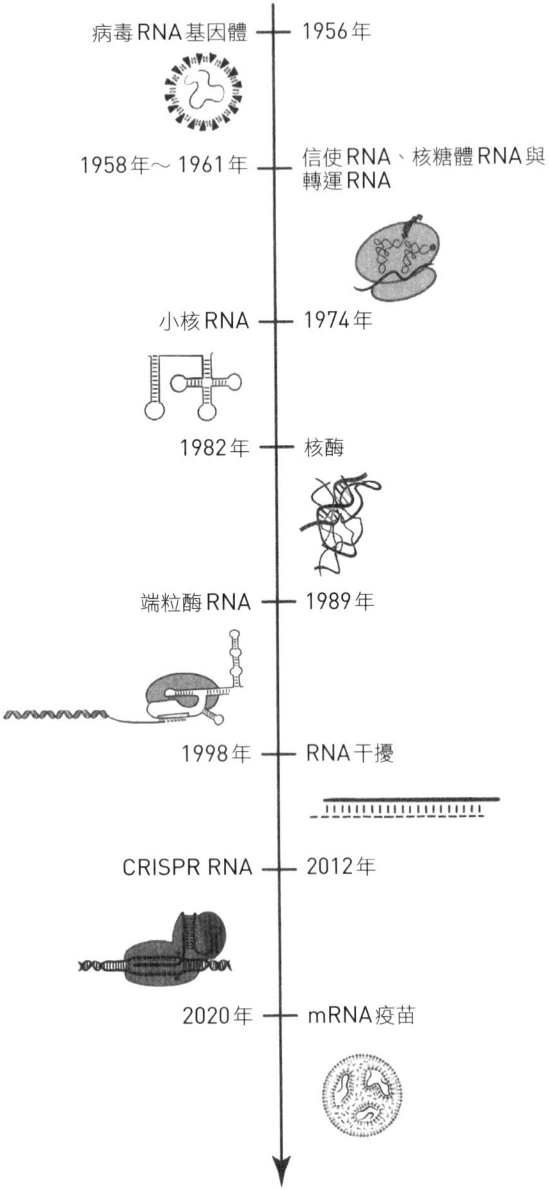

第一章：傳訊者

喬治·加莫夫（George Gamow）在將研究重心轉向破解生命的密碼之前，已經解開了許多重大科學問題。他1904年出生於黑海的奧德薩港口（Odesa），他6歲在自家公寓屋頂看到哈雷彗星時，就開始細心地觀察宇宙了。40年後，他成為全球「宇宙大爆炸」理論的引領人物[1]。同領域的科學家認為加莫夫是個天才，尼爾斯·波耳（Niels Bohr）將他與獲得諾貝爾獎的量子力學先驅相比擬，說他是「另一位海森堡[2]」，不過他也是個異類，華生說他是「一位從原子跳到基因再跳到太空旅行的偉大頑童[3]」。

198公分的身高，加上在最嚴肅的學術場合中所展現的俏皮幽默感，都讓加莫夫顯得格外突出。加莫夫在發表他與學生拉爾夫·阿爾弗（Ralph Alpher）一同建立的化學元素宇宙起源理論時，突發奇想地加進了同事漢斯·貝特（Hans Bethe）的名字，就只是為了要弄出個符合希臘字母順序Alpher-Bethe-Gamow的作者列表。

---

1 Paul Halpern, *Flashes of Creation: George Gamow, Fred Hoyle, and the Great Big Bang Debate* (New York: Basic Books, 2021), 2.

2 Karl Hufbauer, *George Gamow, 1904–1968: A Biographical Memoir* (Washington, DC: National Academy Press of Science, 2009), 9.

3 James Watson, *Genes Girls, and Gamow* (Oxford: Oxford University Press, 2003), xxiv.

加莫夫1933年離開蘇聯，並在一年後來到了美國。他在華盛頓特區的喬治華盛頓大學（George Washington University）擔任了20年的物理學教授，之後來到我任教的科羅拉多大學博爾德分校，校園中最高的建築物是物理學系以他的姓氏命名的加莫夫大樓。加莫夫在核子物理學與宇宙學的這些歷練，讓他在1950年代初期開始相信，目前尚待解答且最令人振奮的科學問題，與宇宙起源或亞原子粒子的行為無關。事實上，根本與物理學毫無關聯。

加莫夫於1953年6月，在《自然》期刊（*Nature*）上讀到了華生與克里克發表DNA是雙螺旋結構的重要文章。這個結構為「遺傳訊息如何複製以便代代相傳」此重大奧秘提供了巧妙解答。沿著單股DNA排列的4個化學單元，也就是**鹼基**（base）[4]：腺嘌呤（adenine；A）、胸腺嘧啶（thymine；T）、鳥糞嘌呤（guanine；G）與胞嘧啶（cytosine；C），與雙螺旋另一股上的**配對**（complementary）鹼基形成了**鹼基對**（base pairs）。A必定與T配對，而G必定與C配對。

雙螺旋看起來好像一條扭曲的拉鏈。若是打開拉鏈，每條鏈

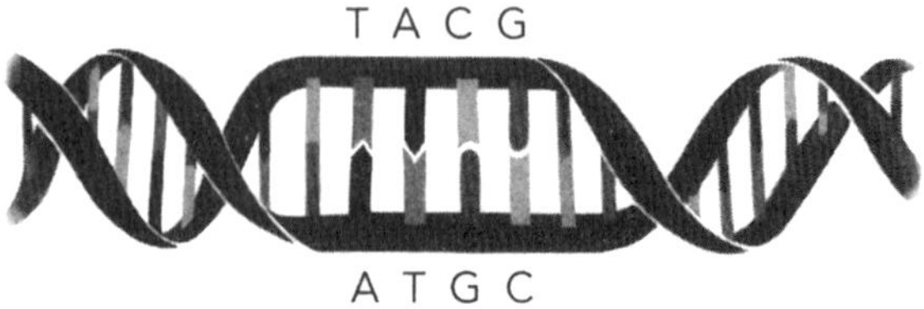

圖1-1：鹼基對將DNA雙螺旋的兩股結合在一起。中段未纏繞的部分，用以凸顯A-T與G-C的鹼基配對。

都會具有指引建構另一條鏈的所有訊息，因為兩條鏈總能完美互補。華生與克里克推測，這必定就是遺傳資訊如何複製的方法。

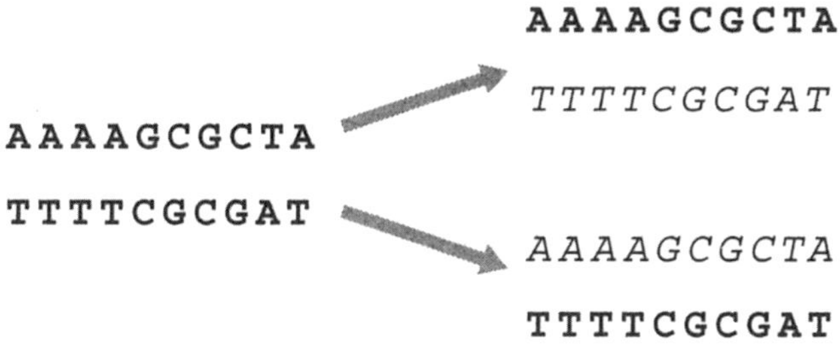

圖1-2：粗體字母代表親代DNA，而斜體字母代表新合成的子代DNA。

1953年6月8日加莫夫寫了一封信，恭喜華生與克里克讓生物學成為了「精密科學[5]」。他大膽提出跨學科的合作，想解決每個人心中所浮現的下一個重大問題：由A、T、G與C所組成字串中的訊息實際上是如何被解讀，最終才能形成手、心臟、肝臟、大腦，或孟德爾庭院中的皺皮與平滑豌豆呢？孟德爾是奧古斯丁會修士，他最先提出這些特徵會以某種基本單位的形式代代相傳，這種單位就是我們現在所謂的基因。加莫夫表示，他可以協助華生與克里克運用數學與物理學來破解這個遺傳密碼。

4　作者註：鹼基與核苷酸都使用同樣的縮寫：A、T、G與C，核苷酸是連結去氧核糖與磷酸根的鹼基。核苷酸的化學全名為腺嘌呤、胸腺嘧啶、鳥糞嘌呤與胞嘧啶。雖然核苷酸與鹼基在生物化學上的差異極為重要，但它們所帶的訊息是一樣的。

5　Hufbauer, *George Gamow*, 25.

華生與克里克對於研究工作受到著名物理學家的青睞感到受寵若驚，但加莫夫的手寫信上還穿插著像是瘋狂科學家才會畫的圖。「其中有太多光怪陸離的想法[6]，」華生說，「讓我們無法得知他到底有多認真。」加莫夫非常認真。接下來的幾個月，他全心投入破解遺傳密碼。他當時是美國海軍顧問，所以他不只求助於化學家與物理學家，也就教於軍事密碼學家。然而結果顯示，要解開DNA的秘密，最終需要的是DNA自身的產物「核糖核酸」，也就是RNA。

包在長鏈中的謎中之謎

就生物學術語來說，「破解遺傳密碼」的意思就是去了解DNA是如何編碼合成**蛋白質**（protein）。蛋白質建構生命、在地球上每個生物裡都扮演著舉足輕重的角色。它也是人體肌肉纖維、皮膚與頭髮等結構的主要成分。它們有些是會將我們吃進去的食物分解為原來的組成成分的酵素，然後再利用這些小單元成分來建構出新的細胞裝置。有些在細胞膜上具有通道，可以選擇性地只讓一些鹽類或營養物質進入細胞，拒絕其他物質進入。有些則會像傳訊分子般，從外部接收訊息，再據此啟動內部程序。還有些是抗體，可以保護我們免於受到病毒這類外部入侵者的危害。簡而言之，蛋白質有著極為多樣的面貌。

從化學的角度來看，蛋白質是由成百上千個胺基酸所組成的長鏈聚合物。胺基酸總共有20種，名稱包括：離胺酸（lysine）、纈胺酸（valine）與苯丙胺酸（phenylalanine）等等。每個蛋白質長鏈上的胺基酸都有特定序列（sequence）。[7] 這個序列決定蛋白質三維結構的摺疊方式，結構決定蛋白質的功能，例如在胃中消化食物，或是在大腦中傳送神經訊號。因此，即使我們聽過我們必須吃魚、豆腐或仿肉（植物肉、素食）漢堡，以便「從飲食中攝取足夠的蛋白質」，也並不表示蛋白質就只有**一種**。蛋白質有數千種，每一種蛋白質都是由DNA所組成的專屬基因編碼合成的。

蛋白質由20種胺基酸組成，DNA則是由4種鹼基所構成。這一方面讓我們知道，由DNA構成的基因裡A、G、T及C這4種鹼基的序列，另一方面也讓我們知道各種蛋白質裡所對應20種胺基酸的序列。加莫夫想弄清楚4種DNA鹼基的不同排列組合是如何對應產生20種胺基酸。到1954年為止，加莫夫召集了華生、克里克等總共20位不同領域的知名科學家，每個人負責一個胺基酸，絞盡腦汁去釐清這個編碼問題。

加莫夫為這個由頂尖密碼破解專家所組成的團隊的20位會員，都訂做了一條上面繡有RNA鏈的羊毛領帶。他將這個社群命名為「RNA領帶俱樂部」。你可能會問，為什麼是RNA而非DNA俱樂部？因為華生讓加莫夫深信，基於細胞的基本結構，他們必須將解碼重心聚焦在RNA上[8]，因為它是細胞內的基本

---

6 Watson, *Genes Girls*, 24.

7 F. Sanger and H. Tuppy, "The Amino-Acid Sequence in the Phenylalanyl Chain of Insulin. 1. The Identification of Lower Peptides from Partial Hydrolysates," *Biochemical Journal* 49, 463–81, 1951.

構造。高等生物的DNA位在細胞核**內**，蛋白質則是在細胞核**外**的細胞質區合成的[9]。這個空間上的區隔，表示必定有某些傳訊者將DNA的訊息傳送到合成蛋白質的地方。眾所周知，細胞核及細胞質中皆有大量的RNA，所以許多具有遠見的科學家認為RNA必定就是傳訊者。

自1900年初期以來，科學家就對RNA與DNA進行分析，並發現兩者在生化結構上非常相似。DNA的全名「**去氧**核糖核酸」，與RNA的全名「核糖核酸」，也展現出它們之間的密切關係。「去氧」代表DNA在每個重複單位上要比RNA少一個氧原子，而「多出」的氧原子則讓RNA的化學穩定性遠低於DNA。

幾十年來，DNA與RNA一直都被視為沒有功能的化合物[10]。對科學家來說，蛋白質比它們有趣得多，因為它既可以做為酵素，也能變成像胰島素這樣的傳訊分子。直到1944年，洛克斐勒研究所（The Rockefeller Institute）的奧斯華．艾佛瑞（Oswald Avery）與其同事證實DNA是促成細菌遺傳變化的物質[11]，再加上華生與克里克發現的DNA雙螺旋結構[12]，DNA才成為生物學的核心主題。由於早在1947年[13]科學家就推斷出RNA是從DNA複製而來，所以他們當時就認定RNA必定也會在生物化學中佔有重要的一席之地。

雖然RNA本身是單股，而DNA是雙股螺旋，但它們卻有共同的特性。例如：RNA和DNA一樣，都是由4個字母編寫而成。前三個字母A、G及C，與DNA的字母相同。第四個字母U（uracil；尿嘧啶）在RNA字母表中所佔的位置，與DNA字母表中的T相同。因此，當RNA從DNA複製過來時，它會帶有同樣的訊息。

加莫夫一向熱衷於建構宏大且全面的理論，他首先試著以紙筆與自己的腦袋找出編碼問題的解答。在發現DNA雙螺旋的1953年，加莫夫推論出一個胺基酸可能是由3個鹼基所編碼[14]。他是用數學進行推論的。若你從DNA或RNA的4個字母中選取2個，盡可能地嘗試創造出最多種組合，你最多只能創造出16組，這並不足以涵蓋形成蛋白質的20種胺基酸配對。不過若是從DNA或RNA的4個字母中選取3個，盡可能地嘗試創造出最多種組合，你可以得到64組**三聯體密碼子**（triplet codons），這便足以形成20種胺基酸配對，甚至還會有多餘。再長一點的鹼基組合都足夠配對，不過3個鹼基就足夠了。這是最實惠的遺傳密碼

8　2023年10月4日，在科羅拉多大學博爾德分校與丹尼爾．羅克薩爾（Dan Rokhsar）進行的作者面訪。

9　Jean Brachet, "La détection histochimique et le microdosage des acides pentose-nucléiques," *Enzymologia* 10, 87–96, 1942; Torbjörn Caspersson, "The Relation Between Nucleic Acid and Protein Synthesis," *Symposia of the Society for Experimental Biology* 1, 129–51, 1947.

10　James Darnell, *RNA: Life's Indispensable Molecule* (Cold Spring Harbor, NY: Cold Spring Harbor Laboratory Press, 2011), 9–10.

11　Oswald T. Avery, Colin M. MacLeod, and Maclyn McCarty, "Studies on the Chemical Nature of the Substance Inducing Transformation of Pneumococcal Types: Induction of Transformation by a Desoxyribonucleic Acid Fraction Isolated from Pneumococcus Type III," *Journal of Experimental Medicine* 79, 137–58, 1944.

12　J. D. Watson and F. H. C. Crick, "Molecular Structure of Nucleic Acids: A Structure for Deoxyribose Nucleic Acid," *Nature* 171, 737–38, 1953.

13　安德烈．博伊文（André Boivin）於1947年在巴黎首次提出，DNA負責建構RNA，而RNA則進一步控制細胞質蛋白質的生成。參見Matthew Cobb, "Who Discovered Messenger RNA?," *Current Biology* 25, R523–R548, 2015.

14　Francis Crick, "The Genetic Code," in *What Mad Pursuit: A Personal View of Scientific Discovery* (New York: Basic Books, 1990), 89–101.

格式。

但是，哪三個鹼基組合會對應編碼哪一個胺基酸呢？即便加莫夫已經匯聚20世紀最偉大的幾位天才，RNA領帶俱樂部的傑出成員最終還是陷入了困境。大約在1950年代末期，加莫夫放棄破解密碼，認定這個問題在「純理論的基礎上」，無解[15]。

加莫夫真正需要的是生物學中如羅塞塔石碑般的東西。只不過它要顯示的不是以埃及象形文字與希臘文所寫的文本，而是一個**蛋白質的胺基酸序列**（amino acid sequence），以及負責編碼此胺基酸的**RNA序列**（RNA sequence）。但這樣的石碑並不存在，科學家只能自己發明。在進行這樣的發明之前，他們還得先確認這個假設性的「傳訊者」是否真的存在，RNA是否真是基因與建構生命的蛋白質組成元件之間缺少的那個環節。

你有收到我的訊息嗎？

1950年代，包括華生與克里克在內的眾多科學家，對RNA會將細胞核內DNA的訊息帶到蛋白質合成所在細胞質的理論深信不疑。但當科學家們嘗試找出RNA是生命傳訊者的實質證據時，最初的結果卻不如預期。他們發現細胞質中多數的RNA都具有相同比例的A、G、C和U鹼基，與合成何種蛋白質無關時，是最先讓他們感到失望的時刻。這就像要去發現貝多芬的〈第九交響曲〉與女神卡卡的〈羅曼死〉（Bad Romance）所用的每種音符比例完全相同一樣，根本就說不通。你應該會預期這兩首截然不同的樂曲，會具有符合各自曲風的不同升F調與降B調分布等等。同樣地，你也會預期不同的蛋白質中會有不同的胺基酸組成，也就是在對應的信使RNA中會有不同比例的A、G、C和U鹼基。

細胞質中的大多數RNA都非常穩定，則是讓他們二度失望的地方，這些RNA一旦生成，就會存在很久。只是科學家也曾經看過一些在細胞中合成的蛋白質在幾分鐘內就會出現變化，從一組蛋白質轉換成另一組截然不同的蛋白質。舉例來說，若你改變細菌的食物來源，它們會停止製造向來用於消化舊食物的酵素，馬上開始製造適合分解新食物的酵素。同樣地，若細菌被病毒感染（會感染細菌的病毒稱為「**噬菌體**」〔bacteriophage/phage〕），細菌會從製造細菌本身的蛋白質，轉換成製造噬菌體的蛋白質。因此，一個真正的mRNA應該要不穩定，以便可以快速轉換蛋白質的製造。細胞中多數RNA都具有極穩定的特質，這似乎不符合科學家所要尋找的傳訊者資格。

有些科學家仍然認為必定有目前還找不到的mRNA存在，巴黎巴斯德研究所（Pasteur Institute）的方斯華．賈克柏（François Jacob）與賈克·莫諾（Jacques Monod）就是其中兩位。他們曾在細菌基因如何開關上取得重大發現，現在則轉為關注RNA。賈克柏在1960年拜訪英國劍橋時[16]遇到了他的朋友克

15 George Gamow, *My World Line: An Informal Biography* (New York: Viking, 1970), 148.

16 "50th Anniversary of Good Friday Meeting (April 15, 1960)," Cold Spring Harbor Laboratory Press Email News, accessed August 29, 2023, https://www.cshlpress.com/email_news/goodfriday.html.

里克、西德尼・布瑞納（Sydney Brenner），以及當時在國王學院布瑞納辦公室中的其他人。賈克柏談到了他最近針對細菌內的基因如何調控所做的實驗，這場對談很快就轉變成大家興致勃勃地猜測，mRNA在連結基因與蛋白質上所扮演的角色。

突然間，克里克與布瑞納幾乎同時跳了起來。他們想起了田納西州橡樹嶺國家實驗室（Oak Ridge National Lab）肯・沃爾金（Ken Volkin）與賴瑞・阿斯特拉坎（Larry Astrachan）兩位科學家最近所做的實驗。他們在噬菌體T2感染大腸桿菌的研究中，親眼見證快速形成的新RNA要比細胞中穩定的RNA[17]來得小（現在已經知道這些是會進入核糖體的RNA，而核糖體就是細胞中製造蛋白質的工廠）。由於眾多複雜因素，沃爾金與阿斯特拉坎把這些數據解讀為RNA正在轉變成為DNA。但如果他們瞥見的是難以捉摸的mRNA呢？

這當然是個振奮人心的消息，不過還需要更直接的測試來驗證。布瑞納與賈克柏安排在幾週後拜訪加州理工學院的遺傳學家馬修・梅瑟生（Matt Meselson），他們三個後來決定要進行這項關鍵實驗。梅瑟生與同事富蘭克林・史塔爾（Frank Stahl）當時剛採用了超高速離心機這項新技術來測試華生與克里克的理論。華生與克里克認為DNA在**複製**（replication）的過程中，雙螺旋的兩股會分開。梅瑟生他們的實驗結果支持這項理論，每個子代雙螺旋中都有一條來自親代的「舊」股，以及一條新合成的股。

布瑞納、賈克柏與梅瑟森將會使用同樣的超高速離心機，像大海撈針般地試著在核糖體RNA中找出mRNA。他們計畫以噬菌體感染大腸桿菌，這會讓細菌製造出不同類型的蛋白質。在加入噬菌體的同時，他們會加入一種具放射性的尿嘧啶（以碳-14標記），這種尿嘧啶只會進入新形成的噬菌體mRNA中，不會進入原來就存在的細菌RNA中。若此mRNA的假設正確，那麼新噬菌體的mRNA當下就會現形。這樣他們就能找到DNA與蛋白質之間那條隱藏的連結。

布瑞納、賈克柏與梅瑟生的確在超高速離心機中看見了具有放射性的噬菌體RNA，這種RNA明顯比核糖體RNA要來得小。一如預期，這個RNA的壽命短，它與被感染細菌中原有的核糖體結合，製造出噬菌體進行卑鄙勾當所需的新型蛋白質[18]。他們最終找到了這個難以捉摸的mRNA。

要了解mRNA生物程序，可以用黑膠唱片機來比擬。核糖體是轉盤，mRNA就是黑膠唱片，而蛋白質就是你將唱片機上的針頭降下時所播放出來的音樂。你或許會依心情播放不同的唱片，但其餘的一切過程都是相同的。就像唱片機可以播放任何唱片，核糖體也能與任何靠近的mRNA合作。mRNA會決定製造出哪一種特定的蛋白質（無論是噬菌體蛋白、大腸桿菌蛋白或其他蛋白），就像唱片決定了你會聽到什麼樣的音樂一樣。

---

17 Kenneth Volkin and Larry Astrachan, "Phosphorus Incorporation in *Escherichia coli* Ribonucleic Acid After Infection with Bacteriophage T2," *Virology* 2, 149–61, 1956.

18 Sydney Brenner, François Jacob, and Mathew Meselson, "An Unstable Intermediate Information from Genes to Ribosomes for Protein Synthesis," *Nature* 190, 576-80, 1961. 華生與他在哈佛的研究團隊當時也在尋找mRNA，他們同一時間的研究發現跟布瑞納的研究論文在當時也是接連發表出來。華生研究團隊的論文請參見：François Gros, H. Hiatt, Walter Gilbert, C. G. Kurland, R. W. Risebrough, and J. D. Watson, "Unstable Ribonucleic Acid Revealed by Pulse Labelling of *Escherichia coli*," *Nature* 190, 581–85, 1961.

對科學家而言，mRNA之所以這麼難找到，是因為它們只占大腸桿菌所有RNA的5%，其他95%主要都是核糖體RNA。再加上，大腸桿菌有4,000個基因，每一個都會產生不同大小與序列的mRNA。因此，任何一種mRNA的數量都遠少於5%。最後，大多數的大腸桿菌RNA都只有幾分鐘的壽命，這也讓它們難以尋獲。相反地，核糖體RNA在細胞質中不僅無所不在，而且還極為長壽，這就是為何先驅科學家在這麼長的期間裡都無法看到核糖體RNA之外的RNA。

語言插曲

黑膠唱片機的例子，或許可以協助我們了解核糖體與mRNA如何合作製造蛋白質。不過，若是要了解RNA如何編碼蛋白質，我們就得關掉音樂，打開書本了。

大多數書籍的頁面上都是滿滿的文字語言：字母、單字與句子。生命的篇章是以DNA的語言撰寫，不像英文裡的26個字母或希伯來文的22個字母，而是用A、G、C與T這四個字母來撰寫。這四個字母排列組合的方式會決定每字、每句的**意思**。

我們到底需要有多少本書才能闡釋生命的意義，也就是記錄特定生物體中的**所有**DNA呢？答案當然取決於**基因體**（genome）的大小，基因體代表的就是生物體中的DNA總數。人類的基因體由23對染色體組成，大約含有30億個鹼基（字母）。[19]

假設每一頁書有3,000個常見字型大小的字，要記錄人類的基因體就需要用上100萬頁。若是一本厚書有500頁，那麼要列出基因體的所有序列就需要大約2,000本書，這個數量超出家用書房所能負荷，卻只會佔用公共圖書館的一小部分空間。每條人類染色體都是由單一線性DNA分子所組成，一條染色體就要用上大約90本書的容量。而像大腸桿菌這類細菌的基因體就小得多了，整個基因體都位在單一環狀染色體上，總共有450萬個鹼基，只需3本書就能輕鬆容納。

就我們所知，製造蛋白質需要信使RNA將DNA中的訊息傳送到核糖體。自然界裡的RNA不會完整複製DNA這本巨著中的每個頁面。RNA會有特定的起點與終點，不會與頁面上的分頁符號一致。因此，mRNA並不像一本實體書上某一頁的複印副本，反而可以想做是按幾個鍵從電子書檔案中複製下來的一段內文。我們移動游標選取頁面上的特定段落，然後將它貼在新的文書檔案中。經由便利的尋找與取代功能，我們可以立即將DNA中的所有T改成RNA中的U，反映出自然界中會發生的化學程序。

在人體中，每當有新蛋白質需要合成時，DNA複製到mRNA的過程就會持續不斷發生。複製到mRNA的DNA片段，會因時因地所需而有所不同。成長中的孩童與成人在基因體中所複製的部分就不一樣，而心臟、大腦、肝臟與皮膚會複製的基因體部分也不一樣。換句話說，複製受到嚴格控管。

複製貼上完成後，我們可以檢查mRNA的序列。它是一個

---

19 作者註：染色體是由被蛋白質包裹的DNA分子所組成。人類的精子與卵子細胞各有一套23個染色體，而人類每個體細胞中則有2套，一套來自母親，一套來自父親。

由A、G、C與U所組成的排列，例如：

GUAGGGCAUGCCUUCGAAAAUAUUUUGUUAGCGCCUCCUUGGAGUAGAA

假設我們有本字典（如下所示）可以協助解碼這條mRNA上的三聯體密碼子，字典裡不以胺基酸來表示每個三聯體密碼子的意思，而是改用三個字母的英文單字來表示。

AUG = The

CCU = big

UCG與UCC = cat

AAA與AGA = ate

AUA = one

UUU = fat

UGU與UAU = rat

CGC = but

CUC = two

CUU = and

GGA = six

GUA與GUU = for

GAA與GAG = you

AAU = now

AUU = see

UUG = fox

UUA與UAA = run

GCG與GCC = out

UGG = fun

AGU與AGC = sun

我字典中的字彙非常有限，只有20個字彙，這可比擬為20種天然胺基酸。有些字彙是由單一個密碼子編碼，例如：fun就是由UGG所編碼。有些字彙（例如：run、out、sun等等）是由2個以上的密碼子編碼，跟遺傳密碼的實際情況一樣。你可能會問，在只需要20個字彙（胺基酸）的情況下，自然界為何會演化出一個需要額外密碼子（總共64個）的系統。是否有更好的方式來建構這些密碼呢？

生物學中這種看似不夠完美的情況，正是難倒加莫夫這類物理學家的地方之一。在物理學中，事件大多是可預測的。若你知道馬克斯威爾方程式（Maxwell's equations），你就能解決古典物理的問題。但在生物學上，唯一的法則就是：怎樣都行。不論一個系統有多錯綜複雜，一旦開始運作，它就會被演化鎖死，變得難以改變。在此無須考量優秀的工程師可以設計出更簡單或更有效率的系統這個事實。

現在我們知道如何將一串密碼子上的訊息轉譯成有意義的字詞，那麼我們還需要知道這則訊息從哪裡開始，到哪裡結束。是否從左端將GUA讀為「for」開始，然後接續讀到右端呢？雖然這麼做似乎很合理，但自然界有不同的解法。它指定AUG這個三聯體代表一個句子的開始。這等同我們規定句子一定要以AUG所編碼的「The」做為開頭。然後我們簡單地從左端開始向右看，找到第一個AUG，對照字典開始讀起。

GUAGGGC AUG CCU UCG AAA AUA UUU UGU UAG CGC CUC CUU GGA GUA GAA

The big cat ate one fat rat

一切都很順利，直到我們讀到UAG密碼子，發現它在字典中找不到對應的字彙。噢，對了，我們需要另一個三聯體密碼子做為句子的結束，也就是句點。[20]就讓我們假設：

UAG = 句子結尾 = 句點

現在解碼完成了：

GUAGGGC AUG CCU UCG AAA AUA UUU UGU UAG CGC CUC CUU GGA GUA GAA

The big cat ate one fat rat.

現在我們已經有了特定的起始與結束的密碼子（AUG與UAG），就沒有必要用空格來隔開密碼子與密碼子了。如果我們有一段不以空格隔開的mRNA字串序列，也知道一次要讀取三個字母，那麼我們仍然可以取得同樣的資訊：

GUAGGGCAUGCCUUCGAAAAUAUUUUGUUAGCGCCUCCUUGGAGUAGAA

The big cat ate one fat rat.

加莫夫假設密碼是3個為一組的這種特性，在1950年代也只是個準確的猜測而已。1961年，克里克與同事進行了一組巧妙的實驗[21]，他們以吖啶染劑（acridine dyes）為突變的噬菌體基因染色，最終證實了三聯體的存在。吖啶是一種扁平的分子，與DNA鹼基極為類似，因此它們可以悄悄進入DNA雙螺旋中，並可能在DNA複製時被誤認為鹼基，導致子代的DNA中置入了錯誤的鹼基。想像一下書架上放置了一整排的書。若你要擠進另一本書，所有的書都要挪動一個位置，才會有空間讓那本書擠進去。若是要擠進2本書，其他的書就要挪動2本書的寬度。

我們可用語言來比擬這樣的插入將會對訊息造成什麼影響，以及多重插入又是如何支持三聯體密碼的想法。以我們前面假設的訊息為例，我用斜體標記了起始密碼子與終止密碼子：

GUAGGGC *AUG* CCU UCG AAA AUA UUU UGU *UAG* CGC CUC CUU GGA GUA GAA

The big cat ate one fat rat.

當吖啶染劑造成一個U（劃有底線）隨機插入時，會產生以下的情況：

---

20 作者註：請注意，起始碼前和停止碼後的核苷酸可能不是其他「句子」（或基因）的一部分，但可能具有調控功能。

21 Francis H. C. Crick, Leslie Barnett, Sydney Brenner, and Richard Watts-Tobin, "General Nature of the Genetic Code for Proteins," *Nature* 192, 1227–32, 1961.

GUAGGGC *AUG* CCU UCG UAA AAU AUU UUG UUA GCG CCU CCU UGG AGU AGA

The big cat run now see fox run out big big fun sun ate

我們的句子一開始是正確的，但插進去的U移動了讀碼框。我們稱其為「框移突變」（frameshift mutation），這在人類基因體中時常發生，並且會帶來令人厭惡的後果，例如：囊腫性纖維化（cystic fibrosis）、克隆氏症（Crohn's disease）與戴薩克斯症（Tay-Sachs disease）。框移會造成極大的問題，因為它會讓其後的字詞變得毫無意義。再加上在讀碼框中已經找不到原先做為句子句點的UAG，所以這個毫無意義的句子就會沒完沒了。若這是段編碼某個蛋白質的mRNA，那麼這個蛋白質就會失去功能。

我們再來看看，若是序列中加入**2個**吖啶，造成2個鹼基插入，會發生什麼情況。這與單一鹼基的插入一樣具毀滅性：

GUAGGGC *AUG* CCU UCG UUA AAA UAU UUU GUU AGC GCC UCC UUG GAG UAG

The big cat run ate rat fat for sun out cat fox you.

在這個案例中，框移在右端產生了一個UAG終止密碼子，但最後形成的仍是毫無意義的句子。若這是一段mRNA，其所產生的突變蛋白質一樣沒有用處。

最後，讓我們來看看插入3個鹼基會造成什麼樣的結果：

GUAGGGC *AUG* CCU UCG UUU AAA AUA UUU UGU *UAG* CGC CUC CUU GGA GUA

The big cat fat ate one fat rat.

如上所示，若這是三聯體密碼，句子中會反常地插入了「fat」這個字，但所有其他單字都是正確的。所以這個句子還是可以看得懂的。

這就是克里克與同事所做出的研究報告，證實了加莫夫最初的假設。插入1個密碼會致命，插入2個密碼也會致命。但插入3個密碼有時候還能運作！所以，密碼子必定是以3個鹼基為一組。

破解密碼

加莫夫與領帶俱樂部成員琢磨出遺傳密碼是以3個字母所編寫，而且RNA很可能是連結DNA與蛋白質之間的橋梁。布瑞納、賈克柏與同事證實了這一點，最終確認了信使RNA會將我們DNA中的訊息輸入到細胞的蛋白質製造裝置「核糖體」中。但我們仍然無法讀取這些訊息。1960年代初期，遺傳密碼依舊無法破解，直到馬歇爾．尼倫伯格（Marshall Nirenberg）這位年輕科學家出現，情況才有所轉變。

1959年，尼倫伯格在美國馬里蘭州貝塞斯達國家關節炎與代謝疾病研究所（National Institute of Arthritis and Metabolic Diseases in Bethesda, Maryland）取得獨立研究的職位。他在取得生物化學博士學位之前，曾在佛羅里達大學研究石蠶蛾，並取得碩士學位。石蠶蛾是一種幼蟲水生、成蟲像蛾的昆蟲。（也許尼倫伯格不願讓人知道自己的科學生涯始於昆蟲研究，因為他在諾貝爾獎的得獎感言中略去了這段經歷。）就嘗試破解遺傳密碼而言，尼倫伯格算是邁出了雄心壯志的一步。他與這個領域的領頭學者幾乎沒有聯繫，也從未收到繡有RNA的羊毛領帶。不過與加莫夫嘗試以傳統方式解決問題不同，尼倫伯格決定應用生物化學解決編碼問題。這需要在試管中重新合成出蛋白質，也就是重現mRNA轉化形成蛋白質的過程。

尼倫伯格的實驗是建立在波士頓麻省總醫院（Massachusetts General Hospital in Boston）生化學家伊麗莎白．凱勒（Elizabeth Keller）與保羅．札梅尼克（Paul Zamecnik）開創性研究的基礎上。他們發展了一種能夠使用大鼠肝臟[22]組織成分在細胞外合成蛋白質的方法。札梅尼克與其他後續研究者證實了大腸桿菌的萃取物也具有同樣效用。這成了尼倫伯格的系統。簡而言之，這個方法就是將大腸桿菌磨碎以大略取得核糖體，再將不同的RNA序列當做蛋白質合成的模版加入其中。[23]

在嘗試過多個錯誤線索後，尼倫伯格與他的博士後研究員海因里希．馬特伊（Heinrich Matthaei）偶然發現全由U鹼基所組成的簡單RNA分子，也就是多聚尿嘧啶（poly(U)），會指示合成一種全由苯丙胺酸這種胺基酸所組成的蛋白質。多聚尿嘧啶的美妙之處在於，無論你從哪裡開始讀取，都只會有一種三聯體密碼子存在，即是UUU，而且它只能轉譯為苯丙胺酸。所以他們破解了基因密碼之謎的第一個片段：UUU負責編碼苯丙胺酸[24]。

現在研究的方向變得很明確，他們就是要將不同的RNA序列輸入核糖體中，看看會產生什麼樣的蛋白質。運用這樣的方法，就可以發現到多聚胞嘧啶（poly(C)）與多聚腺嘌呤（poly(A)）分別負責編碼聚脯胺酸（polyproline）與聚離胺酸（polylysine）。於是密碼子對照表的其中3組解開了，還有61組尚待努力。當然，一開始的這三組算是簡單的，因為這三組三聯體密碼子中的每個字母都是一樣的。比較複雜的密碼子則需要運用不同的方法。

這時就輪到葛賓．科拉納（Gobind Khorana）出場了。[25]科拉納出生在賴普爾（Raipur）一個貧窮的印度教家庭（賴普爾當時是印度領土，不過現在隸屬巴基斯坦），之後前往英國與瑞士求學。他在威斯康辛大學麥迪遜分校擔任教授期間，因破解遺傳密碼的成就而嶄露頭角。他的研究團隊發明了化學合成DNA的方法，可以將**核苷酸**（nucleotide）一次就拼湊起來。他們接著運用了一種剛發現的酵素來將DNA複製進RNA中[26]。這個方法

---

22 Elizabeth B. Keller, Paul Zamecnik, and Robert B. Loftfield, "The Role of Microsomes in the Incorporation of Amino Acids into Proteins," *Journal of Histochemistry and Cytochemistry* 2, 378–86, 1954; John W. Littlefield, Elizabeth B. Keller, Jerome Gross, and Paul C. Zamecnik, "Studies of Cytoplasmic Ribonucleoprotein Particles from the Liver of the Rat," *Journal of Biological Chemistry* 217, 111–24, 1955.

23 作者註：他試管實驗的條件為核糖體不需要mRNA上有起始訊號（前述比擬中的AUG），而是沿著mRNA鏈隨機開始。

24 Marshall W. Nirenberg and J. Heinrich Matthaei, "The Dependence of Cell-Free Protein Synthesis in *E. coli* upon Naturally Occurring or Synthetic Polyribonucleotides," *Proceedings of the National Academy of Sciences USA* 47, 1588–602, 1961. 重要的是，手稿謹慎指出編碼聚苯丙胺酸的聚尿嘧啶，並沒有分辨出它是U、UU、UUU，還是專門編碼苯丙胺酸的其他密碼子。

25 作者註：我在麻省理工學院首次遇到科拉納時，還是16號大樓的博士後研究員，而他是18號大樓中的諾貝爾獎得主。由於波士頓的冬季極為寒冷，麻省理工學院中的多棟大樓都有相連，所以我不用裹上厚重衣物就能走到化學系。我發現科拉納很謙虛，旁人很容易就能感染到他對自身研究的熱忱，也不會因為我這個來自愛荷華州的低階博士後研究員向他自介而感到不悅。

26 這個特別的酵素是大腸桿菌RNA聚合酶。RNA聚合酶之所以會這樣命名，是因為它們會催化單體（A、G、C與U）形成RNA聚合酶，而此聚合物的序列則是由DNA的模版所決定。此外也有DNA聚合酶，它們也會進行類似反應，不過其所使用的是去氧核苷酸單體A、G、C與T。

的巧妙之處在於，他們可以精準指定DNA的鹼基序列，然後再複製到RNA中。這些RNA會被置入試管中的蛋白質合成系統裡，擔任傳訊者的角色來指示對應胺基酸序列的合成[27]。科拉納對3個鹼基進行各種可能的排列組合，並將它們置入蛋白質合成系統試管中，再查看會出現什麼樣的胺基酸鏈。科拉納就是經由這樣的方式，協助填寫了遺傳密碼表，並因此在1968年與尼倫伯格共同榮獲諾貝爾生理醫學獎[28]。

加莫夫在新聞中讀到這些新發現後，對於終於有人解開了編碼問題感到欣慰，但即便如此，他還是將實驗方法批評了一番。「這個解法看起來顯然不如我原先所想的那個簡單理論相關性巧妙[29]，」他說，「不過它具有正確無誤這項無可爭議的優勢。」

具有重要任務的小小RNA

明確指出mRNA用以辨識蛋白質的密碼故然是重大成就，但這並非唯一需要解答的重大問題。密碼很關鍵，但是然後呢？必定有個程序可以「讀取」密碼。mRNA究竟是如何讓胺基酸就定位串連在一起，以製造出蛋白質呢？

克里克在1955年提出了這個問題的答案，他的想法被視為生物學理論的非凡勝利。他想像有一種前所未見的分子，只因為他認為這種分子必定是遺傳密碼偉大理論[30]中缺失的部分。他設想有一群「轉接分子」（adaptor molecules），這些分子都有兩端，一端會與20種胺基酸中的其中一種連接，另一端則會辨識配對（同源）的mRNA三聯體密碼子[31]並與之結合。

你可以將這些胺基酸與mRNA之間的轉接分子，想像成將電器連到電源插座的轉接插頭。要對耳機充電，你需要能插進插座的正確轉接插頭，插頭的規格可能會因為你身在美國、英國還

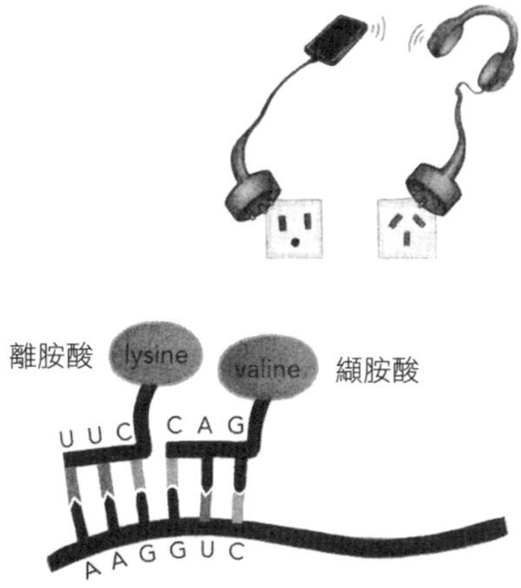

圖1-3：克里克認為mRNA鏈（下方）上的每個三聯體密碼子，都必須經由帶有對應胺基酸（例如離胺酸或纈胺酸）的「轉接分子」進行辨識（如圖所示）。這就好像手機或耳機充電線上的轉接插頭，將電子產品與各種三腳電源插座連接起來。

---

27 S. Nishimura, D. S. Jones, E. Ohtsuka, H. Hayatsu, T. M. Jacob, and H. G. Khorana, "Studies on Polynucleotides: XLVII. The *In Vitro* Synthesis of Homopeptides as Directed by a Ribopolynucleotide Containing a Repeating Trinucleotide Sequence. New Codon Sequences for Lysine, Glutamic Acid and Arginine," *Journal of Molecular Biology* 13, 283–301, 1965.

28 1968年諾貝爾生理醫學獎項的第三位得主是羅伯特．霍利（Robert W. Holley），他解出丙胺酸（alanine）轉送RNA的結構，將DNA與蛋白質的合成連結起來。

29 Gamow, *My World Line*, 148.

30 Matthew Cobb, "60 Years Ago, Francis Crick Changed the Logic of Biology," *PLOS Biology* 15, e2003243, 2017.

31 Francis H. C. Crick, "On Protein Synthesis," *Symposia of the Society for Experimental Biology* 12, 138–63, 1958.

是德國而有所不同。胺基酸跟耳機的情況是一樣的。你有一個插座（三聯體密碼子）與可以插進其中的三腳插頭（稱為**反密碼子**〔anticodon〕）。因為密碼子與反密碼子是互補的，它們可以經由鹼基配對相互連接。就像延長線插座可以插上多個電器，轉接分子會排列成行將mRNA密碼子連接到同源胺基酸上，這些胺基酸會形成一條不斷增長的鏈條，最終形成蛋白質。至少克里克是這麼想的。

但是理論只能帶我們到這裡，必須有人實際操作實驗確認這種轉接分子是否存在。這個人就是札梅尼克，他發展出合成蛋白質的方法，而這個方法又促使尼倫伯格發現了第一組密碼子。札梅尼克從已受到放射性碳同位素標記的胺基酸著手，這樣他就能追蹤胺基酸的去處，這有點像銀行在錢袋中藏了一罐會爆開的油漆罐，好在錢被偷時可以追蹤。札梅尼克將這些放射性胺基酸置入他的老鼠肝臟中時，神奇的事情發生了，小RNA變得具有放射性，這表示胺基酸進入了RNA。我們之前從未發現這種連結，不過若是有一種RNA負責將RNA密碼子轉接至胺基酸[32]，那麼這種連結就會出現。這些小RNA就是我們之後所知的**轉運RNA**（transfer RNA；tRNA），它們會將正確的胺基酸轉運至核糖體以合成蛋白質鏈。我們將一再看到，小小的轉送RNA展現出強大的能耐。

1960年代中期，有些科學家似乎認為RNA的故事就到此為止了。每個mRNA依據當時已經破解的密碼，引導不同蛋白質的合成。還有另外兩種穩定的RNA參與蛋白質的合成：連結mRNA密碼子至對應胺基酸的轉運RNA，以及用來建造蛋白質的核糖體RNA（之後我們會更詳細介紹這種RNA）。

即使時至今日，許多人仍這樣看輕RNA。他們認為RNA不過是DNA的奴役，在將生命密碼轉變成生命物質的細胞機器裡，為機器的齒輪提供潤滑。當然，這個生物程序對地球上每個生物的生存都很重要。就算RNA的故事真的到此為止，對這些微小的分子來說，仍然是一項巨大的成就了。不過事實證明，傳送訊息只是RNA眾多超能力的第一項而已。

---

32 Mahlon B. Hoagland, Mary Louise Stephenson, Jesse F. Scott, Liselotte I. Hecht, and Paul C. Zamecnik, “A Soluble Ribonucleic Acid Intermediate in Protein Synthesis,” *Journal of Biological Chemistry* 231, 241-57, 1958.

第二章：生命的剪接

很少有比冷泉港實驗室（Cold Spring Harbor Laborotory）風光更為明媚的科學研討會地點了。位於長島海灣的冷泉港實驗室，看起來不像研究中心，反而像夏令營，有著木瓦小屋、徜徉在微風中的帆船，還有春日時會綻放木蘭、杜鵑花和山茱萸，以及隨風搖曳的草地。這個實驗室創立於1890年，向來以嚴謹的研究聞名。從1940年代起，遺傳學家芭芭拉·麥克林托克（Barbara McClintock）便在此深居簡出，進行嚴謹的研究。她追蹤玉米粒的顏色變化，並以這些變化確認基因與染色體如何在細胞中作用。她發現的「跳躍基因」最終讓她榮獲諾貝爾獎。

1968年華生成為冷泉港實驗室主任後，這間實驗室的嚴肅氣氛有了大幅改變。他很有見地，也有雄心壯志，很快就將實驗室變成研究界巨頭，以及大量產出一項又一項重大科學突破的著名會議中心。一直以來，這裡都是無須等到數月後文章刊登出來就能聽到最新研究進展，並建立新合作關係的地方。

1977年7月，冷泉港研討會的主題是高等生物染色體的結構與功能。當時我是麻省理工學院研究此主題的博士後研究員，對於能夠參加此研討會備感榮幸。我依然記得，當我在麻省理工學院的鄰居菲利普·夏普（Phil Sharp），以及冷泉港的理察·羅勃茨（Rich Roberts）所各自領導的兩組研究團隊走上講台，揭開這個困擾科學家十多年的謎團秘密時，我的心情有多麼激動。

這個碩大的奧秘是什麼？一旦弄清楚大腸桿菌及其噬菌體中的DNA、後續產生的mRNA與蛋白質之間的關係，許多科學家就開始研究動植物這類更加複雜的生物，尤其是人類。他們有充分的理由認定，在所有生命形式中，生物訊息儲存與傳送的基本特性都近乎相同。如同諾貝爾獎得主莫諾曾表示：「任何在大腸桿菌中發現的真理[1]，套用在大象上必然也會是真理。」但是生化學家研究在生長箱中用培養皿培養的人體細胞時，他們有了疑問。他們原本預期信使RNA會最先出現在細胞核中，因為那裡是親代染色體DNA的所在位置。他們確實在那裡發現了RNA，但那種RNA似乎大得不像是mRNA，那種RNA比編碼蛋白質所需的RNA差不多要大上10倍[2]。這很奇怪，因為從細胞核輸出到細胞質的mRNA，確實是適合製造蛋白質的大小。

在細胞核發現的這種過大RNA真的會變成mRNA嗎？倘若真是如此，那麼細胞核中所有額外的核苷酸如果不用於編碼蛋白質，會用來做什麼呢？就如同在冷泉港那天所揭露的，這個答案首先暗示了RNA的功用遠不止於單純為DNA傳送訊息。

保密

雖然菲利普．夏普在麻省理工學院的實驗室恰巧就位於我對街，但這不表示我就知道菲利普的研究發現。為了解決實驗問題，我偶爾會越過艾姆斯街（Ames Street）去他位於癌症中心的實驗室尋求建議。我的朋友克萊兒．摩爾（Claire Moore）在菲力普的實驗室工作，他們總是樂於與我討論我的研究，卻對自己的研究結果隻字不提。

這很古怪。科學家們通常會情不自禁地大談他們的研究，表示自己即將有振奮人心的發現。但菲利普、克萊兒與博士後研究員蘇・貝爾格特（Sue Berget）知曉他們正在進行一件大事，所以必須保持低調。直到一年後坐在冷泉港的講堂時，我才發現菲利普與羅勃茨是如何解開了人類mRNA大小不符的難題[3]。

關鍵就在一組引起人類感冒的DNA腺病毒上。就像噬菌體讓分子生物學家首次理解細菌是如何進行遺傳任務，人類病毒也為研究人類生物學中的分子細節提供了門道。畢竟，噬菌體與人類病毒都是透過欺騙各自的宿主細胞，提供感染週期所需的體系來運轉，因此這些寄生的病毒必須使用與宿主相同的基本生物機制。研究病毒也提供了實質好處：受到感染的細胞帶有許多病毒DNA與對應RNA產物的副本，讓研究學者有大量的素材可以進行研究。

麻省理工學院與冷泉港各自的研究團隊，首先定位了腺病毒

1 Herbert C. Friedmann, "From 'Butyribacterium' to '*E. coli*': An Essay on Unity in Biochemistry," *Perspectives in Biology and Medicine* 47, 47–66, 2004.

2 James Darnell, *RNA: Life's Indispensable Molecule* (Cold Spring Harbor, NY: Cold Spring Harbor Laboratory Press, 2011), 168–69.

3 Susan M. Berget, Claire Moore, and Phillip A. Sharp, "Spliced Segments at the 5' Terminus of Adenovirus 2 Late mRNA," *Proceedings of the National Academy of Sciences USA* 74, 3171–75, 1977; Louise T. Chow, Richard E. Gelinas, Thomas R. Broker, and Richard J. Roberts, "An Amazing Sequence Arrangement at the 5' Ends of Adenovirus 2 Messenger RNA," *Cell* 12, 1–8, 1977.

染色體上各種基因的位置。他們沒有預料到這將帶來何種重大發現，定位不過是提供後續了解病毒基因如何表達的必要架構而已。研究學者將病毒DNA與細胞質中的mRNA複製產物做比對時，預期會發現DNA與RNA序列從一端到另一端是相同步的。在細菌中當然是這樣沒錯。

然而，他們卻發現mRNA中有很大的部分居然消失了，如果mRNA是直接從DNA複製過來，這些部分應該要存在。顯然mRNA被「剪接」了，中間某些部分被切除後，兩邊的序列再連在一起。研究學者不得不得出一項結論：腺病毒基因的編碼區域是不連續的，會被我們現稱**內含子**（intron）的非編碼DNA片段切斷與分隔。

在冷泉港實驗室的聽眾聽得目瞪口呆。華生本人當天也在場，他稱此發現是「重磅新聞」。信使RNA理應是其基因的連續

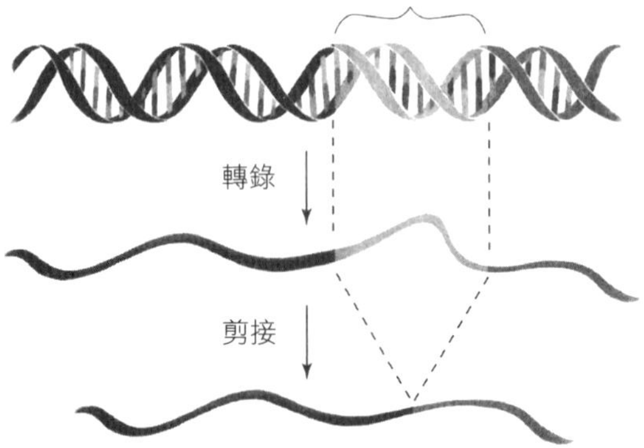

圖2-1：稱為內含子的非編碼DNA片段，會中斷人類與其他許多真核生物的多數蛋白質編碼基因。每個內含子（圖上淺色區域）會轉錄成前驅RNA（中間那一條）的一部分，然後再被剪接成最後具有功能的mRNA（最下面那一條）。

副本。怎麼可能這麼沒效率，而且也難以想像內含子為何要隔開DNA的蛋白質編碼區域，或是這些內含子是如何被剪掉的。將DNA上有的密碼片段移出mRNA的這一切複雜運作是否只是無用的伎倆，沒有目標的演化之舞呢？或是這個剪接程序可能有著更大的目的呢？分子生物學界曾經為了嘗試回答這些問題而被弄得天翻地覆。

更有意思的是，科學家開始發現內含子並非病毒所獨有，也是真核生物（*eukaryote*；具有細胞核將DNA包覆隔離的生物體）的共通特性。腺病毒內存有內含子的消息發布後，全球許多實驗室的科學家都意識到他們正在研究的基因都一樣被內含子所隔開。例如後續於1977年時，哈佛生物學家雪莉．蒂爾曼（Shirley Tilghman）[4]與菲利普．萊德爾（Phil Leder）就發現一個編碼血液蛋白質血紅素的人類基因編碼區被2個內含子所隔開。在細胞核中，內含子與編碼序列會從基因上被複製到一長串RNA中，但在mRNA前往核糖體製造蛋白質之前，大自然就會拿出她的剪刀[5]，神奇地剪掉被隔開的地方。

菲利普．夏普之所以用「剪接」（splicing）一詞來描述這個程序，是為了表示這跟水手修復嚴重磨損繩索所採取的方法類似。水手會割斷繩索磨損部位的上下方，扔掉損壞部位，再將完

---

4 作者註：她之後以其他方面的成就成為普林斯頓大學校長。

5 David C. Tiemeier, Shirley M. Tilghman, Fred I. Polsky, Jon G. Seidman, Aya Leder, Marshall H. Edgell, and Philip Leder, “A Comparison of Two Cloned Mouse β-Globin Genes and Their Surrounding and Intervening Sequences,” *Cell* 14, 237–45, 1978.

好的兩端重新接在一起。

我們也可以將內含子想成沒有意義的字詞，也就是會打斷原本可理解句子的一串「吧啦」：「你今天吧啦吧啦吧啦吧啦吧啦好香。」運用文書處理系統，我們很快就能解決這個問題：只要選取抵觸、打斷句子的字詞，按下「刪除鍵」，就能去除一串的「吧拉」，得到「你今天好香」這個句子。大自然運用類似的編輯程序去除mRNA中的內含子，留下可以製造蛋白質的清楚遺傳密碼。

科學家現在知道，為何最初在細胞核中製造、帶有內含子的RNA，會比不含內含子的mRNA大得多了。但如同科學常會發生的情況，回答了一個問題又會引發出另一個問題。究竟這些內含子的作用是什麼？它們真如某些科學家所假設的那樣沒有價值嗎？或是它們實際上是個關鍵，不只能讓我們了解大象與大腸桿菌間的差異，還能讓我們了解是什麼造就了人類？

令人費解的人類基因體大小

基因體（genome）是生物體所有染色體中的所有DNA。人類基因體於2000年左右定序[6]完成前，我們並不知道人類需要多少基因去製造出形塑我們的所有必要蛋白質。不過這件事並沒有讓我們停止猜測，但大多數的猜測都被證實錯得離譜。

這都要怪酵母菌。是的，就是用來讓麵團變大、啤酒及葡萄酒發酵的那個酵母菌。酵母菌是一種單細胞生物，沒有大腦、沒有心臟、沒有手腳、沒有胃、肝臟或腸道，也沒有生殖組織，它們經由出芽來繁殖細胞，它的芽胞會越長越大，直到裂開形成新細胞。因此，酵母菌運作所需的基因，顯然要比由數百種細胞組成的人體少得多了。

酵母菌在1996年成為第一種基因體被定序的真核生物。我們發現酵母基因體大約由6,000個蛋白質編碼基因[7]所組成。[8]人類基因體計畫當時才剛啟動，大家也都在猜測人類會有多少個基因？當然必定會比簡單的酵母菌多上許多！學術圈中的知名科學家們預測人類基因會有10萬個，甚至更多。

所以你可以想像，當人類基因體最終在2003年定序完成，我們發現人類約只有24,000個蛋白質編碼基因[9]時，科學家們有多震驚，這個數目大約只有酵母菌這種低等生物的4倍而已。**沒有搞錯吧？**這真的說不過去呀。人類與酵母菌都是由DNA構成的生物。那麼，比起位於食物鏈底端的真菌親戚，我們人類是如何更擅長以少量基因來發揮最大效益的呢？

這個答案有很大一部分與「無義」的內含子有關。在酵母菌中，大多數的基因是沒有內含子的，而帶有內含子的基因也只

---

6 作者註：基因體定序是指讀出生物體染色體中所有DNA分子上的A、G、T與C的序列。

7 A. Goffeau, B. G. Barrell, H. Bussey, R. W. Davis, B. Dujon, H. Feldmann, F. Galibert, J. D. Hoheisel, C. Jacq, M. Johnson, E. J. Louis, H. W. Mewes, Y. Murakami, P. Philippsen, H. Tettelin, and S. G. Oliver, "Life with 6000 Genes," *Science* 274, 546–67, 1996.

8 作者註：起初是透過找尋密碼子所組成的序列片段，來計算蛋白質編碼基因的數目。後來則透過找尋具有預期胺基酸序列的蛋白質來確認。

9 International Human Genome Sequencing Consortium, "Finishing the Euchromatic Sequence of the Human Genome," *Nature* 431, 931–45, 2004.

帶有1個內含子，所以RNA只有一種剪接法。但人類基因中的內含子多得多了。這些內含子相當有用，它們帶給RNA轉圜空間，讓RNA能以多種方式剪接密碼，進而從同一組基因中產生種類廣泛的蛋白質。

就在剪接這項程序被發現後不久，首例的**選擇性mRNA剪接**（alternative mRNA splicing）就在1980年被發現了。如圖2-2所示，這可能會發生在剪接裝置略過一塊編碼序列的這類情況下。

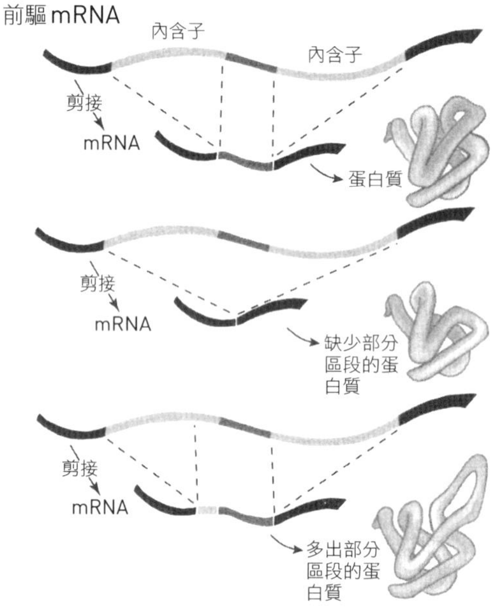

圖2-2：選擇性的mRNA剪接，可以讓單一基因製造出多種蛋白質。因為多數人類基因都帶有2個以上的內含子，所以RNA能以多種方式剪接。上圖：獨立拼接2個內含子所形成的mRNA，可以編碼出1種蛋白質。中圖：剪接時直接略去其中一段編碼序列，就會產生缺少中間區域的蛋白質。下圖：選擇性剪接，產生較長的RNA與多出一段區域的蛋白質。

讓我們回頭去看之前的句子，不過這次有兩組內含子：「你吧啦吧啦今天吧啦吧啦吧啦吧啦吧啦真香。」正常情況下，兩組內含子都會被剪掉，所以最後的版本會是：「你今天真香。」但「真」這個字有可能會被選擇性地略過，變成直接接到「香」。於是這次剪接就會將句子變成「你今天香」，這句話中大多數的字跟原先差不多，卻傳達出完全不同的意思。

這種選擇性的剪接，能從單一句子中取得多種意思，讓有限的基因體製造出種類更為繁複的蛋白質，形成更為複雜的生物體。[10]這是件大事，因為一個典型人類基因可以產生4或5種不同剪接所形成的mRNA與蛋白質產物。就是這個重要特性，讓小到出乎預期的人類基因體造就出我們人類。

我最喜歡的其中一個選擇性mRNA剪接例子出現在人類的免疫系統中。**B細胞**（B cell）是負責產生抗體的白血球細胞（事實上就是**淋巴球**〔lymphocyte〕），抗體是可以保護我們免於感染的蛋白質，它會辨識與中和入侵人體的外來病原體。在抗體的早期生涯中，它會出現在B細胞的外部表面，去尋找可以結合這個特殊抗體的病原體，例如冠狀病毒。之後B細胞會轉換功能釋出抗體，經由血液在全身血流中循環，再次與病毒在形狀上形成

10　作者註：確認使用或不使用哪些剪接位置來產生選擇性剪接，還是相對比較簡單的，因為只需將基因序列與mRNA序列相比對即可。最具挑戰性的問題在於，這種選擇性剪接是如何調控的。有一個模型主張，部分剪接序列會比其他剪接序列來得弱。若涉及剪接的蛋白質因子數量會因細胞種類而異，可能足以導致其中一種細胞使用這個弱剪接位置，而另一個細胞卻會略過。

互補結合。抗體在第一種形式中是站哨者，而在第二種形式中則會緊追入侵者。

做為B細胞表面**受體**（receptor）與循環形式的這兩種抗體，附著到病毒的那一端是相同的，但另一端就不同了。位於B細胞上的那種抗體具有親油端，能將自己固定在細胞膜上，而循環的抗體則具有糖衣端[11]，可讓自己從細胞膜上釋出，並在血流中四處移動。兩種抗體都是由相同的人類基因編碼，但以兩種方式剪接相同基因所複製出來的RNA[12]，就會創造出有部分相同但明顯不同的兩種蛋白質。「你今天真香」，對上「你今天很有味道」。選擇性RNA剪接讓單一基因能有效進行雙重運用。

那麼大象與大腸桿菌有什麼不一樣？這都取決於你要怎麼剪接了。

「U」標記點

動物製造了大量的**前驅**（precursor）mRNA只為了進行剪貼以形成有用的mRNA，是件驚人的發現。但科學家發現剪接程序，並不代表他們就知道這個程序如何運作。主要的問題在於如何能夠正確辨識出要被剪接的內含子。要剪接的位置必須經過精準確認，因為哪怕只要滑移一個鹼基就會造成框移突變，改變所有下游的密碼子，並破壞蛋白質的功能。

就像許多獲得重大發現的科學家一樣，瓊．史泰茲（Joan Argetsinger Steitz）也是抓住一個稍縱即逝的機會，才理解出大自然是如何精準定位其中一個剪接位置。瓊在1963年進入哈佛大學生物化學博士班，當時她是班上唯一的女生，也是華生研究室的第一位女研究生。[13]在完成噬菌體RNA的博士論文後，她與同為生化學家的夫婿湯瑪斯·史泰茲（Tom Steitz），一同前往英國劍橋著名的分子生物實驗室。瓊在那裡跟著與克里克和布瑞納這樣等級的人物一同進行研究。之後，當史泰茲夫婦轉往加州大學柏克萊分校時，他們很快就發現，雖然湯瑪斯可以取得教職，但瓊在那裡只能以丈夫助手的身分被僱用。就像生化學系系主任對她所說的：「我們所有人的妻子都樂意成為研究人員。[14]」因此兩人隨即在1970年轉往耶魯大學，並在那裡雙雙取得助理教授職位。

在耶魯時，瓊開始對哺乳動物細胞核中所製造的大型RNA感興趣。這是在內含子被發現的幾年前，當時還不清楚這些大

---

11 多醣（polysaccharide）這個專業術語就代表著「許多糖」的意思。許多從細胞分泌出來的蛋白質上的一些胺基酸都附加了多醣，這讓蛋白質更容易溶於水，就像糖會溶在茶中一樣。

12 Frederick W. Alt, Alfred L. M. Bothwell, Michael Knapp, Edward Siden, Elizabeth Mather, Marian Koshland, and David Baltimore, "Synthesis of Secreted and Membrane-Bound Immunoglobulin Mu Heavy Chains Is Directed by mRNAs That Differ at Their 3' Ends," *Cell* 20, 293–301, 1980; J. Rogers, P. W. Early, C. Carter, K. Calame, M. Bond, L. Hood, and R. Wall, "Two mRNAs with Different 3' Ends Encode Membrane-Bound and Secreted Forms of Immunoglobulin μ Chain," *Cell* 20, 303–12, 1980; P. W. Early, J. Rogers, M. Davis, K. Calame, M. Bond, R. Wall, and L. Hood, "Two mRNAs Can Be Produced from a Single Immunoglobulin μ Gene by Alternative RNA Processing Pathways," *Cell* 20, 313–19, 1980.

13 2022年3月6日，在科羅拉多大學博爾德分校與瓊·史泰茲進行的作者面訪。

14 Gina Kolata, "Thomas A. Steitz, 78, Dies; Illuminated a Building Block of Life," *New York Times*, October 10, 2018, https://www.nytimes.com/2018/10/10/obituaries/thomas-a-steitz-dead.html.

型RNA就是前驅mRNA。瓊想要有可以做為辨識工具的抗體，用來抑制與這些大型細胞核RNA結合的蛋白質的活性。這個實驗過程包括了將她所研究的蛋白質注入老鼠體內，然後把人類蛋白質視為外來物的老鼠免疫系統會對蛋白質產生抗體，就像對抗入侵的病毒一樣。但她試著以老鼠製造出此種抗體的實驗非常辛苦。她的手指上還留有當時被老鼠咬過的傷痕。

到了1979年，瓊聽說有研究發現紅斑性狼瘡（一種會攻擊自身組織的自體免疫系統疾病）患者會對自身細胞核中的結構產生抗體。她好奇這些抗體是否能夠辨識與細胞核RNA結合的蛋白質。因此，她請自己實驗室的一位醫學生麥克．勒納（Michael Lerner）到對街的耶魯免疫學系，取來紅斑性狼瘡患者帶有抗體的血清樣本。

瓊與學生很快就發現紅斑性狼瘡患者所製造的抗體，是以會與患者本身細胞核中[15]小RNA結合的蛋白質為目標。這對紅斑性狼瘡患者而言是個壞消息，因為我們應該製造的是會對付外來入侵者而非自身細胞組織的抗體，但對於科學界來說卻是個好消息，因為這些所謂的**小核RNA**（small nuclear RNA；簡稱snRNA）將會是了解mRNA剪接魔法的途徑。我們早就知道這些小核RNA的存在[16]；共有6種小核RNA，它們因為富含尿嘧啶（U），而被命名為U1～U6。但在1979年，它們的功能仍然成謎。

此時，冷泉港發佈有關內含子分隔基因這個重磅消息已經過了2年，也已經發現其他許多人類內含子例子。現在，每個人都想知道細胞要如何追蹤哪些序列來製造信使RNA，以及哪些序列需要被剪接。這個問題是包括瓊在內的所有RNA研究實驗室持續討論的議題。

瓊知道內含子有著不同的大小與序列。但不同內含子的兩端看起來幾乎一模一樣，都是以GUAAGU的序列開始，AG序列結束。瓊很敏銳地察覺到，RNA的單股具有運用互補鹼基對來與另一條RNA單股區配對的自然屬性。[17]因此，內含子末端的固定序列似乎有可能經由與其中一個U RNA配對而被辨識出來，並被標記為剪接位置。所以瓊與勒納檢視序列找尋有配對的位置，也真的找到了：U1小核RNA一端的序列與某個已知人類內含子序列的起始序列吻合，至少在理論上是這樣。這個配對好到不像巧合，所以他們大膽假設：U1或許是辨識每個內含子起始點的媒介[18]，好讓內含子能在該點被精確切割。

這個臆斷在幾年內經歷多次驗證，依然站得住腳。舉例來

15 Michael Rush Lerner and Joan A. Steitz, "Antibodies to Small Nuclear RNAs Complexed with Proteins Are Produced by Patients with Systemic Lupus Erythematosus," *Proceedings of the National Academy of Sciences USA* 76, 5495–99, 1979.

16 Ramachandra Reddy, Tae Suk Ro-Choi, Dale Henning, and Harris Busch, "Primary Sequence of U-1 Nuclear Ribonucleic Acid of Novikoff Hepatoma Ascites Cells," *Journal of Biologic Chemistry* 249, 6486–94, 1974.

17 Joan A. Steitz and Karen Jakes, "How Ribosomes Select Initiator Regions in mRNA: Base Pair Formation Between the 3' Terminus of 16S rRNA and the mRNA During Initiation of Protein Synthesis in *Escherichia coli*," *Proceedings of the National Academy of Sciences USA* 72, 4734–38, 1975.

18 Michael R. Lerner, John A. Boyle, Stephen M. Mount, Sandra W. Wolin, and Joan A. Steitz, "Are snRNPs Involved in Splicing?," *Nature* 283, 220–24, 1980. 在同一時間，約翰・羅傑斯（John Rogers）與藍道夫・渥爾（Randolph Wall）也提出了相似的想法："A Mechanism for RNA Splicing," *Proceedings of the National Academy of Sciences USA* 77, 1877–79, 1980.

說，菲利普．夏普的實驗室發展了能夠觀察mRNA剪接反應的試管系統，他們與瓊的實驗室合作，一同確認能夠辨識小核RNA—蛋白質複合物的抗體是否會停止剪接。若U1小核RNA確實是辨識第一個剪接位置的實體，那麼抗體應該會抑制剪接運作。而這些通力合作的研究學者確實發現到這樣的行為。[19]

那麼在每個內含子另一端存在的AG又是如何呢？那裡的情況比較複雜一點。U2小核RNA會與靠近內含子末端的互補序列進行鹼基配對，不過是由與U2小核RNA有關的蛋白質[20]確認出剪接位置的。

發現小核RNA是mRNA剪接裝置的一部分，為RNA功能庫中又增加一項新功能：它可以標記出要關注的點，就像在網路地圖上定位一樣。這是個適合單股RNA的功能，因為它隨時都準備好要進行鹼基配對，A與U配對、G與C配對。我們已經見識過兩次這樣的情況，第一次是mRNA的密碼子與tRNA的反密碼子

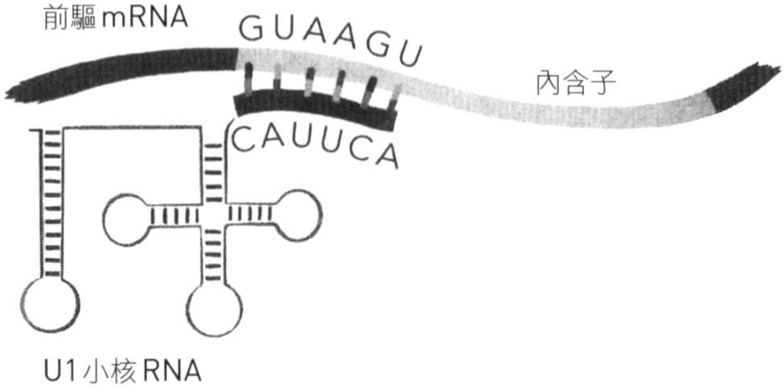

圖2-3：U1小核RNA經由鹼基配對而定位在內含子序列的一端，因此能標記出mRNA剪接位置。RNA會形成A-U的鹼基對，這在化學上等同於DNA的A-T鹼基對。

進行配對，現在是snRNA在mRNA剪接位置或附近進行配對。

然而，儘管內含子的剪接精準度令人驚豔，但大自然無法事事完美，總會有意外發生。當內含子出了意外造成剪接錯誤時，可能會導致嚴重後果。

出錯的RNA剪接

一般來說，若是某些生化程序對人類健康非常重要，這些程序出錯時就會出現病變。確實，在發現mRNA的短短4年後，也就是1981年，β型地中海貧血症成為第一個確認是由剪接錯誤所引發的病症。

β型地中海貧血症是地中海國家、中東與亞洲國家最常見的遺傳疾病之一。這類患者會出現貧血症狀，這表示他們的紅血球數量較少，並導致血氧濃度偏低與疲勞，也會有早逝的風險。紅血球中攜帶氧氣的蛋白質「血紅蛋白」是由4條胺基酸鏈所組成：2條相同的**α球蛋白鏈**（alpha-globin），加上2條相同的

---

19 Richard A. Padgett, Stephen M. Mount, Joan A. Steitz, and Phillip A. Sharp, "Splicing of Messenger RNA Precursors Is Inhibited by Antisera to Small Nuclear Ribonucleoprotein," *Cell* 35, 101–7, 1983.

20 Shaoping Wu, Charles M. Romfo, Timothy W. Nilsen, and Michael R. Green, "Functional Recognition of the 3' Splice Site AG by the Splicing Factor U2AF35," *Nature* 402, 832–35, 1999; Diego A. R. Zorio and Thomas Blumenthal, "Both Subunits of U2AF Recognize the 3' Splice Site in *Caenorhabditis elegans*," *Nature* 402, 835–38, 1999; Livia Merendino, Sabine Guth, Daniel Bilbao, Concepción Martínez, and Juan Valcárcel, "Inhibition of msl-2 Splicing by Sex-Lethal Reveals Interaction Between U2AF35 and the 3' Splice Site AG," *Nature* 402, 838–41, 1999.

β球蛋白鏈（beta-globin）。β型地中海貧血症患者之所以會貧血，是因為其血紅蛋白缺少β球蛋白鏈，但沒有一種密碼子的突變可以解答這個問題（另一種鐮狀細胞貧血症〔sickle cell disease〕就不一樣，其是由β球蛋白鏈上的單一突變所引發）。

來自耶魯大學的謝爾曼·魏斯曼（Sherman Weissman）與同事對希臘賽普勒斯一位12歲女孩[21]的情況非常感興趣，這位女孩患有β型地中海貧血症，仰賴輸血維生。他們對女孩的β球蛋白基因進行分離與定序，解開了這個謎團：突變的位置不在mRNA的密碼子中，而是在基因的內含子中。這個突變插入了一個看起來像剪接位置的AG序列，讓剪接裝置產生混淆並來到RNA上錯誤的位置。同年的不久後，在倫敦的研究學者直接證實了內含子中的突變就是造成mRNA錯誤剪接的原因。[22]只要剪接裝置在這個看起來相似的突變點運作，所產生的異常RNA就無法編碼β球蛋白。

雖然RNA剪接程序有時會造成像β型地中海貧血症這類疾病，但它也可以用於治療。**脊髓性肌肉萎縮症**（Spinal muscular atrophy；SMA）於1890年首次被醫師提及，這是一種致命的神經退化性疾病，每11,000名嬰兒就有一人患病，算是相對常見的病症。罹患脊髓性肌肉萎縮症的幼兒會逐漸變得虛弱，並喪失行動能力，大多數在2歲之前就會死亡。這是種遺傳性疾病，因**運動神經元存活基因1**（SMN1）[23]突變所造成。正常人的SMN1所製造出的蛋白質，可以協助小核RNA與其蛋白質夥伴結合。[24]此功能對所有種類的細胞都很重要，但目前仍不清楚為何運動神經元對運動神經元存活蛋白的缺乏特別敏感[25]。

因此，任何想治療脊髓性肌肉萎縮症的科學家所要面對的問題就是，如何補足缺乏的運動神經元存活蛋白。碰巧的是，人類基因體已有許多重複的基因，而且也確實存在**運動神經元存活基因2**（SMN2），這個基因可編碼出與SMN1相同的蛋白質。但SMN2顯然具有不同的內含子。此基因的mRNA在剪接時，有一段製造功能性運動神經元存活蛋白的重要密碼子常會被略過，導致mRNA失去功用。倘若你能改變SMN2 RNA的剪接，是否就能補償因SMN1突變所造成的重要蛋白缺乏呢？

2002年，冷泉港實驗室的阿德里安·克萊納（Adrian Krainer）想到了一個剪接SMN2的方法，這或許能夠補償SMN1的缺失。他發現SMN2 mRNA中的某個定點會干擾正確的剪接。選擇性的mRNA剪接通常是由名為**剪接因子**（splicing

---

21 Richard A. Spritz, Pudur Jagadeeswaran, Prabhakara V. Choudary, P. Andrew Biro, James T. Elder, Jon K. Deriel, James L. Manley, Malcom L. Gefter, Bernard G. Forget, and Sherman M. Weissman, "Base Substitution in an Intervening Sequence of a Beta + Thalassemic Human Globin Gene," *Proceedings of the National Academy of Sciences USA* 78, 2455–59, 1981.

22 Meinrad Busslinger, Nikos Moschonas, and Richard A. Flavell, "Beta + Thalassemia: Aberrant Splicing Results from a Single Point Mutation in an Intron," *Cell* 27, 289–98, 1981.

23 Livio Pellizzoni, Bernard Charroux, and Gideon Dreyfuss, "SMN Mutants of Spinal Muscular Atrophy Patients Are Defective in Binding to snRNP Proteins," *Proceedings of the National Academy of Sciences USA* 96, 11167–72, 1999.

24 Utz Fischer, Qing Liu, and Gideon Dreyfuss, "The SMN-SIP1 Complex Has an Essential Role in Spliceosomal snRNP Biogenesis," *Cell* 90, 1023–29, 1997.

25 Helena Chaytow, Yu-Ting Huang, Thomas H. Gillingwater, and Kiterie M. E. Faller, "The Role of Survival Motor Neuron Protein (SMN) in Protein Homeostasis," *Cellular and Molecular Life Sciences* 75, 3877–94, 2018.

factors）的組織特異性蛋白所掌控。這些剪接因子會與前驅mRNA上的特定序列結合，以增強或削弱某些剪接位置的功用。這些剪接位置經過演化後會以健康的方式來調控剪接，但以SMN2的情況來看，它的剪接因子卻干擾了正確的剪接。阿德里安推斷，若這個干擾序列能以某種方式被覆蓋或隱藏，那麼或許SMN2的mRNA就能恢復正確的剪接。[26]

為了驗證這個想法，阿德里安與聖地牙哥一家名為愛奧尼斯（Ionis）的生物製藥公司合作。愛奧尼斯公司裡有專家正以所謂的**反義RNA**（antisense RNA）片段製造藥物。這種專門設計出來的RNA，具有與特定天然RNA序列互補的序列。舉例來說，若一個mRNA具有可製造甘胺酸（glycine）這種胺基酸的GGG密碼子，那麼為它所建造的反義RNA就要具有CCC序列。因為這種互補性，反義RNA就會經由G-C的鹼基配對而與目標RNA結合，並實際阻擋蛋白質與目標RNA結合。

阿德里安與愛奧尼斯公司一起設計出一個反義RNA片段，此片段可與干擾SMN2 RNA正確剪接的序列結合，從而將這段序列「隱藏」起來，而且此反義RNA也經過某些化學修飾，以便當做藥物傳送。經過數年的研究，他們終於實現這個想法[27]，他們首先在培養的細胞中，之後又在經改造具有與人類脊髓性肌肉萎縮症相同基因缺陷的老鼠上恢復了功能性運動神經元存活蛋白的製造。

不過真正的考驗還是在以實際患者為對象進行臨床實驗。阿德里安在研究此疾病期間，與一個住在長島的家庭建立了聯繫，他們家的女兒艾瑪．拉森（Emma Larson）是一位中度脊髓性肌肉萎縮症患者，身體的SMN1只有部分功能。她在一歲前都發育正常，之後卻突然開始無法握住奶瓶，或甚至無法抬頭。艾瑪的父母決定盡一切可能拯救他們不屈不撓的小女兒，他們抓住這次機會，讓她接受反義RNA藥物的臨床試驗。

艾瑪的母親講述了艾瑪注射第二劑反義藥物（現稱為諾西那生〔nusinersen〕）後的情況。黛安·拉森（Dianne Larson）說：「我當時在臥室，艾瑪則在另一個小房間中。先提醒你，她移動不了幾步遠。我突然聽到她的聲音，而且越來越近。我問她：『艾瑪，怎麼了？』接下來我發現她就在我身旁的臥室地板上，就在門旁邊。我真的太震驚了！我簡直不敢相信她能從小房間一路爬到這裡。」[28]

臨床試驗中的其他個案在使用諾西那生後，也得到了跟艾瑪一樣的正面療效，由於佳評如潮，美國食品藥物管理局（FDA）提早一年停止臨床試驗，並認證其療效。到2020年左右，已經有來自40個國家、超過8,000名的患者以諾西那生進行治療。這種藥物無法讓患者痊癒，因為他們在使用此藥物治療之前，有些神經元早已受到無法逆轉的傷害，但它卻是可以救命的藥物。未

---

26 Luca Cartegni and Adrian R. Krainer, "Disruption of an SF2/ASF-Dependent Exonic Splicing Enhancer in SMN2 Causes Spinal Muscular Atrophy in the Absence of SMN1," *Nature Genetics* 30, 377–84, 2002.

27 Yimin Hua, Kentaro Sahashi, Gene Hung, Frank Rigo, Marco A. Passini, C. Frank Bennett, and Adrian R. Krainer, "Antisense Correction of SMN2 Splicing in the CNS Rescues Necrosis in a Type III SMA Mouse Model," *Genes and Development* 24, 1634–44, 2010.

28 Peter Tarr, "She's My Little Fighter," *Harbor Transcript* (Cold Spring Harbor Laboratory) 36, 4–7, 2016.

來的希望則在於找出帶有這種基因缺陷的新生兒，馬上對他們進行治療，進而阻止病症發生。

諾西那生的成功，讓大家對反義治療與其能夠持續引導RNA剪接的潛力更加期待。以裘馨氏肌肉失養症（Duchenne Muscular Dystrophy）為例，這種會讓人變得虛弱的遺傳疾病，是由於缺乏一種名為肌失養蛋白（dystrophin）的關鍵性蛋白質所造成的漸進式肌肉功能喪失。這或許可以透過改變RNA剪接模式，製造缺失的蛋白質來改善。[29]相反地，像胰臟癌、肺癌與大腸癌等許多常見癌症則是由致病蛋白質所驅動，那麼可以抑制mRNA剪接的反義核酸或許能預防致癌蛋白質的製造，遏止癌症的發展。我們將持續看到，失控的RNA是許多人類疾病的根源。因此，立基於RNA的療法，也就是以反義RNA片段與有義RNA片段進行配對，為醫學的未來帶來了莫大希望。

剪接程序的發現，讓我們知道信使RNA不只是直接複製DNA雙螺旋上所儲存的訊息而已。在包括人類在內的高等生物中，最終成為mRNA的RNA首先會從DNA中逐字複製，其中包括了大片段穿插在密碼中的內含子。但RNA剪接程序隨後就會切掉內含子，將編碼序列結合在一起，產生出會離開細胞核並與核糖體結合的mRNA。乍看之下，這個程序顯得極無效率，大自然到底有什麼盤算，它以內含子中斷基因的編碼序列，就只為了在RNA層級上將它們再次剪接出來嗎？不過這些操作都有一個重大好處。RNA剪接程序可以選擇剪接位置，為有限的基因體帶來前所未有的多功能性，也協助造就出我們人類。

在了解mRNA剪接程序而進行的探索，為RNA的功能庫又增添了一系列新技術，因為小核RNA被證明對精準標記剪接位置至關重要。這些小核RNA會加入細胞生物學中扮演關鍵角色，所謂的**非編碼**RNA群組（包括轉運RNA及核糖體RNA）中。不過還有一件更為重大的事情尚待我們發現：科學家很快就會發現，非編碼RNA的功能不僅僅只是為蛋白質合成奠定基礎，以及標記作用位置。它們實際上可以自己驅動這個運作程序。在許多重要的細胞過程中，RNA就是催化劑。

---

29 Leonela Amoasii, John C. W. Hildyard, Hui Li, Efrain Sanchez-Ortiz, Alex Mireault, Daniel Caballero, Rachel Harron, Thaleia-Rengina Stathopoulou, Claire Massey, John M. Shelton, Rhonda Bassel-Duby, Richard J. Piercy, and Eric N. Olson, "Gene Editing Restores Dystrophin Expression in a Canine Model of Duchenne Muscular Dystrophy," *Science* 362, 86–91, 2018.

第三章：獨自進行

是什麼東西讓你動起來？答案絕對是酵素。它們啟動所有生物體中的生化反應：讓我們的心臟跳動、分解胃裡的食物、代謝我們喝下的酒精。酵素也會合成我們身體細胞中的每個部分——包括將細胞固定在一起的支架、將DNA整齊包裝的染色體，還有構成細胞膜的油性包膜等等。酵素讓大自然的派對開始啟動。

從化學的角度來看，酵素會加速或催化反應，在你還未了解它們的驚人實力之前，可能會覺得這聽起來很平凡。不過它們可是能將兩個化學物質的自然反應加快100億倍。用酵素1秒就能反應的過程，若是沒有酵素就得花上317年的時間。光是人體內就有大約10,000種酵素。有些酵素只存在我們動物界中，不過許多維持我們身體運作的所謂管家酵素，則是跨越物種，從老虎到毒菇都有。

早在19世紀，科學家就能在試管中看見酵素作用的結果。德國化學家愛德華．布赫納（Eduard Buchner）發現酵母細胞含有一種名為「發酵酶」（zymase）的酵素，可以將含糖溶液轉化成酒精與以冒泡泡形式出現的二氧化碳。這個過程就是我們都知道的**發酵**（fermentation）。

科學家很早就觀察到這些酵素催化反應具有極度專一性，也就是酵素對於參與什麼反應以及會形成什麼產物非常嚴謹，酵素反應與任意發生的化學反應不同。科學家會評估並預測酵素反應的速度，舉例來說，他們會藉由加入更多的發酵酶或更多的糖，來測試發酵的速度會受到什麼影響。當時有許多書整本都在詳細介紹酵素的作用[1]。然而值得注意的是，科學界無法確定這些酵素究竟是由什麼所組成。[2]這個問題的答案成為具有爭議的長期科學探索主題。這項探索在某些重要面向上類似於尋找遺傳物質，而遺傳物質最終促成了DNA雙螺旋的發現。就像奧古斯丁會修士孟德爾知道，必定有某種單獨的遺傳單位造成豌豆的性狀，但他不知道那是由什麼所構成。科學家也知道，存在一種可以催化生化反應的強大物質，但對那是什麼並沒有共識。

詹姆斯·薩姆納（James Sumner）是一位戶外活動愛好者，他在一次狩獵中意外失去一隻手臂後開始從事化學研究。在1920年代，他提出了與當時科學主流迥然不同的理論：酵素是蛋白質。他設法在康乃爾大學的實驗室中，分離出脲酶（urease）並進行結晶，脲酶是一種可以將尿素（存在尿液中）分解成氨與二氧化碳的酵素。眾所皆知，結晶非常純淨（就像你撒在漢堡上的小小結晶鹽顆粒就是純氯化鈉），所以當結晶脲酶被發現是純蛋白質且仍保有酵素活性時，薩姆納便得出了正確結論：這種酵素是一種蛋白質。當時仍有人抱持不同意見。然而在接下來的30年，由於眾多其他酵素的結晶紛紛出現，且也被發現都是蛋白質，於是便發生了典範轉移。薩姆納也在1946年諾貝爾獎的得獎感言中，毫不猶豫地說出了每個人都已接受的事情：「所有的酵素都是蛋白質。[3]」

30年後，身為研究RNA的年輕科學家，我發現自己要面對

「這個基本規則是否根本就是個錯誤」的問題。若真是錯誤的，那麼我與其他科學家就得以全然不同的角度來看待RNA——不只是DNA的傳訊者（製造蛋白質過程中的被動角色），還是可以驅動生物學的催化劑。

一切都始於池塘中的漂浮物

我於1978年完成麻省理工學院的博士後研究後，便前往科羅拉多大學博爾德分校擔任助理教授。我被分配到一間位於老舊化學系大樓三樓的研究實驗室。我的目標是研究頂尖科學，但內有破舊黑皂石長凳與亮面橡木抽屜櫃的實驗室，讓我像是身處在19世紀。不過，這是我身為獨當一面的科學家後的第一間實驗室，所以對我而言它似乎充滿了光輝。

當我的目光橫掃空蕩的實驗室時，我對於自己會發現什麼完全摸不著頭緒。但我知道自己需要助手，所以首要之務之一就是僱用一名助理。我在《丹佛郵報》（*Denver Post*）刊登了一日徵人廣告後，收到大約30封應徵信，其中只有一封推薦信聲稱該名應徵者「擁有黃金之手，他經手的每個實驗都會成功」。他是

---

1 J. B. S. Haldane, *Enzymes* (London: Longmans Green, 1930).

2 David Blow, "So Do We Understand How Enzymes Work?," *Structure* 8, R77–R81, 2000.

3 James B. Sumner, "The Chemical Nature of Enzymes," Nobel Lecture, December 12, 1946, https://www.nobelprize.org/uploads/2018/06/sumner-lecture.pdf.

任職於康乃迪克州衛斯里大學（Wesleyan University）的亞瑟．札格（Art Zaug），我打電話與他會談。雖然我無法給他高薪或更多的就業保障，他仍然接受了這份工作、來到科羅拉多州，開始對我新的、微小的實驗動物進行研究，這是一種名為四膜蟲（*Tetrahymena*）的單細胞池塘生物。

當時我跟全球其他每位科學家一樣，仍然將RNA視為一種媒介，總是屈居DNA之下。我曾經專攻DNA，博士與博士後研究都聚焦在雙螺旋上。但我所做的研究卻讓我逐步地靠近RNA。我來到博爾德時，試圖想了解DNA如何在**轉錄**（transcription）這個程序中複製出RNA。就像中古時期的修士會將聖經文本抄錄到新的羊皮紙上，細胞酵素也會將DNA轉錄到RNA中。

轉錄的基本原理已在細菌研究中被研究得很透澈了。不過就像我對亞瑟所解釋的，我正嘗試要了解真核生物（其細胞具有可包覆DNA的細胞核的生物體）的轉錄程序是如何運作的。大多數的真核生物基礎研究都是以酵母菌、果蠅或小鼠為研究對象，我們可以操控它們／牠們的基因，或使用與醫學有關的人類細胞與組織。我對這些選項都不太滿意，因為酵母菌、果蠅或小鼠的任何一個基因，都只是其數千個基因之一，這真的是名符其實的大海撈針。我想分離出一個完整的基因與它本身的蛋白質夥伴，所以我需要一個能為我帶來優勢的真核生物。

於是，嗜熱四膜蟲（*Tetrahymena thermophila*）就登場了，這是一種能在世界各地淡水池塘中發現的單細胞毛球。牠的外形像微小的西瓜，上面覆蓋著毛茸茸的纖毛，在顯微鏡下看起來很可愛，有點像是沒有臉的倉鼠。四膜蟲細胞生長得極快，每3小時就會分裂一次，這意味著它們的蛋白質含量每3小時就會翻倍。為了建立核糖體這種分子工廠以完成這項壯舉，所以每個四膜蟲細胞會有10,000個建造核糖體RNA的基因副本。[4]相較於四膜蟲的10,000個基因副本，一般人類基因只有2個副本（一個來自母親，一個來自父親），那麼你就能理解為何這個小傢伙會引起我的注意。如果大海中有10,000根針，那麼要在大海中撈到一根針就會比較容易。四膜蟲核糖體RNA基因還有另外一個美好的特性：基於某種難以解釋的原因，它們以短小的DNA片段存在，而不是與其他基因一起存在於巨大的染色體中。這讓我們有可能完整分離出核糖體RNA基因，對於大千倍的人類染色體而言，這幾乎不可能。[5]四膜蟲的DNA就好像是個預先就用緞帶與蝴蝶結包裝好的禮物，等著科學家前來領取。

另外一個「吧啦」案例？

我們的目標是要了解這些四膜蟲的基因如何轉錄到RNA

4 Joseph G. Gall, "Free Ribosomal RNA Genes in the Macronucleus of Tetrahymena," *Proceedings of the National Academy of Sciences USA* 71, 3078–81, 1974; Jan Engberg, Gunna Christiansen, and Vagn Leick, "Autonomous rDNA Molecules Containing Single Copies of the Ribosomal RNA Genes in the Macronucleus of *Tetrahymena pyriformis*," *Biochemical and Biophysical Research Communications* 59, 1356, 1974.

5 作者註：將四膜蟲基因想像成大約30公分長的乾燥義大利麵條。你可以帶著它上街，也不怕它輕易就會折斷。依照同樣比率放大，一個典型的人類染色體大約會有300公尺或3個足球場那麼長。如果你有條這麼長的乾燥義大利麵，不把它切成好幾段是無法帶著走的。

中，以及與此DNA（真核生物染色體的特徵）連結的蛋白質如何調控這個過程。亞瑟的黃金之手很快就開工了。他以驚人的精準度進行實驗，讓他成為實驗室裡學生的寶貴資源。學生們很快就準備要使用他的鹽溶液，他們知道如果是亞瑟做的就是品質保證，若是他們自己做的，就……應該還堪用吧。實驗室中若有人要發表結果，他們有時都會先請亞瑟「最後再做一次」其中的關鍵實驗，因為他們知道即使自己的實驗數據沒問題，亞瑟的數據才是完美無缺。

我們很快就發現，這些四膜蟲基因中有一個只有大約400個鹼基對的小內含子。[6]我們一開始認為，這不過就是另一個穿插在這個基因重要、且有意義區域中的「吧啦吧啦吧啦」，與菲利普·夏普和理察·羅勃茨在兩年前從信使RNA所得到的研究結果並無不同。雖然我們的不是信使RNA而是**核糖體RNA**（ribosomal RNA；rRNA），不過我們認為基本原理應該是相同的。儘管科學家對這些內含子如何進入基因沒有共識，但我們確定這些內含子必須被移除。基因複製到RNA時，內含子必須被精準剪除，以產生具有功能性的RNA分子，無論是負責編碼蛋白質的mRNA，或是會成為核糖體這個合成蛋白質場所中一部分的rRNA。

身為研究DNA的學者，我對內含子不是那麼感興趣。我反而急切想了解轉錄的程序。我們的第一個問題很簡單：亞瑟與我是否能觀察到DNA複製到RNA的過程呢？

在我們剛開始的實驗中，我們並沒有要分離出四膜蟲核糖體RNA的基因，而是運用了一點魔法磨菇醬汁。亞瑟純化出四膜蟲的細胞核，並加入一點從紅毒蠅傘（red-capped Amanita mushroom）這種美麗蘑菇提煉出來的毒素。這種成分絕對不會出現在紅酒燉牛肉這道料理中，不過在我們的生化配方中，這是用來破壞製造mRNA與tRNA的**RNA聚合酶**（RNA polymerase）的有效材料，只是它不會傷害到製造rRNA的酵素。如此，我們就能確保試管中的任何RNA產物都是來自rRNA基因。我們的生化配方也包括些許的放射性核苷酸，這種核苷酸能進入任何在被分離出的細胞核中合成的RNA，讓我們可以在整個實驗過程中進行追蹤。我們將所有東西混合後，讓細胞核靜置於試管中一小時，給予其時間製造RNA。

亞瑟接續會使用名為**膠體電泳**（gel electrophoresis）的技術來分析這些RNA產物。**膠體**是一塊會晃動的果凍狀材料，當你對膠體施予電場時（上方是負電極，下方是正電極），帶負電的RNA分子會被推動穿過膠體。較小的RNA分子會比大一點的分子更能快速地穿過膠體，因此RNA分子所形成的離散條紋或「帶狀」就能顯示出它們的大小。

接著亞瑟會將膠體帶到暗房，在上面放一張X光底片，曝光一個晚上，並在第二天早上顯影。因為RNA分子已被放射性同

---

6 Thomas R. Cech and Donald C. Rio, "Localization of Transcribed Regions on Extrachromosomal Ribosomal RNA Genes of *Tetrahymena thermophila* by R-loop Mapping," *Proceedings of the National Academy of Sciences USA* 76, 5051–55, 1979. 另一篇論文提到不同物種的四膜蟲中也有類似的內含子，請參見：Martha A. Wild and Joseph G. Gall, "An Intervening Sequence in the Gene Coding for 25S Ribosomal RNA of *Tetrahymena pigmentosa*," *Cell* 16, 565–73, 1979.

位素標記，所以會在X光底片上顯影，每條RNA帶都會緩慢顯影在X光片上的鄰近部位。因此，醫生用來檢查是否有骨折的X光片，也可以為我們提供RNA在膠體中的影像。

亞瑟與我希望看到核糖體RNA，而X光底片上的確也出現了一條暗帶。只是我們驚訝地看到一條非常小、大約只有400個鹼基的RNA。這是什麼樣的RNA？亞瑟透過一些實驗，確認它是內含子RNA，只是不知為何它會在我們的試管反應過程中，從大型rRNA中蹦出來。

突然間，我們對內含子的興趣大增。當時科學家們對看似不重要的內含子**如何**從RNA中被剪除也感到非常好奇，看來我們已在偶然間找到它的運作過程。了解任何生化反應機制的第一步，就是讓它在生物體外也就是試管中進行反應，因為我們可以在試管中控制反應的所有條件。一般要花費數年的時間才能達成這樣的生化反應，但四膜蟲RNA剪接程序在我們每次合成RNA時都會發生。這種RNA為我們了解剪接程序提供了機會。

我們假設RNA剪接程序是由蛋白質酵素所催化。畢竟被剪除的內含子有著精確的長度，這表示有個精準的酵素在運作，而且薩姆納也說過：「所有的酵素都是蛋白質。」因此，亞瑟與我設計了一個實驗試著找出四膜蟲的剪接酵素，這裡的酵素可能不只一種，因為或許需要一個酵素切下內含子，還要另一個酵素將有用的rRNA片段接回。我們知道RNA就在四膜蟲的細胞核中被剪接，也知道是新複製出的RNA被剪接。因此，我們得先構思出一種在RNA進行剪接之前先將它分離出來的方法，因為這時RNA仍帶有內含子。然後再在試管裡混合未剪接的RNA與分解的四膜蟲細胞核。我們讓RNA進行膠體電泳，並以X光底片偵測RNA的剪接過程。

亞瑟第一次做這項實驗時，我們就很興奮地看到擁有400個鹼基的內含子RNA從較大的rRNA中被剪下來。通常這麼快就能在實驗中重現大自然的程序很不尋常。事實上，我們在加州大學聖地牙哥分校的朋友約翰·艾貝爾森（John Abelson），就曾辛

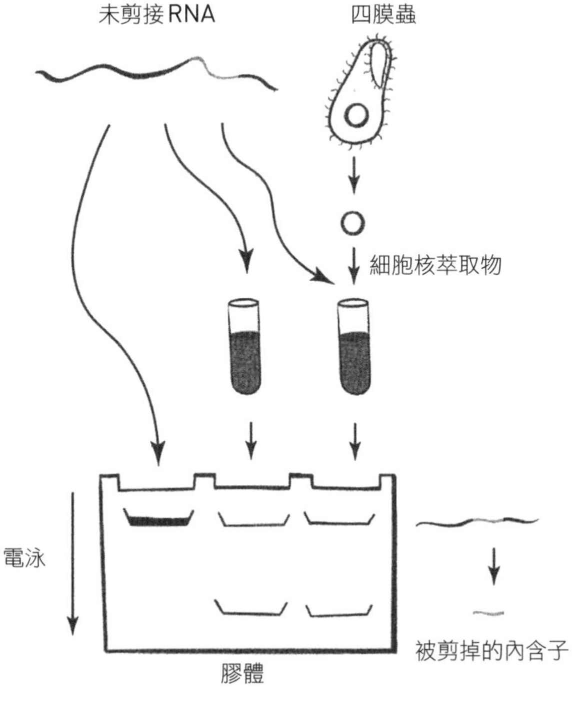

圖3-1：實驗最初是要尋找催化四膜蟲核糖體RNA剪接的酵素，但得到意外的結果。我們原先預期，要加入可提供剪接酶的細胞核萃取物才會出現剪接活動。但經由膠體電泳這項技術（可以將小型與大型RNA分離出來），我們發現無論是否加入細胞核萃取物（右邊的試管有加，中間的試管沒加），都會出現RNA剪接活動。於是接下來的問題就是，在沒有酵素的情況下，到底是什麼東西催化了這項反應？

苦耗費4年的時間才在試管中找到酵母菌mRNA的剪接活動。[7]

但我們總覺得有些奇怪。亞瑟就像任何技術精湛的科學家，在實驗中加入許多的控制變因，以確保我們看到的任何反應都是合理的。一個好的對照樣品，是只除掉生化配方中的一種成分，其他一切成分都保持不變。若「這個實驗」是烤蛋糕，控制變因就包括單純不用麵粉，或只是不用雞蛋或巧克力。烘焙師傅很快就會發現，麵粉與雞蛋是必要成分，但巧克力可有可無，這會強化他在烤蛋糕所需食材上的看法。在亞瑟的RNA剪接實驗中，不加入四膜蟲細胞核所進行的反應是個很好的對照組，因為細胞核被視為催化剪接反應的酵素來源。我們預期這個沒有細胞核的對照組不會有任何成果。然而，令人驚訝的是，RNA剪接程序仍然發生了。擁有400個鹼基的內含子清清楚楚出現在X光底片上，就像這個剪接程序不需要任何酵素輔助似的。

這不僅古怪，還前所未見。翻開當時出版的任何一本中學或大學生物課本，你都會看到在細胞內只有蛋白質酵素能夠催化反應。然而令人吃驚的是，在我們的實驗中，這個反應顯然在只有RNA的情況下發生。真是這樣嗎？接下來的一年中，我持續思考著可能有一種來自四膜蟲的蛋白質酵素，在我們純化RNA的過程中**附著在**RNA上。而這種酵素就是造成我們試管中出現RNA剪接活動的原因。若我們的RNA受到蛋白質汙染，我們必定不能四處宣稱RNA可以催化自身的剪接程序。或許我們只需找到一種方法除去這個我們所假設的蛋白質，我們的RNA就不會進行剪接，如此我們就能回頭尋找剪接酶了。

當下我做了任何優秀科學家都會做的事情：我選擇相信自

己的數據。根據數據提供的線索，我很快便進入到當時的小小RNA科學世界中。DNA的學者得要變成RNA的專家了。雖然當時我並沒有意識到，但這次轉換跑道成了我一生中最重要的決定。

小小的RNA甜甜圈

亞瑟與我持續探索剪接反應時，我們實驗室的新研究生寶拉・格拉博斯基（Paula Grabowski）也有了另一個新的發現。我們曾經對RNA是否能自行剪接存有疑慮，結果寶拉當時也得出另一個同樣古怪的實驗結果。這看似違背常理，但是當有兩個看似天外飛來的觀察結果先後發生時，讓我們覺得自己既非無能，也不是瘋了。

寶拉並未刻意追求新發現，應該說是新發現找上了她。她之前決定不用標準的攝氏30度，而是改用攝氏度39度來進行RNA剪接反應，這兩個溫度都在四膜蟲能夠適應的生長溫度範圍中。結果，她不只發現單個被切出的內含子產物，而是2個。新的內含子有些奇怪。在膠體電泳中進行分析時，新內含子移動得非常緩慢。這種RNA似乎具有較少見的形狀，因而減緩了它在膠體中的移動速度。

雖然環狀RNA不常見，且通常被認為只存在病毒與類病毒

7　2022年3月25日，在加州舊金山與約翰・艾貝爾森進行的作者面訪。

感染性RNA中，但這個內含子在電泳時所呈現的行為，確實透露出它帶有環狀或分支結構的跡象。寶拉已經提出了數項證據表明新內含子確實呈現環狀，但是我們仍需透過電子顯微鏡去觀察這個RNA後才能確定。由於我是實驗室中唯一的電子顯微鏡專家，所以這項任務便落到我身上。

我成立實驗室並聘用亞瑟已經2年。當時我有全職的教學工作，所以大部分的實驗多得在晚上進行。我將寶拉的RNA樣本置於直徑3.05毫米的環形銅網格上，當晚我預訂了校內一台電子顯微鏡的使用時間。我在暗房裡調高電子顯微鏡上的電壓，螢幕上如萬聖節般的綠光照亮了我的臉龐。透過顯微鏡的雙筒，我興奮地看到像甜甜圈的小小環狀RNA[8]出現在網格上。眼見為憑！不過就當時的認知而言，環狀內含子RNA似乎算不上是種突破，更像是一種有趣的東西。我們還需要做更多的研究才能了解它的重要性。

那年暑假，我應邀前往新罕布夏州一場著名的核酸研討會，針對我們的新RNA研究發表演說，這對助理教授而言是個難得的機會。我在出差時總會打電話回實驗室，讓研究可以持續順利進行。我抵達會場當天與寶拉在電話中交談時，注意到她的聲音中隱約透露出興奮之情。她已經從大型RNA中剪除、分離出四膜蟲線性的內含子，然後她發現線性內含子靜置在試管中時會開始轉變成環狀。過去在研究RNA時，要讓RNA形成環狀都得加入蛋白質酵素才能接起核酸的兩端，從未碰過自主形成環狀的情況。

我努力試著像她一樣同感興奮，但我還是覺得難以置信，甚至有點惱怒。在我即將對一群可敬的科學家發表演說之前，為何一個初出茅廬的研究生要用一個完全不可能發生、有明顯錯誤的發現來打擾我？我絕對不可能在第二天的演講中提到這些古怪的新研究結果。

然而回到博爾德後，我發現寶拉看似不可能的實驗結果確實不假。這個實驗結果完全可以再現。也就是說，我成立沒幾年的實驗室發現了2個古怪、完全違反教科書上所說的成果：在沒有任何酵素來源的情況下，RNA似乎可以自主進行剪接，而被切除的內含子再次在沒有酵素的情況下，還會試圖將自己繞成環狀。這到底是怎麼一回事？

在1981年年底，我們已經將剪接程序與RNA環狀化反應解析到單一磷與氧原子的層級了。[9]但就催化來源這方面來說，我們的處境就跟在薩姆納之前，也就是1917年時的酵素學家完全一樣。我們知道發生了什麼情況，但對於導致它發生的原因仍感到困惑。RNA不可能自主進行剪接並結合成環狀，除非等上幾千年。即便等上那麼久，反應也不會以我們所觀察到的精準度進行。必定有一個催化劑啟動了這個過程。

事實證明，它就擺在我們面前。

---

8 Paula J. Grabowski, Arthur J. Zaug and Thomas R. Cech, "The Intervening Sequence of the Ribosomal RNA Precursor Is Converted to a Circular RNA in Isolated Nuclei of *Tetrahymena*," *Cell* 23, 467–76, 1981.

9 Thomas R. Cech, Arthur J. Zaug, and Paula J. Grabowski, "In Vitro Splicing of the Ribosomal RNA Precursor of *Tetrahymena*: Involvement of a Guanosine Nucleotide in the Excision of the Intervening Sequence," *Cell* 27, 487–96, 1981.

摘下雛菊的花瓣

在那一年的化學系聖誕舞會中，寶拉給了我一個手工製的小禮物。那是一朵塑膠雛菊，她分別在每片花瓣上精心印上「這是蛋白質」及「這不是蛋白質」。這就是我們當時遇到的難題。

我們在實驗中使用的RNA，已經經過嚴謹的純化步驟去除蛋白質。眾所周知，去除RNA中蛋白質的技術，與我們去除衣物上頑固汙漬的方式沒有太大不同。我們在熱水中清洗，因為高溫可以打開蛋白質鏈，並使它們失去活性。我們會使用清潔劑，因為清潔劑也能打開蛋白質鏈。我們甚至會使用「酵素活性洗衣精」來洗衣服，因為有一些知名的蛋白質酵素可以破壞它們遇到的任何其他蛋白質。我們的RNA經過了這些處理，但它們還是持續剪接，並自行形成環狀。這些證據就是不支持我們所準備的

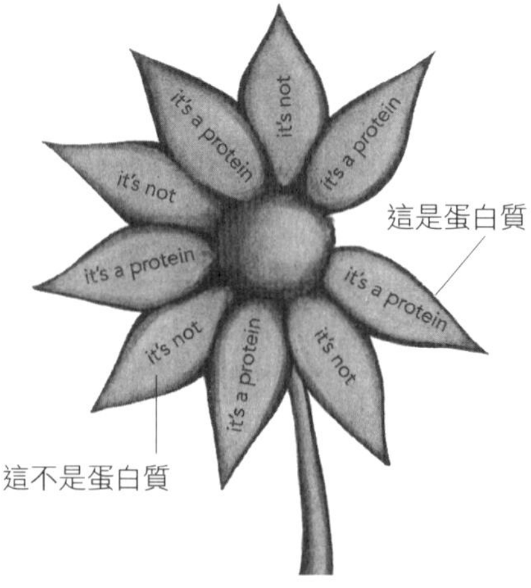

圖3-2：解決「四膜蟲核糖體RNA是否需要蛋白質酵素才能進行剪接」這個問題的辦法，並不像摘下雛菊的花瓣那麼簡單。

製劑含有汙染蛋白質的假說。然而我知道，若我們宣稱這裡面**沒有**蛋白質，也就是RNA本身具有完成這一切的能力，那麼抱持懷疑態度的科學家必然會說，他們曾聽過有種蛋白質經得起我們在純化過程中所有的處理程序。

我們所需的是在不使用四膜蟲的情況下，製造出還未剪掉內含子的RNA，以確保它不會受到四膜蟲酵素的汙染。若**人工製造**的RNA依然可以在活體細胞中已知的相同剪接位置上進行剪接，那麼我們就能宣告RNA就是自身的催化劑。若真是如此，我們對酵素是由什麼所構成的認知，以及我們對RNA能力的認知，都將有革命性的改變。

當時基因工程才剛剛開始，而我的實驗室就是眾多尚未掌握這項技術的實驗室之一。我們所需運用的程序，就是生技公司今日發展新藥時用來操縱基因的同一套程序。我們得讓大腸桿菌製造四膜蟲核糖體RNA的基因。這需要將四膜蟲的DNA插入**質體**（plasmid）中，質體是一種可以在細菌細胞中複製的環狀DNA。這麼做基本上就是將培養皿中的大腸桿菌變成基因影印機，以盡可能大量地印製出我們實驗所需的基因。

這類實驗如今在我實驗室中，一位大學生只需一天就能完成，但在1982年時，我們可是花了好幾個月的時間摸索，才讓這個實驗程序變得完善。雖然我們最終獲得了從未接觸過活體四膜蟲細胞的純淨基因，但我們仍需要名為RNA聚合酶的蛋白質酵素將遺傳物質複製到RNA中。很幸運地，我的妻子卡蘿（Carol）就是純化大腸桿菌RNA聚合酶的專家，她為我們提供了最後這一道原料。（與一位身為生化學家的同事結婚偶爾是很有幫助的，雖然我相信即便她不是我太太，她也還是會給我一滴這種材料。）

亞瑟先將人工基因複製到RNA中，再運用精心規劃的程序去除我們加入實驗中的一種蛋白質——大腸桿菌RNA聚合酶。然後他用純化的RNA進行剪接反應，將不同濃度的必要成分置入小小的塑膠試管中。這個過程也很像在做烘焙。要烤一個蛋糕，你手上會有一份需要麵粉、糖、雞蛋與泡打粉及水的食譜。而在我們的例子中，我們的配方需要RNA、所有細胞都有的一些鹽類，以及鳥糞嘌呤（組成RNA的4個鹼基之一，RNA字母表上的G核苷酸）。跟過去一樣，RNA反應的產物會透過膠體電泳分離，並顯影在X光底片上。

我的朋友揚·恩伯格（Jan Engberg）教授來自哥本哈根，幾年前就是他向我推薦四膜蟲。我們在實驗測試細菌版本的人工四膜蟲RNA是否仍能變出魔法時，揚恰巧來博爾德拜訪我們。我依然記得揚看到新顯影X光片時的反應。內含子從較大RNA中被剪下，在膠體中清楚形成了擁有400個鹼基的產物。我們這次很確定裡頭沒有蛋白質酵素。[10]揚說話的聲音越來越粗重，他抬起頭以他美好的丹麥腔說：「你們成功了。」

現在是找點樂子的時間了。要為這種非凡的RNA取什麼名字？我在實驗室黑板上留了一塊區域進行命名比賽，一個星期過後，越來越多的參賽名稱出現。之中不能免俗地出現Sex RNA，這是「Self Excising RNA」（自我切除RNA）的縮寫。還有Circulon，這是能將自身變成環狀的新超級英雄。然後是ARNzyme，這是使用了RNA的法國縮寫ARN（Acide ribonucléique）所創建的一個比RNAzyme更便於舌頭發音的混合詞。但其中有個候選名稱最為突出，那就是Ribozyme（核酶），也就是具有酵素活性的核糖核酸。RNA不只會自我剪接，還能將自己連成環狀，這讓我們相信它可以像酵素一樣作用，因為即使在完成剪接反應後，它也有足夠的力量穩穩地向前邁進。

當然，採用含義如此籠統的術語很大膽。我們只有一個例子，卻選了一個涵蓋整個分子類別的名稱。不過我認為風險不大。若是沒有找到第二個例子，我們的發現就不過是個古怪的例外，將它命名為什麼也就不重要了。但若是四膜蟲真的為世界提供了這一大類具有酵素活性的RNA分子的第一個例子呢？

這個問題在不久後就有了肯定的答案。在我們於1982年12月發表RNA自我剪接程序的幾個月後，我從聖路易斯、阿姆斯特丹與奧爾巴尼（Albany）的同行那裡聽說，他們在真菌[11]、酵母菌[12]，甚至細菌病毒[13]中發現了內含子核酶。細菌性病毒打破

---

10 Kelly Kruger, Paula J. Grabowski, Arthur J. Zaug, Julie Sands, Daniel E. Gottschling, and Thomas R. Cech, "Self-Splicing RNA: Autoexcision and Autocyclization of the Ribosomal RNA Intervening Sequence of *Tetrahymena*," *Cell* 31, 147–57, 1982.Intervening Sequence," *Cell* 27, 487–96, 1981.

11 Gian Garriga and Alan M. Lambowitz, "RNA Splicing in *Neurospora* Mitochondria: Self-Splicing of a Mitochondrial Intron In Vitro," *Cell* 39, 631–41, 1984.

12 Henk F. Tabak, G. Van der Horst, K. A. Osinga, and A. C. Arnberg, "Splicing of Large Ribosomal Precursor RNA and Processing of Intron RNA in Yeast Mitochondria," *Cell* 39, 623–29, 1984.

13 Jonathan M. Gott, David A. Shub, and Marlene Belfort, "Multiple Self-Splicing Introns in Bacteriophage T4: Evidence from Autocatalytic GTP Labeling of RNA In Vitro," *Cell* 47, 81–87, 1986.

了RNA剪接程序只會出現在真核細胞中的這個「規則」。科學家們一知道能夠自我提供動力的RNA可能存在，就開始在整個自然界中尋找此種RNA。

自我剪接RNA似乎打破了生物學中「所有酵素都是蛋白質」這項基本教條。這並不代表薩姆納的主張錯得離譜。因為**大多數**的酵素確實都是蛋白質。不過，這些自我剪接的RNA引發了人們的想像，或許在蛋白質出現之前曾有個古老時代，是由核酶來掌控催化反應。

這個發現也引起人們猜測，或許自然界中存在一種尚未被發現的RNA催化劑，可以進行各種讓人眼花撩亂的反應，而這些反應過去都被認為只能由蛋白質催化。事實證明，的確有一個極為不同的RNA催化劑即將出現，有待我們去發現。

半信半疑

不像智慧女神雅典娜從天神宙斯頭裡蹦出來時就是完整形體，甚至還全副武裝，RNA分子從DNA轉錄過來時，尚未達到它們最終的運作形式。相反地，它們在運作之前還得先經過處理。將內含子剪除，並將其餘RNA序列接合，只是RNA要經歷的其中一種程序，不過無可否認的，這是個會產生劇烈變化的**RNA加工**（RNA processing）程序。其他RNA加工程序發生在（或接近）RNA剛形成時，包括切掉不需要的序列，以及增加非DNA編碼的鹼基。

身為轉接角色的轉運RNA就是很好的例子，它的其中一端負責辨識mRNA密碼子，另一端則會攜帶要進行配對的胺基酸。一開始在轉接起始處會轉錄出額外的RNA，這個附屬物必須在特定鹼基的位置被準確切除，這樣tRNA才能發揮功能。負責切斷RNA的酵素稱為**核糖核酸酶**（ribonuclease；縮寫為RNAase或RNase），而負責切除tRNA前面那個無用多餘序列的酵素則稱為**核糖核酸酶P**（RNase P；P代表加工程序）。西德尼·奧爾特曼（Sidney Altman）在大腸桿菌中發現核糖核酸酶P，當時他還是英國劍橋的博士後研究員，並且與克里克及布瑞納出身同一個實驗室。

之後奧爾特曼在自己位於耶魯大學的實驗室中，持續探索核糖核酸酶P。這是個古怪的酵素。每次使用數十年前所建立的蛋白質純化技術將這個酵素從大腸桿菌中純化出來時，都會有一個討厭的RNA分子一同出現。奧爾特曼的研究生班·史塔克（Ben

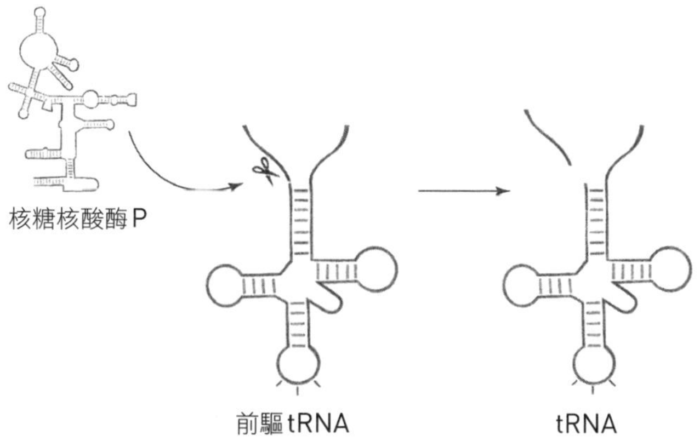

圖3-3：在大腸桿菌中的核糖核酸酶P是由一個RNA分子（如圖所示）與相關蛋白質（圖中未顯示）所構成，它會切割前驅tRNA的特定位置，創造出tRNA的正確端點。

Stark）為了博士論文承受著純化核糖核酸酶P的壓力，他也因為自己無法從酵素製劑中去除這個RNA[14]而遭受眾多嘲笑。畢竟，「所有的酵素都是蛋白質」，一個稱職的研究生應該要將核糖核酸酶P純化到無RNA的狀態才行。但史塔克的實力與技術都足以排除掉不稱職這個因素，而且他最後所做的實驗，讓奧爾特曼與論文審查委員會相信那個RNA成分對核糖核酸酶P的酵素活性極為重要。[15]他們在分別純化RNA與蛋白質成分時，必須將這兩者再次混合，以恢復tRNA的切割活性。不過，史塔克與奧爾特曼並不認為自己推翻了酵素的黃金法則，他們仍然認為是系統中的蛋白質成分而非RNA讓反應發生。

那麼為什麼核糖核酸酶P需要蛋白質**以及**RNA呢？[16]這個問題需要一點運氣才能解答。奧爾特曼實驗室與科羅拉多大學諾曼・佩斯（Norman Pace）的實驗室合作進行一系列混合配對實驗。奧爾特曼從大腸桿菌中得到純化的核糖核酸酶P蛋白及RNA，而諾曼則從枯草桿菌（*Bacillus subtilis*；大腸桿菌的遠親）中得到這兩種成分。他們很好奇跨物種組合（例如大腸桿菌的RNA與枯草桿菌的蛋白質）是否依舊具有酵素活性。1983年9月23日星期五，奧爾特曼實驗室的同仁塞西莉亞・蓋里爾—高田（Cecilia Guerrier-Takada）進行了一個快速的實驗。身為一位優秀的科學家，她在混合配對實驗的同時，也納入了許多對照組，就像亞瑟在我實驗室中做的那樣。關鍵在於，她重新測試了只有RNA與只有蛋白質的反應，這些在先前的結果中都沒有出現活性。她相信再做一次也不會出現任何活性。[17]

但是這次的情況不一樣。諾曼透過電話建議奧爾特曼，在一組反應實驗中再加入氯化鎂[18]試試，氯化鎂是活體細胞中常見的鹽類。這是許多廚師在看料理書食譜時會做的事：他們會稍做調整，測試看看若多加些蛋或減少點糖，是否會讓蛋糕更美味。因此，塞西莉亞在將前驅tRNA與各種核糖核酸酶P的RNA和蛋白質成分混合時，將這些新條件納入原先的標準設定中。接著她運用膠體電泳技術將前驅tRNA與其他反應產物分離，再將X光片置於其上，徹夜曝光。

她在星期六將底片顯影時，看到前驅tRNA已一如既往地被大腸桿菌與枯草桿菌各自的核糖核酸酶P在正確位置上修剪了。類似的結果她已經看了幾十次。而且你看，試管的溶液中只含有核糖核酸酶P的RNA以及大量的鎂鹽，並沒有它的蛋白質夥伴，卻仍對前驅tRNA進行了精確修剪。[19]RNA本身就具有酵素的作用，而只有蛋白質的樣本仍然沒有酵素的活性。

塞西莉亞立刻就知道這個實驗結果的驚人含義。她想要在告

---

14 William H. McClain, Lien B. Lai, and Venkat Gopalan, "Trials, Travails and Triumphs: An Account of RNA Catalysis in RNase P," *Journal of Molecular Biology* 397, 627–46, 2010.

15 Benjamin C. Stark, Ryszard Kole, E. J. Bowman, and Sidney Altman, "Ribonuclease P: An Enzyme with an Essential RNA Component," *Proceedings of the National Academy of Sciences* USA 75, 3717–21, 1978.

16 Ryszard Kole and Sidney Altman, "Properties of Purified Ribonuclease P from *Escherichia coli*," *Biochemistry* 20, 1902–6, 1981.

17 2022年4月15日，與在馬里蘭貝塞斯達的塞西莉亞．蓋里爾—高田進行的作者電訪。

18 2022年4月15日，在科羅拉多大學博爾德分校與諾曼．佩斯進行的作者個人面訪。

19 Cecilia Guerrier-Takada, Katheleen Gardiner, Terry Marsh, Norman Pace, and Sidney Altman, "The RNA Moiety of Ribonuclease P Is the Catalytic Subunit of the Enzyme," *Cell* 35, 849–57, 1983.

訴大家之前確認這個結果正確無誤。她在週六當天又重做了一次實驗，以確保她沒有發生像是混淆試管之類的錯誤。她在週日顯影出X光片，也發現大腸桿菌與枯草桿菌的RNA次單元確實都在高鹽條件下出現酵素活性，而蛋白質成分在沒有RNA的情況下就沒有出現活性。「所有酵素都是蛋白質」就到此為止了！奧爾特曼週日還在辦公室中，所以塞西莉亞可以向他展示這項驚人成果，並與他共同分享發現的喜悅。

奧爾特曼星期一早上到實驗室時，早已寫好一篇要宣布這項發現的科學論文草稿。他們打電話到諾曼的實驗室，與共同作者們分享這項發現。諾曼也同樣感到震驚，因為「所有酵素都是蛋白質」的原則也深植在他的世界觀中。[20]

在我們發表自我剪接RNA的一年後，奧爾特曼發現了核糖核酸酶P就是一種核酶，將核酶的概念延伸到重要的面向上。在我們的實驗中，我們發現RNA可以自我剪接，也就是它可以做為自己**內部**的催化劑。現在奧爾特曼的團隊發現RNA可以做為**外部**的催化劑，在其他物質（前驅tRNA）上作用。在這兩個例子中，RNA都不只是將DNA的訊息傳送給蛋白質的一種分子，而是細胞反應中積極的驅動者。這也是為什麼短短6年後，奧爾特曼與我相輔相成的研究發現獲得1989年諾貝爾化學獎的肯定。

釀造更多具有催化功用的RNA

科學以神秘的方式運作。你提出假設、收集證據、進行實驗、確認數據。運氣好的話，同行會肯定你的研究對此領域有重大的貢獻。但你無法預測接下來會發生什麼事，誰又將接棒？以及接下來的研究方向。以核酶為例，RNA催化劑接著在澳洲的酪梨日斑類病毒（Avocado Sunblotch Viroid）這類植物病原體上被發現。這些「鎚頭狀」的核酶催化的反應非常簡單，不是鎚釘子，而是在特定位置劈開自己或其他RNA分子。它們只有30個核苷酸、體積很小[21]，所以很引人注目。由此可知RNA不需太多（大），就能發揮酵素的功用。

科學家很快就會發現，與mRNA剪接有關的小核RNA也具有催化功能。事實上，RNA不單純只有標記剪接位置的功能，不過這點也同樣重要。除此之外，一組小核RNA和氮一起催化了mRNA剪接所需的切斷與連接反應。有許多研究大量生物系統的科學家在揭開小核RNA作用上做出貢獻，其中包括加州大學舊金山分校的克莉絲汀·格思里（Christine Guthrie）。

克莉絲汀所使用的特殊系統是我們用來釀造啤酒的酵母菌，這似乎是個不太有希望的研究，最初以酵母菌為實驗對象的許多RNA科學家確實都沒有成功。不過酵母菌的遺傳學非常簡單，所以很容易就可以讓酵母菌產生基因突變並觀察結果，因此它有望幫助我們更深入了解剪接的基本機制，至少在1980年時的克

---

20 與諾曼·佩斯進行的作者個人面訪。

21 Anthony C. Forster and Robert H. Symons, "Self-Cleavage of Plus and Minus RNAs of a Virusoid and a Structural Model for the Active Sites," *Cell* 49, 211–20, 1987; Olke C. Uhlenbeck, "A Small Catalytic Oligoribonucleotide," *Nature* 328, 596–600, 1987; Jim Haseloff and Wayne L. Gerlach, "Simple RNA Enzymes with New and Highly Specific Endoribonuclease Activities," *Nature* 334, 585–51, 1988.

莉絲汀是這樣認為的。她常會讚嘆：「酵母菌令人驚嘆的遺傳威力。」若她能發現對應到哺乳動物U1、U2、U4、U5與U6小核RNA的酵母菌小核RNA（當時認為這些小核RNA對mRNA剪接程序至關重要），她相信自己就能對它們的序列進行一些小改變，找出它們的鹼基是否能與mRNA或其他小核RNA配對。若她成功了，她將協助揭開讓mRNA剪接程序運作的機制。

幸好克莉絲汀對研究很有熱忱，因為她幾乎得不到什麼鼓勵。她的指導教授告訴她：「女生不能選修生物化學。[22]她們抬不起（在離心機中固定試管的）沉重的轉子，也無法在（進行生化純化程序的步入式）冷房中久待。」在她努力多年想確認酵母菌的小核RNA時（畢竟要先找出基因才能進行突變），RNA學界的許多研究者都對此不屑一顧。他們反覆指出，因為只有少數酵母菌具有內含子，所以酵母菌的mRNA剪接機制可能是其所獨有，與人類的無關。[23]如今回頭看，長期從事演化研究的某些生物學家會質疑剪接的基礎是否存在於具有內含子的物種中，還真是件非常奇怪的事。不過尋找酵母菌小核RNA的難度更加深了他們的疑慮。酵母菌是否可能就是沒有小核RNA呢？

克莉絲汀的團隊花了長達5年的時間徹底研究酵母細胞，終於找到了第一個小核RNA，就是U5。他們運用了酵母菌遺傳學家已知的技術，證明缺乏此種RNA的細胞會停止生長，並累積未剪接的RNA，這表示酵母菌的U5必定參與了剪接程序。[24]其他研究團隊也加入了追尋的行列，很快就發現更多在剪接反應中負責不同步驟的小核RNA。[25]

克莉絲汀現在已經確認出剪接機制中的不同部分，但她看見這些不同片段能以不同的方式進行組合，而且它們的位置在反應的過程中會有變化。這不是一朝一夕就能解決的問題。

到1986時，研究有了一些進展。學者確認了U1會與每個內含子的左端點結合[26]，就像勒納與史泰茲當初所提出的那樣，但之後這個論點便遭到忽略。而克莉絲汀的學生羅伊・帕克（Roy Parker）則經實驗證實，U2會與每個內含子的右端點結合[27]。不過接下來會發生的情況仍然成謎。

大約在那時，有一群包括我在內的RNA科學家在洛磯山脈聚會，這是一個結合滑雪與烹飪活動的年度聚會，湯瑪斯・史泰茲稱之為「核糖盃滑雪大會」。在雪地玩了一天後，克莉絲汀、瓊・史泰茲、約翰・艾貝爾森花費了數小時比對RNA剪接數據，而威斯康辛大學的伊莎貝特・隆德（Elsebet Lund）和詹姆斯・達爾伯格（Jim Dahlberg）、來自博爾德的奧爾克・烏倫貝克（Olke Uhlenbeck）與我則在一旁觀看。我們都很好奇小

---

22 Christine Guthrie, "From the Ribosome to the Spliceosome and Back Again," *Journal of Biological Chemistry* 285, 1–12, 2010.

23 Guthrie, "From the Ribosome to the Spliceosome and Back Again," 3.

24 Bruce Patterson and Christine Guthrie, "An Essential Yeast snRNA with a U5-like Domain Is Required for Splicing," *Cell* 49, 613–24, 1987.

25 Manuel Ares, Jr., "U2 RNA from Yeast Is Unexpectedly Large and Contains Homology to Vertebrate U4, U5 and U6 Small Nuclear RNAs," *Cell* 47, 49–59, 1986. 這是真正的酵母菌U2 RNA，但它並未被證實與U4、U5及U6小核RNA相關。此外，格思里實驗室與麥克・羅斯巴希（Mike Rosbash）實驗室在1987年都發現了難以捉摸的酵母菌U1。

26 Yuan Zhuang and Alan M. Weiner, "A Compensatory Base Change in U1 snRNA Suppresses a 5' Splice Site Mutation," *Cell* 46, 827–35, 1986.

27 Roy Parker, Paul G. Siliciano, and Christine Guthrie, "Recognition of the TACTAAC Box During mRNA Splicing in Yeast Involves Base-Pairing with the U2-like snRNA," *Cell* 49, 229–39, 1987.

核RNA如何在mRNA剪接反應的不同階段中相互依偎。我很確定歡樂的氣氛帶出了許多好的想法，但克莉絲汀還是花了好幾年的時間努力不懈地進行研究，才得以描繪出剪接反應的每一個步驟。

1992年的一個晚上，克莉絲汀的研究出現了突破性的進展。她在舊金山的實驗室工作到很晚，思考著她與學生海頓·馬達尼（Hiten Madhani）所獲得有關U6小核RNA[28]的新實驗結果。事實證明這就是關鍵之處。她在勾勒出剪接機制的解答時，發現這看起來比較不像生化反應，反而比較像精心編排的芭蕾舞。U6與U4緊密相依入場，它們一起在內含子上找到自己的位置。但之後U2介入，搶走了U6，U4則憤而離場。現在U6與U2在U5的部分協助下，可以自由地製造完成剪接反應所需的化學物質。它們共同扮演著核酶的角色，催化mRNA的剪接程序。

克莉絲汀十分驚嘆於眼前的發現，她好想找個人分享，但大樓幾乎一片漆黑。走進大廳時，她發現一位正在打掃走廊的清潔工，於是便跟他分享了她的新見解。然後，「他好像聽懂了！[29]」

為何那麼多的科學家對RNA可能是酵素的想法如此不屑，甚至一開始連我、西德尼·奧爾特曼和諾曼·佩斯實驗室中的成員也是如此呢？為什麼我們如此堅信蛋白質必定是催化的核心呢？這有部分是因為我們知道，蛋白質酵素會為所需執行的任務摺疊成特定的複雜形狀。將蛋白質煮沸或是出現基因突變，這種結構就會遭到破壞，蛋白質的活性就會喪失。

相較之下，當時我們對RNA結構的知識，並不足以看出RNA如何將自己摺疊成催化劑。特別是信使RNA，人們總是把它想成一條條煮過的義大利麵，具有高度彈性，不會形成任何穩定的形狀。即使義大利麵在盤子中形成環狀或扭曲，只要你用叉子將它叉起，它就會變直。

科學家只會以一維或二維的角度來思考RNA。我們想的是A、G、C和U的線性序列會像句子中的字母般排列，以及序列中鹼基的配對就如先前所示U1小核RNA結構中的一樣。但要了解RNA如何成為酵素，我們需要從三維的角度來觀看。在我們看到DNA的三維雙螺旋之後，我們才知道自己對基因的分子機制了解甚少。同樣地，在解出RNA的各種結構之前，我們不能指望會了解具有催化功能的RNA。

---

28 Hiten D. Madhani and Christine Guthrie, "A Novel Base-Pairing Interaction Between U2 and U6 snRNAs Suggests a Mechanism for the Catalytic Activation of the Spliceosome," *Cell* 71, 803–17, 1992.

29 2022年3月25日，與在加州舊金山的克莉絲汀．格思里及約翰．艾貝爾森進行的Zoom線上作者訪談。

第四章：變形者的形狀

「功能決定形式」[1]是建築界格言，不過這句話幾乎適用現實世界中的一切事物。槌子與螺絲起子各自具有適合其用途的形狀，但兩者卻有類似的握柄，因為握柄的用途都在於便於人手掌握。同樣的原則也適用於細胞層級。若有一個蛋白質酵素負責將食物分解到可以代謝的小粒子，那麼此種酵素就會有個裂口，以便納入馬鈴薯澱粉之類需要被分解的食物分子。若有個蛋白質的功能是運動肌肉，那麼它就需要有個可以伸縮的伸展區。

功能與形式的關聯性意味著，唯有知道生命的分子之結構、如何製造與結合，才能真正對其有所了解。沒有這些結構，生命科學的研究人員就有如在一片黑暗中試著修理汽車引擎的技師，進展不僅緩慢、毫無效率，更令人受挫。知道結構就像打開了燈，讓技師得以看清引擎的每一個零件，以及它們彼此如何連接、哪個部位或連接處出了問題，以及該怎麼維修。

第一代的分子生物學家將破解蛋白質與DNA的化學結構視為重大且具有價值的挑戰。他們所運用的技術名為**X光晶體繞射**

---

1 Louis H. Sullivan, "The Tall Office Building Artistically Considered" (1896), in *Louis H. Sullivan, Kindergarten Chats and Other Writings*, ed. Isabella Athey (New York: George Wittenborn, 1979).

法（X-ray crystallography）。這個技術會將一束X光打到蛋白質分子結晶之類的樣本上，並收集X光繞射的影像，反向推算出產生繞射的會是什麼樣的結構。你可以想像將一顆鵝卵石丟到平靜池塘的情況。這會引發一陣漣漪，而根據漣漪反推就能確認石頭丟進池塘的位置。現在再想像將一把鵝卵石丟進池塘的情況。漣漪的形狀會更複雜也會重疊，但每顆石頭在哪裡入水的資訊仍然存在其中。同樣地，由照射到蛋白質晶體的X光束所產生的繞射模式，也能揭露蛋白質中個別原子的位置。

那RNA又是什麼樣的情況呢？我們已經看到RNA具有奇妙的功能，而且我們還會看到更多。這些功能都必定有個對應的形式，也就是可以啟動特定功能的特定結構。但是事實證明，RNA的形狀比DNA的更難辨識。華生歷經千辛萬苦才找到方法。在共同發現雙螺旋後，他以為自己可以打鐵趁熱再次解出RNA的結構。[2]但他碰到一個問題。DNA只有雙螺旋一種形狀，其中有2條相互配對的DNA鏈。這個扭曲的梯子鎖死並控管這2條DNA鏈，就如同我們RNA科學家有時開玩笑時會說的，這阻止了DNA雙股去做任何有趣的事（例如催化作用）。相反地，RNA不只有一種形狀，它有**數百萬種**可能的形狀。RNA跳脫雙螺旋的束縛，實際上可以展現無限多種形狀，這正是它之所以具有驚人多功能性的原因。由於RNA變化多端，去了解它所擺出的各種形態就顯得更加重要。然而眾所皆知的是，要繪出這種變化多端的物質卻是困難重重。

華生與RNA結構糾結了10年。最初他從植物病毒、小牛肝臟與酵母菌等不同來源純化RNA、進行X光繞射實驗，並從極為粗略的數據得出這些來源不同的RNA有個單一、共同結構的結論。[3]就這就好像在濃霧天中看著200公尺外的大象與福斯汽車，就斷定兩者是相同物體。若你手中有副望遠鏡，並且等到太陽現身，你就會得到迥然不同的結論。

在信心動搖之前，華生確實朝正確的方向邁出了一步。他從研究各種不同的RNA組合（具有多種功能，也因此會有多種結構），改為研究純化核糖體[4]。核糖體RNA具有適用於合成蛋白質的特定結構。但要具備解出核糖體結構的技術與知識，將是40年之後的事了。

不過一旦能解出複雜的RNA結構，我們就能直接見識到RNA如何施展它的魔法——做為建構重要蛋白質分子的裝置，或如何建造染色體末端，或如何精準編輯人類細胞的DNA。所有關於RNA催化能力的這些重要發現，都要到未來才會發生。想獲得成功，一開始就是從小事做起。

一小步

康乃爾大學的鮑伯·霍利（Bob Holley）接下了華生未完成的研究。1950年末期，他意識到，想從一批混合的RNA中找出

---

2 Alexander Rich and J. D. Watson, "Some Relations Between DNA and RNA," *Proceedings of the National Academy of Sciences USA* 40, 759–64, 1954.

3 Rich and Watson, "Some Relations Between DNA and RNA."

4 J. D. Watson, "Involvement of RNA in the Synthesis of Proteins," *Science* 140, 17–26, 1963.

單一結構是很荒唐的事。因此，他集中火力在tRNA這個將胺基酸與其三聯體密碼子連結起來的轉接插頭上。轉運RNA小到讓他有機會能確認核苷酸序列，而當時也還沒有任何種類的RNA可以做到這一步。[5]

為何霍利在確認RNA的結構之前，必須先知道RNA的序列呢？因為要解出RNA的結構，就有點像在分析句子的文法。即便你是全世界最出色的文法學家，若你無法先讀到句子，就無從分析句子的文法。核苷酸序列給你化學鹼基A、U、C與G的順序（就像句子中單字裡的字母），一旦你看到它們全部串在一起，就能開始圖解分子結構，弄清楚這些元件在空間中的位置，以及它們如何一同運作。

霍利選擇酵母菌做為獲取tRNA的來源，也就是我們烘焙麵包與釀製啤酒所用的那種酵母菌。他知道酵母菌中的tRNA數量較多，而且他可以從在地的麵包店購買他所需要的費萊施曼酵母菌（Fleischmann's yeast）。不過，他得花上3年的時間與136公斤的酵母菌才能純化出1公克（約一粒葡萄乾的質量[6]）的tRNA。

霍利得以分離出來的tRNA，恰巧是做為丙胺酸這個胺基酸[7]轉接頭的那一個。他與研究團隊一分離出這個tRNA，就開始將它切割至可以進行化學分析的大小，然後再找出這些片段如何排列。他們在一年內解出了核苷酸序列，為解出RNA的第一個結構鋪路。

1965年，霍利團隊中一位經驗豐富的科學家伊麗莎白·凱勒（Elizabeth Keller），接下了預測丙胺酸在二維空間中如何摺疊的挑戰。她知道鹼基的序列，但它們之間是怎麼互動的呢？

要知道RNA通常是單股。在DNA中，雙股裡相互配對的鹼基會形成DNA梯子上的梯級，無論是什麼樣的序列都會形成類似的雙螺旋形狀。但對RNA而言，序列會決定形狀，因為一股中某部分的鹼基會與另一股中其他部分的鹼基配對。單一G-C鹼基的配對太弱，所以無法結合在一起，但舉個例子來說，若有四個連續的G可以與四個連續的C配對，那麼這四個鹼基對就能緊緊結合在一起。由RNA序列所決定的這些鹼基配對，導致RNA自身摺疊，創造出「髮夾」狀、枝狀、環狀、結狀，以及無數種

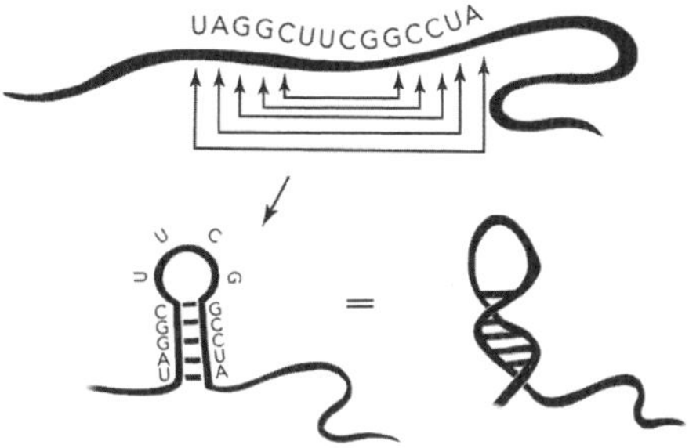

圖4-1：單鏈RNA可以在分子內形成鹼基對，形成像「髮夾」也就是莖環的形狀（如圖所示）。下方右圖顯示的是髮夾的三維形狀，而下方左圖則做了些調整，以便看到鹼基配對。

---

5 M. B. Hoagland, P. C. Zamecnik, and M. L. Stephenson, "Intermediate Reactions in Protein Biosynthesis," *Biochimica et Biophysica Acta* 24, 215–16, 1957; Mahlon B. Hoagland, Mary Louise Stephenson, Jesse F. Scott, Liselotte I. Hecht, and Paul C. Zamecnik, "A Soluble Ribonucleic Acid Intermediate in Protein Synthesis," *Journal of Biological Chemistry* 231, 241–57, 1958; Kikuo Ogata and Hiroyoshi Nohara, "The Possible Role of the Ribonucleic Acid (RNA) of the pH 5 Enzyme in Amino Acid Activation," *Biochimica et Biophysica Acta* 25, 659–60, 1957.

6 Robert W. Holley, "Alanine Transfer RNA," Nobel Lecture, December 12, 1968, https://www.nobelprize.org/uploads/2018/06/holley-lecture.pdf.

7 Holley, "Alanine Transfer RNA."

其他可能的形狀。凱勒很快就看到它能以多種不同的結合方式形成鹼基對，來將tRNA摺疊起來。那麼哪一種方式才是對的呢？

有一條線索與tRNA的3個鹼基有關，這三個鹼基提供了與mRNA密碼子的連結。這個三聯體具有與mRNA密碼子互補的序列，所以被稱為反密碼子。這個反密碼子沒有被深埋在tRNA的摺疊結構中，而是突顯在外以便與mRNA配對[8]，對凱勒與霍利而言，這看起來很合理。

凱勒收集了一些毛根與魔鬼氈來模擬各種可能出現的鹼基配對。最後她選定了一種獨特的三葉草形狀，因為這種形狀符合她的預期：位在封閉結構中臂上尚未配對的反密碼子，準備好要與對應的mRNA密碼子配對。

很快地，數十種其他tRNA的序列就被確認出來[9]，理論上每一種都可以摺疊成三葉草結構。因為所有的tRNA都需要嵌入同樣的核糖體凹槽中，以將合成蛋白質所需的胺基酸送達，所以它們必須具備相同的形狀。因此「一種形狀全部適用」的這種情況，大力支持了三葉草就是tRNA該有的形狀。

儘管凱勒的三葉草模型顯然是重大突破，卻有個重大缺陷：它是攤平放在桌面上，只能顯示出tRNA的二維形狀。我有時會將這種二維圖像稱為「路殺圖」，因為它們呈現出的RNA就像它被卡車碾過後的模樣。正如同我們很難經由被輾平的松鼠去了解松鼠的行為，我們也無法經由二維模型去真正了解RNA的行為。

1960年代末期，確認tRNA三維結構的競賽突然展開。這是場劍橋與劍橋的對決：其中一支是由麻省理工學院的金成鎬（Sung-hou Kim）與艾力克斯·里奇（Alex Rich）所領導的團隊，另一支則是由英國劍橋大學分子生物實驗室的喬恩·羅伯圖斯（J. D. Robertus）與亞倫·克盧格（Aaron Klug）所領導的團隊。

他們所採用的技術是X光晶體繞射法，當時都是使用這個方法確認蛋白質的結構。要在實驗室中產生結晶，必須將已經純化的分子做成非常濃縮的溶液，然後分別滴入不同濃度的添加液（例如鹽），以找出適合產生結晶的最佳條件。如果滴入分子在特定溶液裡的溶解度過高，溶液就會依然澄清，沒有結晶產生。若滴入的分子添加液太難溶解，那麼分子就會在溶液中沉澱出無用的塊狀物。不過某些滴入的添加液正好處於可溶與不可溶邊緣，這時分子就會以直排或橫列的形式彼此緊靠在一起。若是透過顯微鏡觀察，這時就會看到邊緣銳利的晶體緩慢生長，並且一天一天地變大。接著研究人員就可以將單一晶體置於X光束前，開啟X光射線並收集X光繞射圖。經過更多技巧與大量運算後，就能

---

8 Holley, "Alanine Transfer RNA."

9 Hans Georg Zachau, Dieter Dütting, and Horst Feldman, "The Structures of Two Serine Transfer Ribonucleic Acids," *Hoppe-Seyler's Zeitschrift für Physiologische Chemie* 347, 212–35, 1966; J. T. Madison, G. A. Everett, and H. K. Kung, "Nucleotide Sequence of a Yeast Tyrosine Transfer RNA," *Science* 153, 531–34, 1966; U. L. RajBhandary, S. H. Chang, A. Stuart, R. D. Faulkner, R. M. Hoskinson, and H. G. Khorana, "Studies on Polynucleotides, LXVIII. The Primary Structure of Yeast Phenylalanine Transfer RNA," *Proceedings of the National Academy of Sciences USA* 57, 751–58, 1967; Howard M. Goodman, John Abelson, Arthur Landy, S. Brenner, and J. D. Smith, "Amber Suppression: A Nucleotide Change in the Anticodon of a Tyrosine Transfer RNA," *Nature* 217, 1019–24, 1968; S. K. Dube, K. A. Marcker, B. F. C. Clark, and S. Cory, "Nucleotide Sequence of N-formyl-methionyl-transfer RNA," *Nature* 218, 232–33, 1968; S. Takemura, T. Mizutani, and M. Miyazaki, "The Primary Structure of Valine-I Transfer Ribonucleic Acid from *Torulopsis utilis*," *Journal of Biochemistry* 64, 277–78, 1968; M. Staehelin, H. Rogg, B. C. Baguley, T. Ginsberg, and W. Wehrli, "Structure of a Mammalian Serine tRNA," *Nature* 219, 1363–65, 1968.

「得出」tRNA的結構，意思就是，我們就能獲得分子中每個原子的三維空間位置模型。

結晶是科學與藝術的合體，所以研究學者得學會取其所能。最容易結晶的tRNA是苯丙胺酸tRNA，所以兩個競爭團隊都解出了它的結構。結果顯示它的形狀誠如凱勒所猜想的呈現三葉草狀，只是又進一步摺疊，形成L型分子。[10]在L的一端是三聯體反密碼子，另一端則是對應的苯丙胺酸胺基酸。

在1974年，兩個劍橋團隊共享了一項令人振奮的成就：確認出第一個已知生物功能之RNA的三維結構。在這類例子中，第一個突破出現後，往往很快就會出現更多的突破，就像第一張骨牌倒下後會引發連鎖效應。只是RNA結構的例子並非如此。在苯丙胺酸tRNA出現後的15年間，沒有比tRNA更大的RNA結構被解出。儘管無數研究人員努力不懈，所有其他已知的RNA都因為難以捉摸而無法確認。沒有結構做為引導，要了解像四膜蟲核酶那樣大型的RNA中個別核苷酸的作用，過程可謂

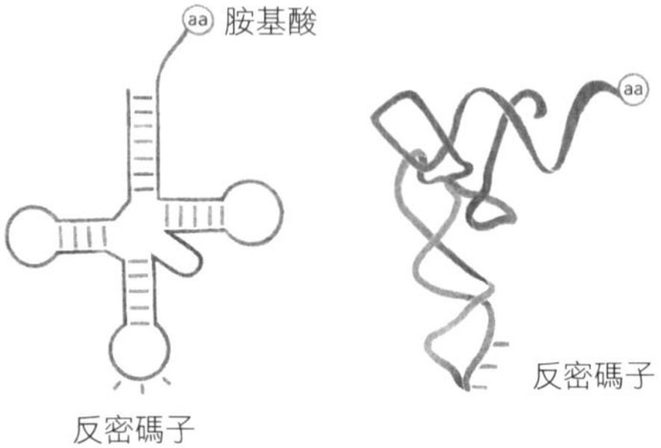

圖4-2：鹼基配對讓tRNA分子形成三葉草形（如左圖所示），然後再進一步摺疊產生三維的L形（如右圖所示）。3個鹼基所組成的反密碼子會顯露出來，以便與mRNA密碼子進行配對，並將正確的胺基酸（aa）帶入核糖體中。

極其緩慢且冗長乏味。

捕蝶者

當有些人還在等著足以讓更多種複雜RNA結晶的技術出現時，方斯華・米歇爾（François Michel）開始踏上了逐夢之路。他任職於巴黎郊外伊韋特河畔日夫鎮（Gif-sur-Yvette）的法國國家科學研究中心（CNRS）。他的興趣之一就是收集、繁殖各種蝴蝶，與了解牠們的遺傳基礎，同時也收集RNA序列。他對這些序列有著驚人的記憶力。據說，他即使在睡覺時，也會在腦中比較這些序列，並試著將它們以各種排列方式組合。他看起來就像個天才怪胎，有著一頭茂密的頭髮與一把大鬍子。我在研討會中看到他時，有時會覺得他應該是剛結束為期數月的森林捕蝶行程。

方斯華在法國國家科學研究中心的同事在酵母菌的粒線體（細胞產生能量的胞器）中找到一組新的內含子，這組內含子具有令人驚豔的遺傳特性。他們察覺在9個不同的內含子中都散布著相似度極高的序列片段。這些片段在不同酵母菌內含子中都有著相同的排列順序，這表示它們有類似的功能。方斯華知道這

10 J. D. Robertus, Jane E. Ladner, J. T. Finch, Daniela Rhodes, R. S. Brown, B. F. C. Clark, and A. Klug, "Structure of Yeast Phenylalanine tRNA at 3 A Resolution," *Nature* 250, 546–51, 1974; S. H. Kim, F. L. Suddath, G. J. Quigley, A. McPherson, J. L. Sussman, A. H. J. Wang, N. C. Seeman, and A. Rich, "Three-Dimensional Tertiary Structure of Yeast Phenylalanine Transfer RNA," *Science* 185, 435–40, 1974. The *Science* paper reports the structure completed by Sung-hou Kim after he had moved from MIT to Duke University.

些相似的序列片段對剪接反應很重要，因為當這些RNA片段出現突變時，剪接反應就無法運作。此外，這些序列的鹼基對是互補的，顯示它們會如同拉上拉鍊般形成莖環結構（stem-loop structures；如圖4.2所示）。1982年，方斯華提出了[11]這些配對的RNA序列，如何在所有酵母菌粒線體的內含子中形成相似的二維形狀。

但為何內含子需要形成特定的形狀？畢竟，若它們和菲利普．夏普與理察．羅勃茨所發現的mRNA內含子類似，那麼內含子RNA應無特定結構，這樣也便於與U1及U2小核RNA配對。關於特定結構內含子的謎團並沒有持續太久，因為在方斯華提出結構模型後不久，我們就發表了有關四膜蟲核酶的發現。方斯華只瞄了一下四膜蟲內含子的核苷酸序列，就明白他的二維模型也能應用在我們自我剪接的內含子上。[12]這件出乎意料之事非常值得注意，因為酵母菌在演化上與四膜蟲這類纖毛原生動物的親緣關係相當遙遠，而且其粒腺體與細胞核內的基因組成迥然不同。那麼為何原本這些毫無關聯的RNA會摺疊成相同的形狀？這個前所未有的答案應該就是：自我剪接的催化劑必須是這個形狀，而酵母菌的粒線體內含子也必然能夠進行自我剪接。到了1985年，一支荷蘭的研究團隊也確實證實了這個預測。[13]

方斯華的二維模型不知怎麼地看起來像是tRNA三葉草的擴充版。內含子RNA要比tRNA大好幾倍，它們的結構也更加複雜，會有十多個以上的莖環與髮夾環，不像tRNA只有4個。繪出某一類核酶的結構圖是一項重大成就，但方斯華知道RNA的催化作用並不是發生在二維空間中。他希望單從序列就能建構出完整的三維模型，但從未有人針對大型RNA做過這樣的研究。

1983年，方斯華在一場科學研討會中遇到史特拉斯堡大學的艾瑞克·維斯特霍夫（Eric Westhof）。艾瑞克在比屬剛果度過童年，之後在比利時列日大學取得物理學位，後來在威斯康辛大學以X光晶體繞射法研究tRNA結構。艾瑞克所受的訓練及技術與方斯華完美互補，他們對於將RNA的二維模型轉換成三維實物有著共同的熱情。

史特拉斯堡位於盛產葡萄的萊茵河流域，與巴黎有段距離，所以方斯華為了建構模型的會議去拜訪艾瑞克時，就會帶著睡袋。艾瑞克會坐在電腦前，建構對應到四膜蟲內含子結構中已知鹼基配對區域的RNA螺旋。這部分並不難，RNA雙螺旋就像小片段的DNA雙螺旋，而且它們的螺旋角度細節就與tRNA晶體結構中所見的相同。困難的部分在於釐清這些小螺旋片段如何在三維空間中聚集在一起，形成具有催化功能的形狀。他們希望連接螺旋的RNA序列，可以提供有關其三維排列的線索，就像那

11 François Michel, Alain Jacquier, and Bernard Dujon, "Comparison of Fungal Mitochondrial Introns Reveals Extensive Homologies in RNA Secondary Structure," *Biochimie* 64, 867–81, 1982.

12 理查·華林（Richard Waring）與韋恩·戴維斯（Wayne Davies）大約在相同的時間發表了類似的模型。請參見：R. Wayne Davies, Richard B. Waring, John A. Ray, Terence Brown, and Claudio Scazzocchio, "Making Ends Meet: A Model for RNA Splicing in Fungal Mitochondria," *Nature* 300, 719–24, 1982; R. B. Waring, C. Scazzocchio, T. A. Brown, and R. W. Davies, "Close Relationship Between Certain Nuclear and Mitochondrial Introns," *Journal of Molecular Biology* 16, 595–605, 1983.

13 Gerda van der Horst and Henk F. Tabak, "Self-Splicing of Yeast Mitochondrial Ribosomal and Messenger RNA Precursors," *Cell* 40, 759–66, 1985.

些將三葉草狀tRNA摺疊成三維L形結構的連接序列一樣。

方斯華會坐在艾瑞克身旁，檢視87段相關自我剪接內含子的資料。這些資料增補了他記憶中的許多序列。艾瑞克在電腦上以新的排列順序移動RNA的某個片段時，方斯華就會去找出不同內含子序列中所出現的任何同類變化，這些變化暗示著某些核苷酸會在三維空間中相互接觸。方斯華發現這類證據時，就會讚揚道：「這行得通！」夜裡他會窩在艾瑞克電腦旁的睡袋中[14]，並在腦中想像著RNA序列如蝴蝶般翩翩飛舞。

對RNA生物學家而言，方斯華與艾瑞克在1990年建立出的四膜蟲內含子三維模型[15]實在太美妙了。它看起來就像個被父母抱著的寶寶。這個「寶寶」是一段包含了必須被切斷與剪接位置

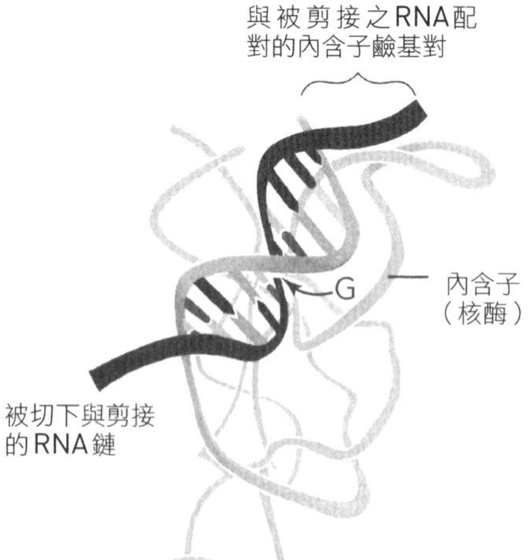

圖4-3：方斯華．米歇爾與艾瑞克．維斯特霍夫建立出四膜蟲剪接RNA的三維結構模型。與RNA配對的內含子（淺色部分）位於剪接位置（深色部分）附近。內含子也會與鳥糞嘌呤分子（G；RNA的建構元件之一）結合，並以它做為化學剪刀，在剪接位置剪下圖上的黑色RNA鏈。

的RNA螺旋。方斯華過去曾展示過其中一位「家長」，也就是定位所需之鳥糞嘌呤的那部分RNA結構，其具有可剪掉內含子的「剪刀」功能。[16]另一位家長名為P4-P6（鹼基配對區域4–6），它會協助這些關鍵RNA要素就定位。

這個模型組建得天衣無縫，但它有多接近真實結構？要找出答案，需要X光晶體繞射法，還有一位年輕夏威夷女性的天賦與堅持。

讓一切清楚明瞭

珍妮佛·道納在夏威夷大島翠綠的東岸長大。她探索當地潮汐池的奇觀，也心懷敬畏地沿著基拉韋厄活火山（Kilauea volcano）健行，因此從小就迷上了科學。[17]她跨過太平洋來到加州波莫納學院（Pomona College）主修生物化學，接著又橫跨美國本土，前往哈佛醫學院攻讀博士學位，並且那裡從事與四膜蟲的核酶功能相關的論文研究。

---

14 2022年5月2日，在法國科爾馬（Colmar）附近與艾瑞克·維斯特霍夫進行的作者面訪。

15 François Michel and Eric Westhof, "Modelling of the Three-Dimensional Architecture of Group I Catalytic Introns Based on Comparative Sequence Analysis," *Journal of Molecular Biology* 216, 585–610, 1990.

16 François Michel, Maya Hanna, Rachel Green, David P. Bartel, and Jack W. Szostak, "The Guanosine Binding Site of the *Tetrahymena* Ribozyme," *Nature* 342, 391–95, 1989.

17 Sabin Russell, "Cracking the Code: Jennifer Doudna and Her Amazing Molecular Scissors," *California* (Cal Alumni Association), December 8, 2014, https://alumni.berkeley.edu/california-magazine/winter-2014-gender-assumptions/cracking-code-jennifer-doudna-and-her-amazing/.

這樣的履歷讓我們多少成了競爭對手，只不過我們之間的競爭關係一直很平和。珍妮佛還在念研究所時，曾經來博爾德拜訪我，我對這位嬌小的女性留下了深刻的印象（還有一點嚇到的感覺）。她在完美設計實驗、驗證假說方面，有著非凡的天賦，而且她比我之前所見過的任何科學家都更有活力與魄力。因此，當她在1989年取得博士學位，並詢問可否來博爾德加入我們的行列進行博士後研究時，我立即就同意了。

珍妮佛與我及其他許多RNA學界人士都堅信，要了解核酶如何運作，必須先得知核酶形狀的三維圖。由於RNA結構研究正遭逢撞牆期——自從15年前發現tRNA結構後，就沒有人再解出任何大型RNA的結構——所以這可說是野心勃勃的任務。不過若能取得這樣一張圖片，將會是非常重大的成就，且必定會被寫入全世界的教科書中。

核酶結構有望成為解答RNA結構根本問題的金鑰，這些問題包括RNA如何摺疊以產生具特定催化功能結構此困擾學界已久之謎。大家都知道蛋白質摺疊與形成酵素活性位置（enzymatic active sites）的方式。蛋白質酵素會將自身所有的油性鏈端包覆在內部，形成疏水性（討厭水）的核心，以協助其親水性（喜歡水）的外部產生具有催化活性的裂口。但RNA無法應用相同的原理形成自身的結構，因為它沒有任何疏水元件可以運用。更糟糕的是，RNA鏈上的每個地方都帶負電，而蛋白質大部分都不帶電。[18]若要用RNA形成一個緊密的結構，就意味著要將所有的負電荷聚集在一起，這有點像是讓許多磁鐵的南極同時朝內，然後試著將它們聚在一起（這時會產生排斥）。tRNA

的結構只提供了RNA結構中的一個範例，而且它不具有催化功能，在沒有核糖體與mRNA的情況下起不了什麼作用。四膜蟲核酶結構將帶給我們大型RNA如何像蛋白質那般摺疊的第一張圖片，儘管我們顯然還沒有實力做到。

珍妮佛於1991年來到博爾德時，她與我都同意要解出整個四膜蟲核酶的結構實在野心太大，因為四膜蟲核酶有414個鹼基，大約是tRNA的6倍大。於是我們決定改用一半分子做為進行X光晶體繞射的初始目標，不過這可不是隨便挑的一半，這一半必須在功能與結構上都值得我們探究。我實驗室中的一位研究生費莉西亞·墨菲（Felicia Murphy）確認出核酶中剛好符合我們需求，名為「P4-P6」的關鍵部位。[19]她發現P4-P6會像老式木晾衣夾那樣將自己摺疊，且對定位包含兩個剪接位置之一的RNA部位極為關鍵，不過我們尚不清楚其原子層級的細節。珍妮佛的工作就是試著揭開P4-P6的奧秘。

珍妮佛與任職我實驗室的同事安妮·古汀（Anne Gooding）合作，很快就合成出P4-P6 RNA，並使用一系列鹽溶液形成滴狀結晶。不久後，她們發現一種配方可以重現邊緣銳利的美麗結

---

18 作者註：在蛋白質裡發現的20種胺基酸中，有15種不帶電，2種帶負電，2種帶正電，還有1種組胺酸（histidine）具有一種很有用的特性——當它所處環境變得更酸時，它就會從不帶電轉為帶正電。

19 Felicia L. Murphy and Thomas R. Cech, "An Independently Folding Domain of RNA Tertiary Structure Within the *Tetrahymena* Ribozyme," *Biochemistry* 32, 5291–5300, 1993; see also Felicia L. Murphy, Yuh-Hwa Wang, Jack D. Griffith, and Thomas R. Cech, "Coaxially Stacked RNA Helices in the Catalytic Center of the *Tetrahymena* Ribozyme," *Science* 265, 1709–12, 1994.

晶。想當然爾，RNA分子必會在直行與橫列中完美排列，但起初這些結晶在X光束的照射下並未顯現極佳的繞射圖樣。因為X光的輻射造成晶體內RNA損傷，以致無法產生清晰圖像。

1993年，史泰茲夫婦這兩位身為核糖盃滑雪大會忠實成員的耶魯大學教授，在博爾德進行一年的學術休假。他們拜訪我的研究團隊與我的同事烏倫貝克。湯瑪斯・史泰茲是全球最卓越的X光晶體繞射學者，他在耶魯的研究團隊解出了包括RNA－蛋白質與DNA－蛋白質關鍵複合物在內的重要結構。湯瑪斯喜歡在我們的休息室裡討論科學，在與珍妮佛的一次對話中，他提到自己的團隊如何開始冷凍晶體，以便將X光所造成的損傷減至最低。他們使用液態氮讓液態丙烷保持在極冷狀態，然後將晶體浸入液態丙烷中，在冰晶形成之前快速冷凍。珍妮佛與安妮掌握了這個訣竅，並開心地發現之後P4-P6 RNA的X光繞射圖案有了大幅改善。圖案好到足以讓我們看到個別原子在RNA摺疊結構中的位置。

但是就跟平常一樣，研究進展總是進兩步、退一步——這還是在你運氣好的時候。讓我們「退一大步」的是技術問題[20]，這也讓我們擔心起珍妮佛在博爾德剩下的時間。計算一個結構不只需要正在研究中的分子晶體，還需要它的「重原子衍生物」（heavy-atom derivative），也就是重原子位於一或多個固定位置的分子。「重原子」是具有大量質子、中子與電子的原子，例如鉑、金、銀、汞、硒、鎢或鋨。只有將原始分子與重原子衍生物的繞射圖案相比較，你才能計算出分子的三維結構。位於蛋白質中的重原子大家都知道，但RNA是不同的東西，能作用在蛋白質上的重原子，卻對RNA起不了作用。

所以，當時我們仍無法解出P4-P6的結構。不過在博爾德待了3年後，珍妮佛因為她在哈佛的論文研究，以及在博爾德取得的RNA結構突破性進展聲名大噪，而受到數間大學爭相招聘。她選擇了耶魯，這是因為在很大程度上她已與史泰茲夫婦建立了關係。她帶著博爾德的研究生傑米·凱特（Jamie Cate）過去，傑米持續測試一種又一種的金屬，看看能否做出重原子衍生物。在許多金屬都測試失敗後，傑米發現鋨離子具有適當大小，可以取代摺疊的RNA中的鎂離子。一位即將退休的史丹佛化學家合成了一種適用的鋨化合物。傑米的運氣很好，他在這位化學家的實驗室被清空之前聯繫到他，並獲得了這份禮物，事實證明它是個神奇的金屬。鋨化合物確實能取代在RNA特定位置上[21]結合的3個鎂離子，讓傑米與珍妮佛終於在1996年解出了P4-P6 RNA的結構。

這個結構令人嘆為觀止。它揭開了RNA分子如何自我摺疊成一個緊密的內部核心，這在蛋白質中很常見，但對RNA來說是有難度的。不過，我們可以合理認為催化性RNA（catalytic

---

20 為了解出未知形狀的新分子結構，我們不只需要一組X光繞射數據，還需要分子「重原子衍生物」的數據。重原子衍生物也是同樣的分子，但它還具有一些位在一個或數個固定位置的電子密集原子。然後，經由比較原始分子與重原子衍生物的繞射圖案，我們可以解出所謂的「晶體相位問題」。此問題與其解答的詳細資料請參考：Jennifer A. Doudna and Samuel H. Sternberg, *A Crack in Creation: Gene Editing and the Unthinkable Power to Control Evolution* (Boston: Houghton Mifflin Harcourt, 2017).

21 Jamie H. Cate and Jennifer A. Doudna, "Metal-Binding Sites in the Major Groove of a Large Ribozyme Domain," *Structure* 4, 1221–29, 1996.

RNA）或許能形成類似蛋白質的結構。由於RNA會像蛋白質那樣作用，所以它們看起來有些類似蛋白質也很正常吧。它的結構也向我們展示了，屬於活體細胞正常結構組成的帶正電鎂離子如何自我定位，以解決高負電RNA摺疊所產生的電荷排斥問題。這裡再次以磁鐵為例，若你想將兩個磁鐵的負極聚在一起，並一直維持這樣的狀態，就得在它們中間放上一個磁鐵的正極。

下一步就是解出整個核酶的結構。芭芭拉·高登（Barb Golden）來到博爾德進行博士後研究，她在1998年創下了RNA晶體學的新尺寸記錄：一個具有生物催化劑活性[22]、內有247個核苷酸的四膜蟲內含子。這個RNA包含了P4-P6區域，也如同我們所預測的，在活性核酶中的這個區域跟被分離出來的此區看起來非常相像。芭芭拉的核酶結構也顯示出由RNA所形成的「搖籃」，正等著帶有剪接位置的RNA螺旋投入它的懷抱。這跟米歇爾與維斯特霍夫8年前的預測非常類似。

破解四膜蟲P4-P6區域的結構，激勵了RNA結構這個小小的研究領域，很快地，其他大型、功能性RNA分子的晶體結構也被破解了。[23]總體來看，這些結構讓人得以窺見RNA的龐大功能。每個功能性RNA當然會有自己的形狀，但在四膜蟲核酶中所見的一般原則，似乎必定會重現於其他許多RNA中。這個結構就像個絕佳的廣告，宣告著只需A、G、C與U四種鹼基就能形成如此複雜的機器。

就這樣，RNA的結構領域在接下來10年的研究裡屹立不搖，每年都會解出一至兩個結構。科學家取得穩定進展，然而儘管被解出的蛋白質結構數以萬計，被解出的純RNA結構[24]卻不到百分之一。我們並不樂見這種情況，因為它不但拖慢了我們了解RNA基本知識的速度，也阻礙了可能挽救生命的醫療創新發展。業界科學家研發對抗疾病的藥物，需要標的分子的詳細結構圖來引導研究方向。以蛋白質為標的的研究，通常可以找到其他人已經解出的結構，或日益增多的情況是，他們可以依據極相關結構的巨大資料庫進行計算。但大多數做為標的的RNA結構仍然未知，使得藥物發展的嘗試受到阻礙。我們需要的是確認RNA結構的典範轉移。

群眾的智慧

想預測RNA結構，除了運用速度緩慢且成果未知的X光晶體繞射法之外，還有其他許多方法。我們已見識過其中一種：找出如米歇爾與維斯特霍夫這類深諳RNA摺疊原則的頂尖聰明人士，並給他們幾年的時間解出問題。但若是採取相反的做法又會

---

22 Barbara L. Golden, Anne R. Gooding, Elaine R. Podell, and Thomas R. Cech, "A Preorganized Active Site in the Crystal Structure of the *Tetrahymena* Ribozyme," *Science* 282, 259–64, 1998; see also Feng Guo, Anne R. Gooding, and Thomas R. Cech, "Structure of the *Tetrahymena* Ribozyme: Base Triple Sandwich and Metal Ion at the Active Site," *Molecular Cell* 16, 351–62, 2004.

23 Adrian Ferré-D'Amaré, Kaihong Zhou, and Jennifer A. Doudna, "Crystal Structure of a Hepatitis Delta Virus Ribozyme," *Nature* 395, 567–74, 1998.

24 Rhiju Das, "RNA Structure: A Renaissance Begins?," *Nature Methods* 18, 436, 2021. Despite its name, the RCSB Protein Data Bank (PDB; https://www.rcsb.org/) is also a repository for RNA sequences. 雖然名稱是RCSB蛋白質資料庫（PDB；http://www.rcsb.org/），但它同時也是RNA序列的資料庫。學術界發表新結構時，就必須將結構儲存到蛋白質資料庫中。因此學術界所解出的大多數結構在這裡都可以找到，另外只有一小部分結構是在產業實驗室中解出的，例如藥物—蛋白質複合物。

如何呢？找出數千位不懂RNA結構的非科學家，讓他們每個人花數小時的時間研究這個問題，這樣可行嗎？我們都聽過「群眾外包」。這種做法可以用來解決RNA摺疊這種晦澀難解的問題？會有多少人有興趣加入呢？

2017年1月，我在史丹佛大學瑞朱·達斯（Rhiju Das）的辦公室裡受到震撼。當一位同行告訴你，他所做過你從未想像過的一些奇妙事情時，我們都要虛心受教。瑞朱設計了一款名為eteRNA的電腦遊戲，吸引了全球各地37,000位玩家，共同嘗試解答RNA的摺疊問題。[25]

2009年，eteRNA公布了他們第一個線上挑戰：設計出一個可以摺疊成五角星或十字形RNA。換句話說，什麼樣的A、G、C與U序列會形成可以摺疊成目標形狀的正確鹼基對呢？參賽者來自各行各業。有些玩家是從事RNA研究的研究生，有些則是數獨的愛好者，他們幾乎沒聽過RNA，卻對這種新謎題躍躍欲試。有些人設計了電腦程式來摺疊RNA，有些人則用紙筆來解題。他們會將自己的解答上傳到網站，然後每個人都能投票給他們認為最有可能摺疊成目標形狀而非其他形狀的序列。史丹佛將對獲得最高票的8組序列進行實際合成。研究人員會以名為SHAPE的巧妙方法對每個序列進行測試，這是凱文·韋克斯（Kevin Weeks）所發明的方法，他過去曾是我實驗室中的博士後研究員，現任教於北卡羅萊納大學教堂山分校（UNC-Chapel Hill）。SHAPE會以只作用在單鏈核苷酸的化合物處理RNA，然後確認哪個核苷酸會有反應。舉例來說，若一個RNA序列確實能摺疊成五角星形，它應該會具有如下所示的特定SHAPE反應模式：

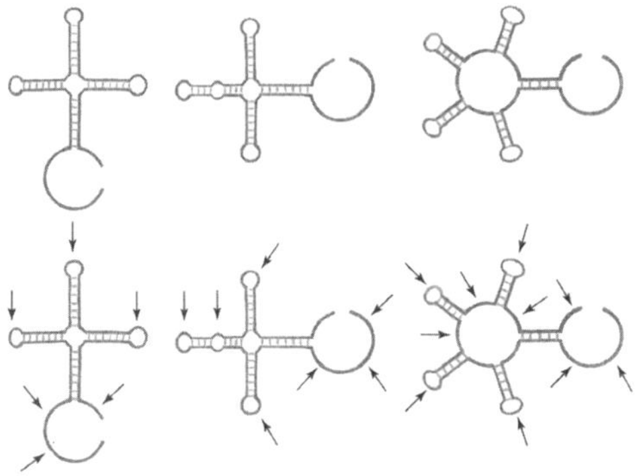

圖4-4：eteRNA競賽的贏家設計出他們預測會摺疊成十字形、凸起的十字形或星形的RNA序列。為了測試哪一個預測是正確的，會運用SHAPE的化學反應來確認每個結構的單鏈區域（如圖中箭頭所示）。

37,000名玩家加入挑戰，頂尖玩家解出了每個問題。結果非常驚人，主辦單位最後發表一篇極為特殊、共有100名eteRNA玩家並列共同作者的論文。[26]截至2022年為止，這個社群已經解

25 瑞朱．達斯與阿德里安．特勒伊爾（Adrien Treuille）曾經一同在華盛頓大學大衛．貝克（David Baker）的實驗室中擔任博士後研究員，當時實驗室發明了一款名為FoldIt的群眾外包蛋白質摺疊遊戲。他們現在都從事教職。達斯在史丹佛，而特勒伊爾則是在匹茲堡的卡內基梅隆大學。eteRNA的想法源自與特勒伊爾學生Jeehyung Lee的一次腦力激盪會議。

26 Jeehyung Lee, Wipapat Kladwang, Minjae Lee, Daniel Cantu, Martin Azizyan, Hanjoo Kim, Alex Limpaecher, Snehal Gaikwad, Sungroh Yoon, Adrien Treuille, Rhiju Das, and EteRNA Participants, "RNA Design Rules from a Massive Open Laboratory," *Proceedings of the National Academy of Sciences USA* 111, 2122–27, 2014.

出了4,181,632個RNA結構謎題，在此之前大多數玩家對RNA都知之甚少。

近年來，eteRNA已經提高賭注，並著手解決真正的研究問題。舉例來說，在2020年的公開疫苗競賽（Open Vaccine competition）中，玩家競相設計一款無須以超低溫存放的Covid-19 mRNA改良疫苗。這裡的假設（或更準確的說，是有根據的猜測）是，設計出一個可以摺疊成與鹼基結構高度配對的mRNA，同時保留冠狀病毒棘蛋白的編碼能力，這樣就能讓mRNA在儲存期間與注射到人體中時更加穩定。因為許多胺基酸是由2個、4個或甚至6個密碼子所指定，因此編碼棘蛋白的序列數目驚人。10^{630}這個數字幾乎就是無限大了，因為沒有電腦可以整理出這麼多的序列。所以eteRNA將這個問題外包給所有想參加的電玩玩家，然後就等著答案出現。他們在2020年3月18日發起這場競賽，當時許多人都因Covid-19疫情而被關在家中，所以參與人數眾多。

玩家想出了許多真的是「超摺疊」的mRNA序列，其中大多數的鹼基都被鎖在鹼基對中。但這些mRNA序列真的比較穩定嗎？史丹佛大學針對8種超摺疊RNA進行測試，比較其儲存期間與進入細胞時的穩定性。令人欣慰的是，這些序列的穩定性比現有電腦程式[27]所設計的序列高出2倍。這也讓史丹佛大學的研究員[28]屏息以待：這些RNA摺疊得如此緊密，會導致它們無法通過核糖體去製造棘蛋白嗎？別擔心，從mRNA到蛋白質的**轉譯**（translation）過程一樣正常運作。最後，他們將超摺疊mRNA交給了輝瑞（Pfizer）的疫苗小組，測試它們在疫苗中的存活時間。在溫暖的溫度條件下經過2週後，超摺疊的疫苗幾乎完好無損，比現有技術所設計的mRNA疫苗要好得多了。由於已核准的Covid-19 mRNA疫苗需要在極低溫下儲存與運送，要運送到未開發國家成了極大挑戰，溫度穩定性的提升振奮人心，有朝一日將成為方便取得且更為便宜的疫苗基礎。

人工智慧來救場？

運用群眾智慧解決RNA結構問題是個獨特的方法。但這個領域的未來更可能仰賴機器學習來取代人類腦力。人工智慧（AI）已經可以撰寫報紙文章與社群媒體貼文；也可以將口語句子轉成文字，而且（無論如何至少在原則上）它能讓自駕車在城鎮中安全行駛。所以，我們能放手讓它預測RNA的結構嗎？它可以省下米歇爾與維斯特霍夫在預測自我剪接內含子結構時所花的7年時間嗎？它可以省下我實驗室運用X光晶體繞射法來解出自我剪接內含子結構的7年時間嗎？它可以省去讓37,000人參與eteRNA找出摺疊成星形或十字形的最佳序列嗎？答案幾乎確實是「肯定的」，雖然我們尚未達到這一步，但未來似乎明確可期。

2021年eteRNA的共同創辦人瑞朱．達斯與他的史丹佛同事

---

27 Kathrin Leppek, Gun Woo Byeon, Wipapat Kladwang . . . and Rhiju Das, "Combinatorial Optimization of mRNA Structure, Stability and Translation for RNA-Based Therapeutics," *Nature Communications* 13, 1536, 2022.

28 Rhiju Das, talk given at Nucleic Acids Chemistry and Biomedicine Symposium, University of Colorado, Boulder, September 17, 2022.

羅恩．卓爾（Ron Dror）[29]宣布了一項突破性的成果。他們成功設計出一款AI電腦程式，只要餵給程式一個RNA序列，它就能相當成功地預測出此序列會摺疊出何種三維結構。他們所面臨的一個挑戰是要匯集一套適當的「訓練課程」。AI程式需要以一些真實資訊進行訓練後，才能著手處理未知的東西。AI在分類貓狗照片上毫無困難，因為這個程式受過網路上百萬張標記為「狗」或「貓」圖片的訓練。但在RNA摺疊這個問題上，達斯與卓爾的訓練課程中就只有18個有對應結構的序列。此外，他們要求AI去做的事，要比看到一個RNA結構時辨識出此結構要困難得多。他們希望運用A、G、C與U核苷酸的序列預測出正確的三維結構。而18個序列的訓練課程，顯然就足以讓他們的程式超越之前的結構預測方式。

我們要如何認定RNA三維結構預測的成功率？維斯特霍夫延攬了世界各地的RNA結構生物學家來玩個遊戲，他稱這個遊戲為「RNA猜謎」。[30]當參與的科學家解出一個新的RNA結構（假設是以X光晶體繞射法解出），他們會同意暫緩公開此答案，讓玩家有1個月的時間只依據核苷酸序列竭盡所能地預測結構。簡單來說，玩家不知道答案。有些玩家會開發RNA結構預測自動伺服器，另外一些玩家則多採用徒手建構的方式。他們會匯集所有參加者的作品，並且在截止日時公開真正的結構。

在4題「RNA猜謎」中，達斯—卓爾的AI方法在每一道謎題上都提供了比任何玩家還要精確的模型。雖然它還不完美，但它正往成為此學界最可靠的工具方向邁進。我們可以預見在未來的某個時間點，無須有人進到實驗室就能解出這類結構，這是令人振奮的科學發展前景，不過對我們這些一輩子在實驗室中研究分子配方，並品嘗成果的人而言，這樣的前景卻讓人有點感傷。

看見tRNA與核酶的三維結構，為RNA學界帶來巨大影響。科學家可以看到tRNA是如何摺疊成可以進入核糖體的形狀，它們不只會帶進正確的胺基酸，還會促使胺基酸結合並反應製造出蛋白質鏈。科學家也可以看到四膜蟲核酶如何讓鳥糞嘌呤就定位切斷RNA剪接位置的原子細節，以及核糖核酸酶P如何催化斷開特定連結以創造出成熟的tRNA，還有小核RNA如何調控mRNA剪接的過程。

除了只是嘗試了解生物學如何運作之外，握有RNA結構還能讓科學家與工程師設計出不同版本的結構，重新應用到新的領域。舉例來說，一位生物工程師可能會設計出一種可做為部分分子迴路的核酶，來偵測環境樣本中的毒性化合物或特定病毒。如今整個合成生物學領域都會運用核酶做為感測器與開關，但先了解RNA的結構為會對他們很有幫助。

研究學者確認出越來越大型RNA的三維結構，這樣的突破

29 Raphael J. L. Townshend, Stephan Eismann, Andrew M. Watkins, Ramya Rangan, Masha Karelina, Rhiju Das, and Ron O. Dror, "Geometric Deep Learning of RNA Structure," *Science* 373, 1047–51, 2021.

30 Zhichao Miao, Ryszard W. Adamiak, Maciej Antczak . . . and Eric Westhof, "RNA-Puzzles Round IV: 3D Structure Predictions of Four Ribozymes and Two Aptamers," *RNA* 26, 982–95, 2020.

激勵了此領域人士，也擴展了他們的抱負。一些大膽的科學家甚至開始將眼光放在細胞最終防線，也就是所有分子機器之母上，其神秘動力的來源長久以來都不為人知。這些人的目標在於解出核糖體的結構。

第五章：控制中心

哈利·諾勒（Harry Noller）跟其他大多數的生化學家都很不一樣。雖然「酷」與「生化學家」很少會出現在同一個句子裡，但哈利卻很酷。他是加州大學聖塔克魯茲分校教授，也是與切特·貝克（Chet Baker）一同演奏薩克斯風的爵士樂手。閒暇時他還會翻新法拉利古董車。他也是天生的語言能手。我曾與他一同參加海外研討會，無論我們身處世界上哪個地方的咖啡廳，他似乎都能用當地語言來點餐。

加州大學聖塔克魯茲分校有著令人讚嘆的環境，它坐落在蒙特利灣（Monterey Bay）北邊的高聳紅杉林中。1968年，哈利在此設立研究實驗室時，他的目標是要去了解核糖體運作的方式。這個強力的分子機器可以製造出全部生物中的各種蛋白質，是大自然的真實奇蹟。核糖體就像在鐵軌上運行的火車頭那般載運著信使RNA。它在每個三聯體密碼子處都會停留一下，等著正確的轉運RNA與之配對，然後在一個不斷增長的蛋白質鏈中加入正確的胺基酸。它的多功能用途令人印象深刻，給它一千個不同的mRNA，它就會製造出一千種對應的蛋白質。

哈利開始進行研究時，所有人仍然認為蛋白質是大自然中唯一可以催化生物反應的物質，因此哈利將目標定為找出核糖體中是哪個蛋白質負責執行合成蛋白質的苦工。[1]他假設有一種核糖體蛋白可以與mRNA結合，有一至兩種可以與tRNA結合，也有一種可以催化科學家所謂的**肽基轉移**（peptidyl transfer）反應——將2個胺基酸結合在一起的化學反應。

儘管核糖體只有三分之一是蛋白質，另外三分之二是由核糖體RNA所構成，不過科學家相信，這些RNA（細菌核糖體〔包括哈利研究的大腸桿菌核糖體〕中有3種核糖體RNA）所提供的必定只是協助關鍵蛋白質自我組織[2]的某種支架。換句話說，蛋白質才是王道，核糖體RNA是服侍國王的駑鈍下人。

但是「讓我們找出關鍵蛋白質」的計畫並不順利。哈利設計了一個系統，讓他可以利用RNA與蛋白質這些成分來重新建構出核糖體，接著看看這些重組出來的核糖體在蛋白質合成的過程中是否能夠活躍運作。這讓他可以一次去除一種蛋白質，確認哪些成分是必要的，有點像烤麵包時一次去掉一種食材，看看哪些食材是必要的一樣。在核糖體的實驗中，哈利一次去除一種蛋白質，但幾乎什麼事也沒發生，核糖體仍然持續運作。這令人失望，也讓人感到相當困惑。那些關鍵的催化蛋白質究竟在哪裡？

1972年，哈利實驗室一位大學生強納生·槲爾（Jonathan Chaires）需要完成學士論文，所以哈利建議他試試一種全新的方法。哈利知道一種名為乙氧丁酮醛（kethoxal）的化學物質特別容易與RNA中的G鹼基反應，並且可以在不影響鄰近蛋白質的情況下，讓它們比正常狀態要大上幾個原子。繞著核糖體蛋白質打轉的哈利毫無進展。或許關鍵就是別去管蛋白質，而是去試試RNA？

這裡的蛋白質合成檢測，就跟尼倫伯格用於破解基因密碼的檢測一樣：取出（以乙氧丁酮醛處理，或未處理過的）大腸桿菌核糖體，加入多聚尿嘧啶做為合成mRNA，觀察是否有多聚苯丙胺酸這個胺基酸鏈產生。哈利與強納生初次以乙氧丁酮醛處理核糖體時，看到核糖體突然停止合成蛋白質。[3]還不只如此，在每個核糖體RNA中的數百個G鹼基裡，只有10個會與乙氧丁酮醛產生反應，而這就足以阻撓蛋白質的合成。[4]核糖體真的不喜歡它的RNA出亂子。

從這個實驗來看，似乎是核糖體RNA而非其中一個核糖體蛋白質執行了結合tRNA的關鍵任務。[5]哈利所受的衝擊，就如同他的法拉利從加州一號高速公路衝進了太平洋那般。那麼，接下來該何去何從呢？

修正航向

要揭開核糖體的奧秘，哈利必須先成為RNA專家。科學家一直努力要證明某個假設時，結果數據突然指出真相可能出現在

---

1 2022年3月12日，與在加州聖塔克魯茲的哈利．諾勒進行的Zoom線上作者訪談。

2 此篇論文就是一例，請參考：R. A. Garrett and H. G. Wittmann, "Structure of Bacterial Ribosomes," *Advances in Protein Chemistry* 27, 277–347, 1973.

3 與哈利．諾勒進行的Zoom線上作者訪談。

4 Harry F. Noller and Jonathan B. Chaires, "Functional Modification of 16S Ribosomal RNA by Kethoxal," *Proceedings of the National Academy of Sciences USA* 69, 3115–18, 1972.

5 Noller and Chaires, "Functional Modification of 16S Ribosomal RNA by Kethoxal."

完全不同的方向上，是科學界很常見的情況。這與我10年後的經歷非常相似，當時我們正在尋找**肯定**藏身在RNA剪接反應中的神秘蛋白質，最後才體認到是RNA正在進行自剪接。碰到十字路口時，你永遠無法明確得知該走哪一條路，而許多科學家都太過把焦點放在自己專長的領域，以致不願意豁出去賭一把。正如俗話所說（人們通常都說是邱吉爾說的）：「人們偶爾會被真相絆住[6]，但大多數人都會再站起來，匆匆離去，像什麼事情沒發生過一樣。」

但哈利不是這樣的人。他知道，想了解核糖體的功能，他必須先了解核糖體RNA的結構。但在1972年，除了tRNA三葉草之外，核糖體的結構大多仍是未知。哈利知道RNA越大，就越難弄清楚它的結構，這對他而言是個壞消息，因為所有物種的3種核糖體RNA中有2種都很巨大：在大腸桿菌中的一種核糖體有1,542個核苷酸，另一種則有2,904個核苷酸。第三種核糖體RNA較小，具有120個核苷酸，不過仍比tRNA大。

哈利在1975年學術休假期間突然有所領悟。多了些時間待在圖書館的他，偶然發現伊利諾大學微生物學家卡爾．沃斯（Carl Woese）最近的一篇論文。卡爾在幾年後將會發現一個全新的生命域「古菌」（Archaea），它們是棲息在黃石國家公園硫磺溫泉等看似惡劣環境中的生物。不過先回到1975年，卡爾與他的博士後研究員喬治．福克斯（George Fox）確認出最小核糖體RNA的二維結構，是由120個核苷酸所組成。他們採用的方法與1960年代確認出tRNA三葉草結構的方法，都出自同樣的概念。他們確認出十幾種不同生物的小型核糖體RNA序列，這些生物主要是細菌以及一種青蛙。功能決定形式，所以儘管這些RNA存在著物種特有的序列差異，他們還是假設這些RNA會以同樣的方式摺疊，因為它們可能在核糖體中都具有相同的作用。在遵守A-U與G-C鹼基配對規則的情況下，多種摺疊RNA結構的方式中只有一種形式適用於這十幾種生物。[7]哈利腦中靈光乍現：這將是解出大型核糖體RNA的大道，儘管這條路窒礙難行，而且得耗費數年時間。[8]

哈利在1975年打電話給卡爾，雙方都發現彼此意氣相投。他們倆算是異類。當時百分之九十九的科學家仍然認為，肯定是核糖體中的蛋白質承擔了重任，運用mRNA來製造新蛋白質。剩下那百分之一的人，也就是哈利與卡爾，則相信是核糖體在運作。「他們不把我們當一回事[9]，」哈利說，「但好處是我們有10年的時間沒有競爭對手。」

由於加州聖塔克魯茲與伊利諾州厄巴納（Urbana）兩地之間交通不便，所以他們主要經由電話與信件進行交流和交換核糖體RNA短片段的序列清單。這些短片段是經由名為「核糖核酸酶T1」的酵素將RNA切斷所取得，核糖核酸酶T1會在RNA字母

---

6 Quote Investigator網站2023年9月2日的查詢資料：https://quoteinvestigator.com/2012/05/26/stumble-over-truth/.

7 George E. Fox and Carl R. Woese, "5S RNA Secondary Structure," *Nature* 256, 505–7, 1975. 他們所提出的RNA結構，與所有化學家預測的結構不同。喬治．福克斯與卡爾．沃斯正確推斷出，這些化學方法純化了核糖體RNA，將其從自然環境中去除，因而干擾到RNA的結構。另一方面，經由比較各種序列所收集到的演化證據，也與核糖體本身所具有的分子相符。

8 與哈利．諾勒進行的Zoom線上作者訪談。

9 與哈利．諾勒進行的Zoom線上作者訪談。

中的每個G之後進行切割。這道程序就像把一張文件紙放入碎紙機中一樣。在當時這是必要程序，因為只有短片段的RNA才能進行定序。在1,542個核苷酸的RNA中，有超個100個「字」，也就是短RNA核苷酸串。卡爾與哈利的研究團隊解出這些字如何拼寫，例如：CUCAG與UACACACCG。在他們拼出所有組成rRNA的字後，接下來就得將這些字組合成一個長句。這個挑戰就跟從碎紙機中取出碎紙條，並將碎紙條重新拼回原來的文件一樣困難。他們直到完整拼出這個長句後，才準備公佈1,542個核苷酸RNA的完整序列。[10]他們在掌握RNA序列後，就能看見序列中各部位彼此之間如何相互配對以摺疊RNA，就像福克斯

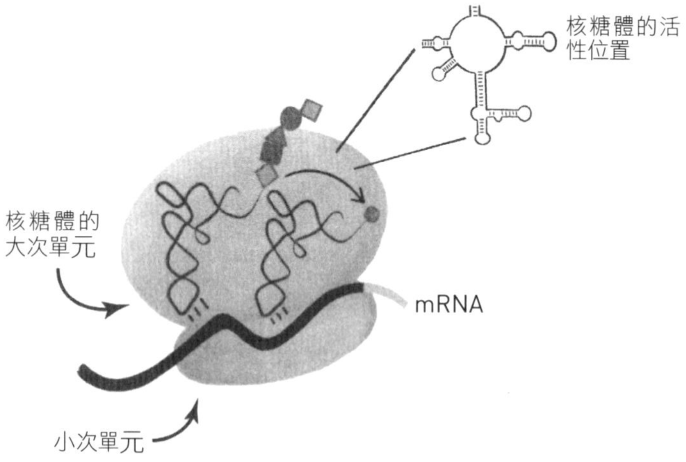

圖5.1：核糖體大次單元的RNA摺疊成多分支結構；圖中只顯示出催化肽基轉移反應的部分（右上角的結構）。圖中所示的核糖體包含2個tRNA，它們與mRNA上相鄰的三聯體密碼子結合。其中一個tRNA攜帶著會增長的蛋白質鏈（不同的形狀代表5個不同的胺基酸），另一個不同的tRNA則會帶入下一個要加到蛋白質鏈上的胺基酸（如圖所示的單一深色球）。由於二維圖難以描繪出三維實物，所以2個tRNA攜帶胺基酸的端點在圖上看起來是分開的，但實際上在三維的核糖體中它們是緊緊結合在一起的。

與卡爾對小型核糖體RNA，以及方斯華・米歇爾之後對核酶所進行的研究那樣。

這個rRNA最終的二維結構圖在1980年發表。[11]它看起有點像芝加哥奧黑爾國際機場的航廈圖：許多大廳從中央樞紐處向外突出，其中一些像字母「Y」那樣分支。

一年後，具有2,904個核苷酸的核糖體RNA[12]最終的二維結構圖也發表了，這是一個更大型的機場航廈與大廳組合。

哈利與卡爾稱為「控制中心」的這兩張結構圖，為全球數百名核糖體生物學家提供了一個計畫及解讀自身實驗結果的架構。但只有結構圖最終還是不夠的。催化反應不是發生在二維空間，若是無法看到控制中心在真實生命中如何運作，就無法真正了解它。而且經由一再重複的模式理解核糖體如何運作，不只進一步提供了科學證據，也為改善抗生素挽救生命的效用奠定了基礎，這是哈利開始探究核糖體時做夢也想不到的進展。

---

10 作者註：值得注意的是，要定序此RNA，在1970年代需要花上20人年（person-years）的時間才能完成，而現在的自動定序儀通常一天內就能完成。這項技術的進展促成了人類微生物基因體計畫，因為核糖體RNA序列可以立即確認出在環境樣本或碰觸過人體某處之棉籤上，出現的是什麼細菌。

11 C. R. Woese, L. J. Magrum, R. Gupta, R. B. Siegel, D. A. Stahl, J. Kop, N. Crawford, J. Brosius, R. Gutell, J. J. Hogan, and H. F. Noller, "Secondary Structure Model for Bacterial 16S Ribosomal RNA: Phylogenetic, Enzymatic and Chemical Evidence," *Nucleic Acids Research* 8, 2275–93, 1980.

12 Harry F. Noller, JoAnn Kop, Virginia Wheaton, Jürgen Brosius, Robin R. Gutell, Alexei M. Kopylov, Ferdinand Dohme, Winship Herr, David A. Stahl, Ramesh Gupta, and Carl R. Woese, "Secondary Structure Model for 23S Ribosomal RNA," *Nucleic Acids Research* 9, 6167–89, 1981.

冬眠的蜥蜴與死海

哈利·諾勒幾乎是唯一相信核糖體的神秘能量是來自RNA的人，但他不是唯一想弄清楚核糖體的人。全球的生物學家都想取得每個生物體中合成蛋白質之分子機器的三維視圖。但事實證明，要得到清晰的影像，就跟想拍到尼斯湖水怪一樣困難。

與tRNA及核酶一樣，當時也使用X光晶體繞射法研究核糖體。1970年代，以色列雷霍沃特魏茲曼科學研究所（Weizmann Institute of Science in Rehovot）的艾妲·約納斯（Ada Yonath）開始為細菌核糖體結晶奠定基礎。她也像全球許多其他的研究學者一樣，發現試圖讓核糖體結晶極具挑戰性，並且歷經了一次又一次的失敗。若不是冬眠的熊與義大利壁蜥[13]的核糖體會自我打包成晶體陣列的研究報告安撫了她的心情，她可能已經放棄。既然核糖體可以在寒帶活體動物內形成有秩序的結晶陣列，她推斷，她應該也能讓核糖體在實驗室中結晶。[14]

在1980年左右，約納斯已經可以做出可供X光繞射的細菌核糖體結晶。[15]通常高濃度的鹽溶液是較佳的結晶介質，但細菌核糖體在高濃度鹽溶液中並不穩定，有些蛋白質會從核糖體上脫落，留下不完整的核糖體粒子混合物。因此約納斯與同事推測，也許改用嗜鹽生物的核糖體就能在高鹽環境中保持穩定。由於他們實驗室的所在位置靠近死海，所以他們試用了死海嗜鹽古菌（*Halobacterium marismortui*），最後也發現它的核糖體正是他們所要找的。[16]

看到這些進展，你或許會覺得解出具有3個RNA分子與55

個蛋白質的核糖體結構似乎指日可待，但事實上，這一步又花了15年的時間。就如同珍妮佛・道納與我的實驗室在努力解出四膜蟲核糖體結構所遇到的情況，握有能夠妥善繞射X光的晶體只成功了一半。另一半問題同樣是得解決「重原子」問題。為了計算RNA的三維結構，你需要有與重原子結合以及沒有與重原子結合之RNA分子的清楚X光繞射數據。這時，就輪到湯瑪斯・史泰茲與文卡・拉馬克里希南（Venki Ramakrishnan）粉墨登場了。

揭開水晶宮的面紗

截至目前為止，我們提到核糖體時總會說「一個」核糖體。但事實上，核糖體並非單一實體，而是由一對分別包含RNA與蛋白質，名為大次單元（large subunit）與小次單元（small subunit）的大複合物所構成，兩者共同完成所有生物的蛋白質合成任務。

---

13 C. Taddei, "Ribosome Arrangement During Oogenesis of *Lacerta sicula* Raf," *Experimental Cell Research* 70, 285–92, 1972; Ada E. Yonath, "Hibernating Bears, Antibiotics and the Evolving Ribosome," Nobel Lecture, December 8, 2009, https://www.nobelprize.org/uploads/2018/06/yonath_lecture.pdf. 關於冬眠的熊的核醣體晶體樣貌，請參見：Venki Ramakrishnan, *Gene Machine* (New York: Basic Books, 2018).

14 Yonath, "Hibernating Bears, Antibiotics and the Evolving Ribosome."

15 A. Yonath, J. Muessig, B. Tesche, S. Lorenz, V. A. Erdmann, and H. G. Wittmann, "Crystallization of the Large Ribosomal Subunit from *B. stearothermophilus*," *Biochemistry International* 1, 315–428, 1980.

16 A. Shevack, H. S. Gewitz, B. Hennemann, A. Yonath, and H. G. Wittmann, "Characterization and Crystallization of Ribosomal Particles from *Halobacterium marismortui*," *FEBS Letters* 184, 68–71, 1985.

核糖體小次單元中含有3種rRNA裡第二大的RNA（1,504個核苷酸），與22種蛋白質。先與mRNA結合的就是小次單元，然後才輪到由另外2個rRNA與33種蛋白質所構成的**核糖體大次單元**登場。大次單元內有催化中心，負責將胺基酸逐一連接起來，產生我們稱為蛋白質的胺基酸鏈。這些細節很重要，因為接下來的兩位主人翁將會分別著手處理不同的次單元：湯瑪斯．史泰茲負責大次單元，文卡．拉馬克里希南則負責小次單元。

到了1995年，湯瑪斯在解決生物學最基本分子裝置上創下了前所未有的紀錄。他確認出會將母體細胞雙螺旋複製到兩個子細胞中的DNA聚合酶結構。他也確認出能將訊息從DNA複製到RNA中的RNA聚合酶結構。他還確認出愛滋病毒反轉錄酶的結構，這種酶可以將病毒RNA複製成DNA，然後插入人類染色體中。他還確認出能將正確胺基酸加入tRNA分子中的酶結構。

只是湯瑪斯可以破解控制中心的結構嗎？他在1995年整合一個由3名博士後研究員[17]所組成的研究團隊，準備接受挑戰。耶魯大學的彼得．摩爾（Peter Moore）是湯瑪斯的老友兼核糖體專家，也加入了這個團隊。他們選擇死海細菌做為核糖體次單元的來源，因為約納斯已經打下基礎。湯瑪斯的研究團隊聚焦在大次單元，它負責催化胺基酸結合成蛋白質。為了破解大次單元的結構，他們需要解決可怕的重原子問題。

身為熟練水手的湯瑪斯，用一個航海故事來解釋這個問題。他以測量船長體重的問題為例，來比擬運用X光晶體繞射法量測重原子。船長的體重可以經由船加上船長的重量減去空船重量得出。倘若只是一艘小帆船，這個測量法輕易就能進行。但若是像瑪麗皇后號這樣的大郵輪呢？要從瑪麗皇后號加船長的重量減去瑪麗皇后號的重量，就成了極為困難之事。而具有25萬個原子的核糖體，就是生物分子裝置中的瑪麗皇后號。[18]

關鍵時刻來臨，湯瑪斯的團隊找到「如何測量船長體重」這個問題的解決方法……就是找來一個超胖的船長。它是一個由18個鎢原子聚集形成的原子團，恰好就位在核糖體次單元的特定裂縫中。由於鎢就是用於製作傳統電燈泡中會發亮燈絲的元素，所以你也可以說這個巧妙的物質點亮了核糖體結構。在接下來的幾年間，湯瑪斯的團隊發佈了一系列越來越好的核糖體大次單元結構相片，最終在2000年取得了難以想像的清晰圖像。[19]

要去解出生物分子裝置的三維結構究竟是什麼感覺？這個結構就有如一座長期遭巨大布幕掩蓋的水晶宮。數百名研究學者迂迴輾轉想一窺裡頭的資訊，他們猜想裡面必定有一間廚房、一間餐廳、數間臥室與浴室。但無人知曉房間彼此之間的相對位置。格局如何？支撐水晶宮功能運作的結構平面圖又是何種模樣？接著在一瞬間，結構就被解出了。巨大的布幕被拉開，透過透明的牆壁可以看見裡面的一切，甚至還能走遍所有的房間。這就好似

---

17 來自克羅埃西亞且曾就讀於加州大學河濱分校的內納德·班（Nenad Ban）；來自丹麥奧胡斯大學（Aarhus University）的保羅·尼森（Poul Nissen）；來自科羅拉多大學博爾德分校的傑夫·漢森（Jeff Hansen）。

18 Thomas A. Steitz, "From the Structure and Function of the Ribosome to New Antibiotics," Nobel Lecture, December 8, 2009, https://www.nobelprize.org/uploads/2018/06/steitz_lecture.pdf.

19 N. Ban, P. Nissen, J. Hansen, P. B. Moore, and T. A. Steitz, "The Complete Atomic Structure of the Large Ribosomal Subunit at 2.4 A Resolution," *Science* 289, 905–20, 2000.

運用X光晶體繞射法解出原子的結構一樣。突然間，你可以看到全世界科學家多年來在實驗室中所提出、探索與假設的所有事物細節，也能看到哪些想法是對的，哪些是錯的。

對湯瑪斯的團隊而言，當他們看見核糖體大次單元的催化中心，並發現它全由RNA組成的那一刻，一切都真相大白了。那附近完全沒有蛋白質。

哈利·諾勒與卡爾·沃斯根據辛苦實驗與精準直覺，所提出有關RNA中心地位的假設都被證實正確無誤。核糖體實際上是個核酶，是具有催化作用的RNA裝置。[20]當然，有一群蛋白質會支撐RNA的運作，就如同在細胞環境中協助RNA維持良好組織的一種蛋白質，支撐著核糖核酸酶P的運作一樣。但核糖體的核心全部都是RNA所組成。

我們的故事到這裡還沒有結束。是的，我們從原子的細節中可以看出核糖體大次單元的結構是一種RNA酶而非蛋白酶，它可以催化胺基酸串在一起形成蛋白質。但讀取mRNA的密碼與排列正確的tRNA（確定哪些胺基酸要串在一起的轉接頭），所需的關鍵步驟為何？解碼訊息的秘密就位在核糖體的小次單元中。

文卡·拉馬克里希南成長於印度，在俄亥俄大學取得物理學博士學位，在耶魯大學擔任博士後研究員時對核糖體產生了濃厚興趣。文卡在1995年至猶他大學任教，專注於解出核糖體小次單元的結構。他與研究生比爾·克萊蒙斯（Bil Clemons）首先精進方法以生成良好的核糖體小次單元晶體，接著就來面對可怕的重原子問題。就像湯瑪斯的實驗室對大次單元所做的，文卡等人也嘗試過他們所能取得的每一個重原子，最終也是藉由鎢原子簇點亮了核糖體小次單元的結構。1999年，文卡轉戰著名的英國劍橋分子生物學實驗室，他的團隊大約在一年內就完成了他們在猶他大學開始的研究。他們解出了核糖體小次單元[21]的結構。他們看見了自己的水晶宮，連細節都看得一清二楚。

但小次單元結構中缺少了一些東西。原本應該住在水晶宮裡的mRNA與tRNA這兩位家庭成員卻不在家，原因很簡單，它們沒有被包進結晶混合物中。研究核糖體的目的是為了了解蛋白質如何合成，正如我們所知，核糖體無法獨立製造蛋白質。它需要mRMA指示它製造哪一種蛋白質，也需要tRNA帶來可以配對的胺基酸。所以只靠觀察核糖體結構就想了解蛋白質如何製造，是很有挑戰性的。你得觀察到mRNA與tRNA在核糖體中的確切位置；你要觀察的不只是房子，還有居住者。

要看到整個核糖體內所有功能性家庭成員（tRNA和mRNA）是項挑戰，而這項挑戰就落到傑米．凱特身上，他是加州大學聖塔克魯茲分校哈利．諾勒實驗室中的博士後研究員。很幸運地，他對這份工作已經有了充分準備，因為他在耶魯大學時，曾經跟著珍妮佛．道納一起解析核糖體的結構。1999年，傑米與哈利成功破解出有史以來第一個功能運作中的核糖體晶體結

---

20 Ban et al., “The Complete Atomic Structure of the Large Ribosomal Subunit.” Also see Thomas R. Cech, “The Ribosome Is a Ribozyme,” *Science* 289, 878–79, 2000.

21 Brian T. Wimberly, Ditlev E. Brodersen, William M. Clemons, Jr., Robert J. Morgan-Warren, Andrew P. Carter, Clemens Vonrhein, Thomas Hartsch, and V. Ramakrishnan, “Structure of the 30S Ribosomal Sub-unit,” *Nature* 407, 327–39, 2000.

構，裡頭包含了tRNAs與mRNA。[22]不過，他們晶體的X光繞射程度有限，所以得到的照片有點模糊。他們就像是透過起霧的護目鏡在看水晶宮。

一張是傑米與哈利所取得關於整個核糖體與其中所有成員的模糊照片，另一張是文卡所取得關於空的小次單元的清晰照片，這兩張不完美的照片絕妙地互補了。[23]將mRNA與tRNA的位置疊加在高解析度的結構上，就顯現了核糖體RNA鹼基如何協助讀取mRNA密碼。有些rRNA鹼基會協助tRNA就定位，有些rRNA則會定位mRNA以進行解碼。

一切都繞著RNA打轉。tRNA與mRNA就定位的功能性位置，幾乎完全由RNA構成。那麼連接核糖體小次單元與核糖體大次單元的關鍵表面呢？同樣也幾乎是由RNA所構成。小次單元中的22種蛋白質，只有一種提供了協助。其他所有的行動顯然都是由RNA所組織。

在40年內，科學已經從破解mRNA密碼，到看見mRNA是以何種方式被解碼以合成蛋白質的驚人細節。這再次證明了哈利與卡爾是對的。他們相信RNA是蛋白質合成的關鍵，而蛋白質只是小角色，現在他們不會再為自己是那1%相信這件事的少數人而感嘆，因為眼見為憑，當前整個科學界都被迫面對RNA才是王者的事實。

誰給誰下藥？

對於哈利與我這樣的生化學家來說，合成蛋白質的核糖體幾乎完全藉RNA之力運作是令人意想不到的真相，不過你可能會納悶為什麼其他人也該關心這件事，這我們能夠理解。那麼，了解核糖體RNA的結構與功能，究竟可以帶來何種實質效益呢？

就以抗生素為例吧。破解核糖體結構，讓我們對於有多少種抗生素有效、抗生素的抗藥性如何產生，以及未來該如何改良抗生素等問題，有了過去所無法想像的深入見解。

有效的抗生素要能在不影響人體相關運作程序下，破壞重要的細菌運作程序。你可能會認為核糖體並非理想標的，因為它的基本特性，包括大次單元、小次單元、tRNAs與mRNA的結合、催化胺基酸聚集等等，存在於所有生物體內。但事實證明，從演化的角度來看，在人類與細菌各行其道的這數十億年間，人類核糖體與細菌核糖體之間的差異，已經大到讓你足以發現可以只抑制細菌核糖體的藥物。值得注意的是，大約一半的有效抗生素都是針對細菌核糖體。[24]

1960年代，抗生素才剛廣泛應用於醫療，這也讓大家對於它們如何作用產生濃厚興趣。此時也是發現核糖體、mRNA、tRNA與基因密碼的時期，於是這兩個領域開始融合。事實證明，許多一般的抗生素（治療結核病、淋病，甚至是痤瘡的藥

---

22 Jamie H. Cate, Marat M. Yusupov, Gulnara Z. Yusupova, Thomas N. Earnest, and Harry F. Noller, "X-ray Crystal Structures of 70S Ribosome Functional Complexes," *Science* 285, 2095–104, 1999.

23 V. Ramakrishnan, "Unraveling the Structure of the Ribosome," Nobel Lecture, December 8, 2009, https://www.nobelprize.org/uploads/2018/06/ramakrishnan_lecture.pdf.

24 Steitz, "From the Structure and Function of the Ribosome to New Antibiotics."

物）都是經由抑制細菌製造蛋白質的能力來殺死細菌的。科學家很快就發現，這些抗生素會直接與細菌的核糖體結合。

在此用大小來說明將有助於理解。一般抗生素藥物的分子大約由100個原子組成，而細菌的核糖體大約有250,000個原子。核糖體是抗生素的2,500倍大。就像將一支活動扳手丟進機器中會造成故障，一顆小小的抗生素在與核糖體上的關鍵功能位置結合後，也可以讓巨大的核糖體失去活性。但是只與核糖體表面結合的藥物就無法對細菌造成傷害，也就無法拿來做為抗生素。因此，看到抗生素會與細菌核糖體結合，不只引發製藥產業的關注，也讓想了解核糖體如何運作的基礎科學家產生興趣。

了解核糖體運作的一個早期關鍵，就在對抗生素具有抗藥性的細菌身上。當時就跟現在一樣，無論是哪種抗生素，只要開始廣泛使用，就會有某些幸運的細菌因為碰巧發生某種突變，而免於受到抗生素侵害。在鄰近的細菌死去時，這些幸運的細菌就會增殖成一大群。於是只要出現一種可以有效殺死某類細菌的抗生素，就會無可避免地出現能對抗這種抗生素的抗藥性。那麼，在核糖體中產生的突變，又是如何造成這種抗生素抗藥性呢？

讓我們再把核糖體想像成在信使RNA軌道上行駛的火車頭。每種抗生素就像是一把有著特定大小與形狀的扳手。一把扳手可能會卡在引擎的活塞，讓火車無法運行，而另一把扳手可能會滑到驅動齒輪上，阻礙它運轉。就像有數百種扳手可以阻礙火車頭運轉，也有數百種抗生素可以搞砸核糖體的功能。現在想像一下有個在設計上有些微差異的火車頭。它的活塞大小不同，連通到驅動齒輪的溝槽也比較狹窄。因此，會阻礙其他火車運轉的扳手現在對這台新火車沒有作用，新火車具有阻抗性。

由於對抗生素有抗藥性的情況很常見，科學家們毫不費力就能取得各種對抗生素具抗藥性的核糖體。在每一種情況下，他們都會提出一個問題：對抗生素產生抗藥性的突變點在哪裡？是在核糖體RNA中？還是在眾多核糖體蛋白中？科學家從1970年開始對具抗藥性細胞的核糖體RNA與核糖體蛋白進行定序。結果顯示，核糖體蛋白的胺基酸序列或一個鹼基序列改變，都可能會造成抗藥性。這類案例給了哈利·諾勒、卡爾·沃斯與其他RNA研究界的同行最初的鼓勵，支持了甫萌發的「核糖體RNA對核糖體功能非常重要」的想法。

只是這一切都缺乏直接證據，所以當核糖體的X光晶體繞射法在2000年左右出現時，包括湯瑪斯·史泰茲、文卡·拉馬克里希南與艾妲·約納斯等人都把握住這個機會，去確認抗生素藥物在核糖體中確切的作用位置。理想而言，他們希望能檢視為抗生素標的之病原細菌的核糖體。但這些核糖體未能形成結晶，所以他們將抗生素加進相關細菌的核糖體中，並推論抗生素應該會發揮類似作用再進行觀察。

湯瑪斯的團隊拍到7種不同抗生素藥物與核糖體大次單元結合的照片，這些藥物還都與核糖體的催化中心結合。[25]每一種藥物結合的位置都有些許不同，但每種藥物的結合都明顯會阻礙

25 Jeffrey L. Hanson, Peter B. Moore, and Thomas A. Steitz, "Structure of Five Antibiotics Bound at the Peptidyl Transferase Center of the Large Ribosomal Subunit," *Journal of Molecular Biology* 330, 1061–75, 2003.

tRNA末端對接到核糖體上參與蛋白質的合成。此外，每種藥物都是與核糖體大次單元而非蛋白質結合。畢竟，若你想贏得與核糖體的棋賽，那麼拿下RNA這個王者會比拿下其中一個蛋白質小兵來得好。

研究發現能有效治療細菌性感染咽喉炎的紅黴素（Erythromycin），會與核糖體大次單元上的特定位置結合。[26]在蛋白質合成期間，核糖體會將它正在製造的蛋白質從「出口通道」中擠出。而紅黴素結合的位置會阻塞出口通道，於是妨礙蛋白質鏈的增長。湯瑪斯喜歡將這種抑制機制稱為「分子便秘」。[27]

核糖體小次單元本身的弱點，讓抗生素有機可乘。文卡研究團隊拍下包括鏈黴素（streptomycin）與四環黴素（tetracycline）在內等6種抗生素附著到核糖體小次單元RNA[28]的照片，每張照片都讓我們對核糖體如何運作有更深入的了解。以用於治療淋病的奇黴素（spectinomycin）為例。核糖體有個**轉位**（translocation）伎倆，就是mRNA密碼子還有與其結合的tRNA可以從核糖體上的一個位置移動到另一個位置。每讀出一個密碼子就會發生轉位，以騰出空間讓下一個tRNA進入。

轉位這個步驟需要小次單元的「頭部」移動。這就像點頭一樣，每次移位就要點頭一次。奇黴素是一種剛性分子，它就像一把小扳手，會插入核糖體RNA頭部中心點附近的特定空位，讓小次單元無法頭點，阻擋了轉位。難怪奇黴素可以殺死細菌：若細菌的核糖體不能點頭，它們就無法製造出任何生存所需的蛋白質了。

各種核糖體結構，有望為生醫學界提供對付抗生素抗藥性細

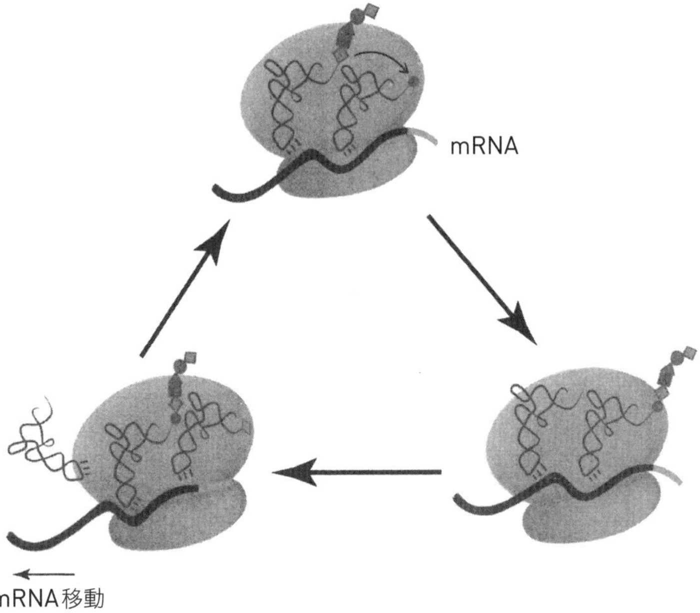

圖5-2：核糖體運用mRNA密碼子中的資訊，將胺基酸連成蛋白質鏈。肽基轉移反應（圖上方部分）會使蛋白質鏈再多1個胺基酸的長度（圖右下部分）。接著mRNA會轉位，將2個tRNA移動到核糖體上的新位置，讓下一個（帶著菱形胺基酸的）tRNA騰出空間進行結合（圖左下部分）。每個胺基酸在加入蛋白質鏈時都會重複一次這樣的循環。

---

26 Jeffrey L. Hanson, T. Martin Schmeing, Peter B. Moore, and Thomas A. Steitz, "Structural Insights into Peptide Bond Formation," *Proceedings of the National Academy of Sciences USA* 99, 11670–75, 2002.

27 Steitz, "From the Structure and Function of the Ribosome to New Antibiotics."

28 Andrew P. Carter, William M. Clemons, Ditlev E. Brodersen, Robert J. Morgan-Warren, Brian T. Wimberly, and V. Ramakrishnan, "Functional Insights from the Structure of the 30S Ribosomal Subunit and Its Interactions with Antibiotics," *Nature* 407, 340–48, 2000; Ditlev E. Brodersen, William M. Clemons, Jr., Andrew P. Carter, Robert J. Morgan-Warren, Brian T. Wimberly, and V. Ramakrishnan, "The Structural Basis for the Action of the Antibiotics Tetracycline, Pactamycin, and Hygromycin B on the 30S Ribosomal Subunit," *Cell* 103, 1143–54, 2000.

菌的強大新興工具。在所謂的以結構為基礎的藥物設計中，科學家檢視致病蛋白質的表面，或在抗生素的案例中，檢查病原細菌中的任何重要蛋白質。他們在目標分子功能性關鍵部位發現凹洞時，會運用電腦化的「對接」軟體來預測要填入凹洞中的小藥物分子形狀，也就是一把可以嵌入這個機器的扳手。最關鍵的是，若是沒有關於此結構的詳細模型，你就無法進行以結構為基礎的藥物設計，而核糖體結構現在就提供了這樣的模型。

二十多年來，RNA在科學界的形象徹底提升。1960年代中期的觀點認為RNA是DNA與蛋白質之間的管道，也就是它只負責傳遞訊息而已。之後發現了核糖體RNA，它不帶有任何東西的編碼，而是在蛋白質合成機制中發揮某些作用，起初還被認為是組織關鍵蛋白質的支架。接下來又發現了轉運RNA，它被認為是連接mRNA密碼子與正確胺基酸的轉接頭，但人們並不覺得這預告了RNA具有大量非編碼功能。然後到了1980年，我們發現RNA可以做為催化劑，小核RNA可以調控mRNA的剪接，而核糖體RNA則直接負責生命中最核心的程序之一：蛋白質合成。RNA已經從和聲歌手，搖身變成為站在舞台中央的明星。

這些都是令人震驚的發展，不僅改寫了生物學的教科書，也讓我們能對人類疾病有更佳的了解與治療方式。不過RNA研究可不只改寫了當下的科學法則，它也將闡明困擾我們最久也最深奧的問題之一：地球上的生命是怎麼開始的？

第六章：起源

我第一次造訪科羅拉多西南方的梅薩維德（Mesa Verde），已經是五十多年前的事情了。我的印象已經有點模糊，不過我還記得清晨爬上通往懸崖邊的木梯時，皮膚所感受到的寒意。

「小心腳下，」國家公園巡邏員提醒道，「木梯上還結著霜。」

我還記得登頂時的景致，古老村莊的砂岩壁是如此壯觀，在晨曦中閃閃發亮。那150間以今日標準看起來有點小的房舍，就坐落在懸崖上的一個巨大凹處中。雖然這裡已荒廢近千年之久，不過石塔與崖旁房舍仍保存得非常完整。我們一行人登上山頂時，巡邏員示意我們聚集到一個圓形的石砌空間中，這個空間看起來就像陷在岩石裡似的。

「古老的普韋布洛人（Puebloans）建造這些大地穴（kivas）進行靈修儀式，」巡邏員解釋道，「你們往下看就會看到地上有個大大的圓形結構，那就是火坑（firepit）。你們看到地上還有一個小小的圓洞嗎？那就是席巴卜（sipapu）。古老的普韋布洛人相信，這就是人類最初來到這個世界的地方。」

初次看到懸崖宮殿時，我就已經知道每個文化都有自己的創世故事，無論是《創世記》中上帝忙碌的一週，還是從閃光中現身的蓋亞，或是普韋布洛祖先從席巴卜爬出來的故事。我們是如何走到現在、生命如何出現在地球上的這個問題，或許**正是**根本的問題。儘管我的職業生涯一直在研究生命的組成成分，也就是世界的分子基礎，但是多年來我一直認為，萬物如何源起的問題，更適合哲學家與神學家探討，而不是像我這樣的化學家。

這並不是指我們不能以化學的方式來探討這個問題。我們可以從另一個角度探問地球上的生命如何起源，也就是無機物是如何變成有機物的。很久很久以前，地球上沒有生物，連最原始的生命形式都還沒有出現，只有岩石與海洋。過了一段時間之後，生命出現了。這個原始生物長什麼樣子？它是怎麼出現的？

任何有關生命起源的對話，都得從生命二字到底所指為何說起。科學家在這個問題上意見分歧。據說，有多少人試圖定義生命，就會有多少種生命的定義。[1]許多定義認為，生命必定要具備可以成長、會執行新陳代謝且對刺激會有反應的實體。而生命最簡單的定義只有2項必要基本條件：生物必須要能繁衍，也必須能夠突變。

第一必要條件「繁衍或複製」無須贅言，具有生命的實體要能延續到未來世代是極為重要的。這將生物與無法繁衍的無生物（例如岩石）區分開來。你可以盯著一塊岩石一百萬年，也不會看到它有後代出現。第二必要條件「突變」或許會讓你感到訝異。畢竟，突變不是件壞事嗎？突變意味著將訊息複製給下一代時偶爾會出錯，也就是說核酸在複製時，雖然會高度還原DNA或RNA的4個字母，但無法做到完美無誤。若複製是完美的，那麼原始的生命仍然會維持原始的模樣。不會有其他的生命形式產生，而不同的生命形式卻是進行天擇所需的。一種生命形式的後代需要突變賦予自身改變的機會，以便能世世代代改進、適應與演化。

因此，為了符合我們討論的議題，讓我們將生命起源的問題換個說法來表述：「第一個可以複製與演化的實體是怎麼出現的？」

科學家在努力思考生命的起源時，馬上就會碰到一個問題。若生命意味著複製，那必定有些指示（訊息）會代代相傳。在現代的生命形式中，這類訊息存在於DNA的雙螺旋中。但是當DNA給予我們這份生命使用說明書時，它無法在沒有外界的協助下自我複製。名為**複製酶**（replicases）的小小蛋白質機器就像分子影印機一樣，分別將親代每條DNA複製成子鏈，將一條雙螺旋變成兩條雙螺旋。

這解釋了為何生命的起源常被視為所有雞生蛋、蛋生雞問題的根源。科學家永遠無法弄清楚是訊息分子（DNA）還是功能分子（負責複製DNA的蛋白質）先出現。基本上這兩個東西必須同時出現，然而「能夠產生DNA的隨機化學反應」**以及**「由蛋白質所驅動的DNA複製機器」這兩者要在同一時間、同一地點出現，這種想法也太不可思議。還有，這些必要元素之一先演化出來後，只是單純地等待另一種元素在數百萬年後現身，這種可能性同樣令人難以置信。根據化學定律，這些物質的穩定性有限，

---

1 Frances Westall and André Brack, "The Importance of Water for Life," *Space Science Reviews* 214, 50, 2018.

如果不進行複製就會消失。

因此，為了了解決生命起源的難題，科學家需要以某種方式找到一種可以扮演這兩種角色的分子，它既能攜帶訊息，也就是生命的密碼，**又**能自行複製這些密碼。換句話說，我們需要雞和蛋兩者合一的東西。

小小（RNA）世界

在我的研究團隊發現四膜蟲中的RNA自我剪接後，其他大學開始紛紛來電邀請我去談談我的核酶研究。這些機會相當重要，特別是對一個新手教授來說。你每次發表研究成果時，台下聽眾可能就包括了那些未來會審查你的經費申請案或論文手稿的研究學者，以及可能會受到你的演說激勵而到你的實驗室應徵博士後研究的研究生。此外，向廣大聽眾展示自家學生的研究成果，也有助於他們取得良好的工作機會。換句話說，我們這行跟其他眾多職業一樣，人脈是關鍵。

因此只要時間許可，我都會盡可能地接受邀約。1982年，在發表核酶關鍵論文[2]後的12個月裡，我走遍全國各地，在十幾所大學和5場研討會上發表演講。雖然這讓我筋疲力竭，但我逐漸達標，得到寶貴的回饋，也結識了新的朋友。我覺得自己在往正確的方向邁進，但我那時還不知道自己將會一頭栽進席巴卜的黑洞中。

1983年11月我來到加州大學洛杉磯分校，準備在傍晚進行一場演講，我預期這不過就是一場研討會而已。邀請我的是名為「演化小組」（Evolution Group）的團體，對此我並不訝異，因為生化學家隨時都會談到演化。就像達爾文觀察到加拉巴哥群島的雀鳥如何演化以適應不同的食物來源，現代生物學家也看到細菌會經由演化抵禦抗生素的治療，還有分子也會演化出新的功能。因此，我去演講時，原本預期會被問到「你認為四膜蟲內含子最初是如何進到基因中呢？」這類具啟發性的問題。我事先想過這類問題，也準備了一套說詞，並認為小組中的其他人也會提出他們的想法。但出乎意料，我被問到的問題卻是：「你認為核酶可以解釋地球上如何出現生命嗎？」我沒有想過太多關於生命起源的問題，所以我覺得自己說不出任何有用的話。研討會結束時，我對於被問到的問題感到非常困惑。

一方面，我甚至不知道有一群科學家在思考這類原始事物。另一方面，我也不知道他們為何對我的研究這麼感興趣。其中一位與會人士是加州大學洛杉磯分校的古生物學教授比爾・夏夫（Bill Schopf），他在非常古老的岩石中發現了類似細胞結構的微化石。不久後他就發表了澳洲沃拉烏納（Warrawoona）的一塊岩石中似乎含有33～35億年前的細胞生命形式。[3]最大的問題是，那些細胞內部究竟有什東西：DNA、RNA，還是其他完全不一樣的東西？石化細胞的內部分子與外在表面不同，內部分子

---

2 Kelly Kruger, Paula J. Grabowski, Arthur J. Zaug, Julie Sands, Daniel E. Gottschling, and Thomas R. Cech, "Self-Splicing RNA: Autoexcision and Autocyclization of the Ribosomal RNA Intervening Sequence of *Tetrahymena*," *Cell* 31, 147–57, 1982.

3 J. William Schopf and Bonnie M. Packer, "Early Archean (3.3-Billion to 3.5-Billion-Year-Old) Microfossils from Warrawoona Group, Australia," *Science* 237, 70–73, 1987.

太小，以致在變成化石時無法保持原有形狀。不然，這些分子就能為夏夫提供有關遠古細胞組成與結構的線索。

認為化石可以提供古代事物證據的想法，對我而言已經不是新鮮事。我在伊利諾州香檳市的霍華德博士小學（Dr. Howard School）念四年級時，收集過貝殼化石與蝸牛化石，也就是那些曾經存在、如今被埋在石灰岩中的生物。我的平裝本《岩石與礦物指南》（*Guide to Rocks and Minerals*）中有提到化石有時是如何包在鐵凝塊中。於是當我發現一塊形狀類似的岩石時，我便將它豎起來，用Estwing牌岩槌敲打，然後很驚訝地發現到一塊完整的蕨類化石。這個化石已經等了我3億年。我自然而然就會聯想到石炭紀時期的化石，但不知為何我直到在加州大學洛杉磯分校的那天晚上，才開始注意地球上的生命起源。

從洛杉磯回家後，我開始閱讀一些早期發表的文獻。然後我突然意識到，數十年來，研究生命起源的科學家們一直在思考約40億年前第一個自我複製系統最初是如何出現在地球上的。他們在遇上雞生蛋、蛋生雞的問題時，就已經在推測RNA或許能夠提供解答。

RNA顯然是一種帶有訊息的分子：它是DNA的傳訊者，攜帶著能夠指示蛋白質中胺基酸排列順序的密碼，而且在RNA病毒中，RNA是病毒執行感染循環所需的所有基因體資訊庫。所以毫無疑問地，RNA可以攜帶資訊，也就是可以攜帶啟動生命所需的指示。問題是在沒有蛋白質的原始世界中，RNA要如何進行複製或繁衍。若無法進行複製，就無法從上一代的RNA中創造出新一代的RNA。

研究這個問題的其中一位科學家是英國化學家萊斯利‧奧格爾（Leslie Orgel），他當時是加州拉荷亞沙克研究所（Salk Institute）的研究人員。萊斯利從1960年代開始，就渴望發現無需蛋白質酵素就能自行複製的DNA或RNA分子，以解決雞生蛋、蛋生雞的問題。然而在他1968年發表的一篇經常被引用的論文[4]中，他表示「沒有證據」顯示這類分子存在，而且他也懷疑RNA的原始形式是否具有打開生命之書的能力。

不過，他還吊人胃口地補充道：「沒有人可以完全確定。」

萊斯利的這篇論文一直圍繞在RNA催化劑的這個想法上。這就是為什麼加州大學洛杉磯分校的演化小組（我後來也發現，萊斯利本人也）對我發現的核酶這麼興奮的原因。**RNA確實是集訊息及功能於一身的分子！**而且還不止如此。由自我剪接內含子所催化的反應，全都與RNA核苷酸間所創造的新化學鍵結有關。[5]這確實就是核酶複製酶要進行RNA自我複製所需的那類行動。或許一開始只有RNA存在，蛋白質與DNA是後來才出現的。[6]

雖然我那晚在加州大學洛杉磯分校感到非常困惑，但我現在發現自己對生命起源的問題越來越感興趣。在整個1980年代，我與萊斯利在他可以俯瞰太平洋的辦公室中進行了許多熱烈討

4　Leslie E. Orgel, "Evolution of the Genetic Apparatus," *Journal of Molecular Biology* 38, 381–93, 1968.

5　作者註：這三個反應包括了在內含子上附加一個鳥糞嘌呤、連接被內含子打斷的核糖體RNA序列，以及將切下的內含子捆成環狀。

6　Walter Gilbert, "The RNA World," *Nature* 319, 618, 1986.

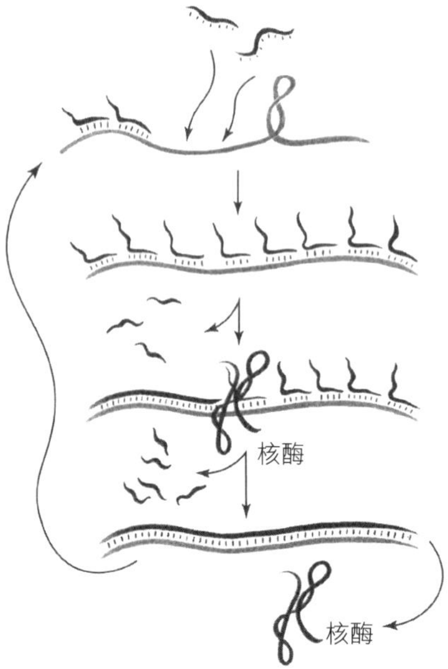

圖6-1：假設性的RNA自我複製過程，是小片段RNA會經由鹼基配對與之前就存在的RNA鏈（圖上淺色部分）結合，然後經由核酶（圖上深色部分）連接在一起。這裡的產物是雙股RNA。來自陽光的能量會「融化」此雙股RNA，將其分成2條鏈。深色鏈自我摺疊以形成新的核酶，而淺色鏈則做為模版進行另一輪的複製循環。

論，探討核酶自我複製的可能性。

雖然對於像萊斯利與我這樣的化學家而言，「RNA世界」這樣的想法很令人興奮，但我必須承認我們不會興奮到想要參觀這樣的世界。若我們可以回到過去親眼見證，我們會看到生命如何在地球上踏出最初幾步嗎？沒有強大的顯微鏡，我們幾乎什麼也看不到。所有一切都發生在岩石上小水滴中的分子層級內，或是如某些學者所言，或許存在於懸浮在大氣中的氣溶膠微滴中，或海洋深處冒出的熱泉噴口中。這時候的生命還沒有能力去創造出任何可以標明自身存在的東西，更別說改變地球了。我們可能得檢查地球上一百萬個不同的棲息地，才能找到僅有的生命痕跡，然後再等個一億年左右，讓剛萌芽的RNA點燃演化的引信。

先有磚，才能築牆

如今要建造一座磚牆，得先訂購磚塊。你拜訪木材場或磚廠，挑選顏色，然後下訂單。幾天後一台平板卡車送來磚塊，你開始砌牆。但是在沒有木材場及磚廠的年代，你得自己製作磚塊。你得將泥土、麥桿及水混合，將混合物倒入長方形的模具中，並將它們置於太陽下曬乾。只有製作了足夠的磚塊，才能開始建造磚牆。

RNA就像磚牆一樣也是由元件組裝而成，它的元件是A、G、C和U四種核苷酸，每一種都帶有3個磷酸根，這些磷酸根會以化學方式活化核苷酸，並且讓核苷酸之間易於結合。因此，任何主張RNA必定是地球最早生命形式的人，就必須對RNA的組成元件如何產生做出合理解釋。

今日，大多數研究RNA自我複製的學者會從化學品倉庫購買他們的純「磚塊」（例如核苷酸），並透過快遞取件。在生命起源前的時代，也就是在第一種生命形式出現之前，磚塊必須由環境中的化學物質自發形成。這些化學物質類似製作磚塊所需的泥土、麥桿及水。在每個核苷酸中所發現的碳、氫和氮來自單一大氣氣體，例如氰化氫中就含有這三種元素。人們認為年輕的地球大氣中含有豐富的氰化氫，雖然這種氣體對人類和其他生物具有毒性，但當時沒有任何生物存在。核苷酸所需的氧從水而來。要形成核苷酸所需的第五種元素是硫，這得從富含磷酸鹽的陸地岩石「磷灰石」或撞擊地球的外部隕石而來。

運用大約40億年前原始地球所存在的物質，自發性地形成構成RNA的核苷酸，這種可行性有多高呢？先驅化學家史丹利·米勒（Stanley Miller）與哈羅德·尤里（Harold Urey）在1952年用電火花取代閃電[7]點燃單一氣體，就能形成許多可以構成蛋白質的胺基酸。構成RNA的「磚塊」（核苷酸），是否也能在類似生命起源前的環境條件下形成？英國化學家約翰·薩瑟蘭（John Sutherland）的團隊研究顯示，含有氮、氧、碳、氫與硫的簡單化合物（早期地球可能存在的化合物）可以反應形成核苷酸。[8]

但有個惱人的問題：製作U和C磚塊所需的反應條件，與製作A和G磚塊所需的反應條件完全不同，這兩種製作條件在很大程度上是不相容的。若我們想建造具有四色磚塊的磚牆，我們就得在同一個地方收集到這四種顏色的磚塊。2019年，德國生化學家湯瑪斯·卡雷爾（Thomas Carell）的團隊有了突破。卡雷爾團隊從可能存在於生命起源前地球中的分子研究中，發現週期性的潮溼與乾燥環境循環，基本上會讓所有四種核苷酸沉積在罐子中。[9]很有可能，早期地球的環境確實有週期性的潮溼與乾燥循環：就跟現在的日夜交替一樣，在涼爽夜晚凝結在岩石上的水滴與溶解的化合物，在陽光的照射下會開始蒸發。蒸發首先會濃縮水中的化合物，並在水滴被完全曬乾前促進化學反應。這並不意味著在那個遙遠時代的地球風和日麗。那時的地球處在激烈的狀態中，充滿了閃電風暴、彗星轟炸、火山爆發，以及來自太陽的強大紫外線輻射。這種惡劣環境提供了驅動化學反應所需的能量。

假設薩瑟蘭、卡雷爾與其他研究生命起源前核苷酸合成的科學家們的假設是對的，也就是核苷酸在遠古地球可以自發形成，那麼我們就有了磚塊，可以開始建造磚牆了，而這道「牆」是一串具有自我複製能力的核苷酸。1980年早期，萊斯利·奧格爾在沙克研究所進行了原理驗證實驗。他合成了核苷酸，並證實如果燉煮極高濃度的核苷酸並等待幾天，它們彼此會自發性地產生反應，形成短RNA片段。若他以C核苷酸開始，反應的生成物會有CC、CCC、CCCC與CCCCC。之後他又加入G核苷酸，它們就會經由C-G鹼基配對排列在C片段上，並反應形成短G片段。

雖然我很興奮看到短RNA片段甚至能在沒有任何酵素催化下[10]集結形成，但這個反應非常緩慢且沒有效率。可能是因為缺少核酶。若萊斯利隨機產生的RNA片段恰巧夠長，也有正確的核苷酸序列，這個片段是否可以摺疊成能夠自我複製的催化劑？那麼，RNA就不會是斷斷續續產生，而是可以完整自我複製，

---

7 Stanley L. Miller and Harold C. Urey, "Organic Compound Synthesis on the Primitive Earth," *Science* 130, 245–51, 1959.

8 Matthew W. Powner, Beatrice Gerland, and John D. Sutherland, "Synthesis of Activated Pyrimidine Ribonucleotides in Prebiotically Plausible Conditions," *Nature* 459, 239–42, 2009.

9 Sidney Becker, Jonas Feldmann, Stefan Wiedemann, Hidenori Okamura, Christina Schneider, Katharina Iwan, Anthony Crisp, Martin Rossa, Tynchtyk Amatov, and Thomas Carell, "Unified Prebiotically Plausible Synthesis of Pyrimidine and Purine RNA Ribonucleotides," *Science* 366, 76–82, 2019.

10 Tan Inoue and Leslie E. Orgel, "A Non-enzymatic RNA Polymerase Model," *Science* 219, 859–62, 1984; Gerald F. Joyce and Leslie E. Orgel, "Non-enzymatic Template-Directed Synthesis on RNA Random Copolymers: Poly(C,A) Templates," *Journal of Molecular Biology* 202, 677–81, 1988.

這種複製方式也讓RNA成為催化地球生命的神奇分子。

這種自發發生的機率，可能比你中大樂透的機率還低很多。但是我們要再次重申，生命起源前RNA的遊戲可以在地球上百萬個地方進行。若要花上一億年的時間才會出現一位贏家，沒問題的，生命可以等。

築牆

RNA催化RNA進行自我複製在現實中真的可行嗎？這能在實驗室中重現嗎？即使不能證明RNA真的是所有生物的起源，至少可以證明它的可行性。

1986年1月，在加州大學洛杉磯分校那晚學術研討會的2年後，我受邀到加州大學舊金山分校演講。我與生化學系主任布魯斯．艾伯茲（Bruce Alberts）在金門公園上方帕納蘇斯高地（Parnassus Heights）的一家咖啡廳共進午餐。後來成為美國國家科學院院長的布魯斯，經常邀請科學家到舊金山分享他們最新的研究發現。

「傑克·索斯塔克（Jack Szostak）上個星期在這裡，」布魯斯邊吃著他的煙燻牛肉三明治邊說道：「生命起源的研究確實激起了他的興趣，他會將自己整個研究計畫轉向研究你的核酶。」

我差點被尼斯沙拉中的橄欖嗆到。傑克是哈佛大學的年輕教授，因破解DNA重組（也就是DNA序列從一條染色體交換到另一條染色體上）的基本原理而享有盛名。一方面，我很開心像傑克這樣備受推崇的遺傳學家會想研究我們的核酶。但另一方面，由於知道他多麼具有創造力及生產力，讓我感到一陣恐懼。傑克會不會做了每個我想做的實驗，而且比我還快？

傑克認為生命起源是科學中最偉大的未解問題。他一直都相信若你可以在實驗室中創造出近似生命起源前的地球環境條件，並達成RNA自我複製，那麼你差不多就能確定地球上的生命是如何開始的。

傑克有個秘密武器：珍妮佛・道納。珍妮佛在進到我的實驗室擔任博士後研究員之前，曾跟著傑克在麻省總醫院進行博士研究。她的博士論文計畫，預定要達成比萊斯利・奧格爾所達成的那類反應更加宏大的目標。萊斯利可以隨機產生RNA片段，珍妮佛則想更進一步複製出具有功用的RNA片段。她的目標是讓核酶能在試管中自我複製，進而證明RNA自我複製所需的其中一項關鍵步驟是可行的。早上上班時，傑克會直奔珍妮佛所在位置，因為那裡總是會有重大發現，而她也常有新的突破可以分享。

在自然界中，四膜蟲核酶所催化的RNA剪貼反應都發生在RNA單鏈內。從1986年開始，我的研究團隊證實了核酶中的內含子部分可以催化個別RNA的剪下與接合[11]，這是創造RNA複製酶的第一步。但我們的系統所能處理的RNA序列有限，所以它缺乏RNA自我複製所需的多功能性。1989年，珍妮佛與傑克

11 Arthur J. Zaug and Thomas R. Cech, "The Intervening Sequence RNA of *Tetrahymena* Is an Enzyme," *Science* 231, 470–75, 1986; Michael D. Been and Thomas R. Cech, "RNA as an RNA Polymerase: Net Elongation of an RNA Primer Catalyzed by the *Tetrahymena* Ribozyme," *Science* 239, 1412–16, 1988.

公佈了一項突破：他們成功讓四膜蟲核酶複製出不同序列的較長個別RNA鏈。

要了解這項成就在生命起源上的重要性，我們得回頭看看核酸（無論是DNA還是RNA）在自然界中如何進行複製的基礎。這從來就不是直接了當的程序。單一核酸鏈無法進行GGG→GGG這類的自我複製。它需要先複製一個做為模板的互補鏈，唯有如此才能施展互補鹼基配對的魔法，引導原始分子鏈複製合成。換句話說，若你想複製GGG，首先要從GGG複製出CCC，接續再用CCC直接形成另一個GGG，也就是GGG→CCC→GGG。

這個過程有點像是用模具鑄造三維物件。比方說你有一個擺放在花園中的矮人石膏像，你想再複製一個，首先得要反向複製出一個模具。矮人石膏像的所有結構細節（長長的鬍子、尖尖的帽子和圓圓的肚子）在模具中都是凹陷的部分。一旦有了模具，你就能倒入石膏，鑄造出與原來矮人石膏像相同的複製品。在RNA自我複製的情況中，具有複製酶活性的核酶就是矮人石膏像，而具有互補序列的RNA就是模具。這個互補的RNA不具有催化活性，但要製造更多的核酶，就需要它做為模板。最後，從模版鏈中複製出核酶，就有如將石膏倒進模具中製作出另一個矮人石膏像。

珍妮佛與傑克在1989年所達成的成就是重新設計四膜蟲核酶，以便在給定RNA模板時，它能催化互補鏈的建構。做出模具，他們就能製作出另一個矮人石膏像。他們重新設計的核酶可以複製各種RNA序列，但與RNA自我複製有關的是核酶序列和它的互補序列：核酶→互補序列→核酶。所以他們重現了RNA元件到RNA自我複製這個過程中的一個關鍵步驟。[12]

但珍妮佛與傑克還想解決RNA自我複製過程中的另一個缺口：他們能夠製成的最長RNA鏈是42個核苷酸，這是當時的世界紀錄，但比起製造四膜蟲核酶本身所需的400個核苷酸還要短上許多。他們只能做出矮人石膏像的頭，而非整個實體。

珍妮佛打算雙管齊下來克服這個長度限制。首先，她將四膜蟲核酶換成別種核酶。紐約州立大學奧爾巴尼分校（SUNY Albany）的研究學者當時剛發現一種噬菌體核酶「SunY核酶」[13]，這種噬菌體核酶具有與四膜蟲核酶相同的自我剪接活性，但長度只有一半，所以比較容易複製。這場戰役已經贏了一半。珍妮佛接著決定採用分治法：她將SunY核酶切成三段，這三段會在試管中找到彼此，並經由鹼基配對組合在一起。這些片段現在已經小到SunY核酶可以進行複製。因此，珍妮佛與傑克證實了RNA片段（即奧格爾式反應可能自發產生的那類RNA片段）彼此可以組合形成能夠自我複製的小機器。[14]

---

12 作者註：這是RNA自我複製的**中間步驟**，因為它並未解答像四膜蟲核酶這樣複雜的RNA一開始是怎麼從隨機化學反應中產生。要在實驗室中設計實驗重現遠古地球要花費一億年才會發生的那些早期步驟，是非常困難的。

13 Jonatha Y. Gott, David A Shub, and Marlene Belfort, "Multiple Self-Splicing Introns in Bacteriophage T4: Evidence from Autocatalytic GTP Labeling of RNA In Vitro," *Cell* 47, 61–87, 1986.

14 Jennifer A. Doudna, Sandra Couture, and Jack W. Szostak, "A Multisubunit Ribozyme That Is the Catalyst of and the Template for Complementary Strand RNA Synthesis," *Science* 251, 1605–8, 1991.

因此，科學家已經能夠在試管中重現生命起源前RNA自我複製所需的許多步驟：製造核苷酸，並將它們接合形成RNA分子，還找到一種核酶，可以在個別RNA分子上組合出自身的副本。[15]儘管科學家尚未成功重現RNA自我複製的整個周期（先在試管中混合RNA核苷酸，然後就發現已經整合形成的RNA分子正忙著自我複製），不過生命起源於原始RNA世界的說法至少看似合理。

請將我包覆起來

當時的研究學者試著給出很好的理由，來證明地球生命起源於RNA世界，但還有一個重要問題需要解決。在一滴液體中的一堆分子當然不能算是生物。即使是原始的生物，也必須是一個有別於環境及其他生物的實體。它必須被某種東西包覆起來。

就像鮪魚三明治受到外層的保鮮膜包覆而不會散開或弄髒，動物細胞也被一層膜包覆著，這至少可以保護它們免於受到外部潛在危險侵擾，例如環境中的毒素、細菌、病毒，還有其他病原體。當然這樣的保護並不完整，還是會有些入侵者進到我們的細胞中，但絕大多數都會被擋下。這些**細胞膜**是由**脂質**（lipid）構成，脂肪分子具有自我組成雙層結構的特性，其不僅具備足以承受壓力的強度，以及足以保護細胞內容物的不滲透性，卻又柔韌到足以讓細胞移動與分裂。

在原始RNA的世界中，古老的細胞同樣會受益於能將其包覆和保護它的膜。舉例來說，這個膜可以排除競爭的RNA分子。就像狗身上有跳蚤一樣，跳蚤會因為在狗身上而受益，但這對狗卻一點好處也沒有，寄生RNA會從正在複製的RNA竊取養分，這對後者一點好處也沒有。我們在實驗室的試管演化實驗中就看到了這些情況，因此它們必定也會在自然界中發生。一個膜可以保護內部的自我複製RNA，也能避免外部的寄生RNA進入。

此外，包膜還有助於演化。若同一滴水中有多個自我複製RNA分子混在一起，那麼讓一個複製酶的分子運作更好的任何突變，都能讓附近的所有分子受益。儘管這種利他行為看來令人敬佩，卻不利於演化。生命形式要隨著時間有所改善，就必須是「適者生存」，只有在生命形式各自獨立且有所不同時，一個實體才能從有利的突變中受益並戰勝其他實體。這聽起來像是為達目標不擇手段，但至少在物種演化這方面，從長遠來看個體的自私是有利於整個群體的。

傑克．索斯塔克的研究團隊一直在研究核酸被膜包在所謂的「原生細胞」（近似原始細胞的人造細胞）中會有什麼樣的行為。要將RNA這類核酸包進一個合成細胞中很容易。你先將會形成原始細胞的脂肪酸與核酸混合，接著將混合物晾乾後再加水，或讓它經歷冷凍、解凍的循環，核酸就會被隨機包覆起來。[16]傑克

15 Jennifer A. Doudna and Jack W. Szostak, "RNA-Catalysed Synthesis of Complementary-Strand RNA," *Nature* 339, 519–22, 1989.

16 Charles L. Apel, David W. Deamer, and Michael N. Mautner, "Self-Assembled Vesicles of Monocarboxylic Acids and Alcohols: Conditions for Stability and for the Encapsulation of Biopolymers," *Biochimica et Biophysica Acta* 1559, 1–9, 2002.

已經看見核酸在合成細胞中經歷奧格爾式反應後會形成較長的鏈。[17]他的研究團隊也證實這些合成原生細胞可以生長和分裂，雖然不像現代細胞進行細胞分裂那樣有規律。合成原生細胞讓我們朝在實驗室中達成RNA自我複製的目標又邁進了一步，為我們提供了無機物如何轉變成有機物的合理情境。

至少在實驗室中，科學家已經快要證實生命**可能**起源於RNA世界。他們已經成功以令人驚豔的手法讓RNA在試管中自我建構，但要達到他們雄心壯志的目標，還有很長的一段路要走。他們還得弄清楚在生命起源前的地球氣候條件下，完整的核酶自我複製是如何在原生細胞中進行。他們也需要觀察這些原生細胞的分裂和突變，找出可能是促成生命起源的那類演化事件。

但即便化學家們成功在實驗室中完成這一切，仍然存在著一個根本問題：生命起源與其說是科學問題，倒不如說是歷史問題。RNA**可以**自我複製，並不代表它就真的啟動了產生我們所知地球生命的整個演化過程。[18]我們未來真的會知道夏夫的石化細胞中是否有RNA或類似今日RNA的某種物質存在嗎？甚至**可以**知道近40億年前的地球生命是如何開始的嗎？

我們低頭看著大地穴，並試著窺視黑暗的席巴卜時，在某種程度上已跨越了數千年，與其他思考生命起源的人們建立了連結。由於身在驚人科學的時代，我們可能會以為自己可以辨認出那個在黑暗中的形狀，也有很好的理由可以相信那個形狀看起來很像RNA。但我們並不是那麼確定。科學可以**提出看法**，也能說「這看似合理」。但科學可能永遠無法**證明**生命是否始於RNA。

永遠無法證明這件事總是讓我對生命起源的研究感到有點不踏實，而這些研究有時會因為受臆測主導而遭到大肆炒作。我記得在沙克研究所的幾次討論中，我曾向萊斯利·奧格爾表達我的不安。

「只要你一直都在揭開核酸化學的基本原理，」他說，「那麼這個研究就是有價值的，而生命起源則是一個它可以應用的有趣主題。」我一直覺得這句話說得很好。當然，萊斯利以他帶權威感的英國腔來說這句話，也增加了我接受他忠告的意願。

終極而言，生命起源可能是研究RNA本質所能引發最深沉的問題。儘管思索RNA對生命深遠歷史的貢獻很吸引人，但現在該回來談談RNA如何重塑我們的現在與未來了。RNA已經催化出一場醫學革命，如同我們將會看到的，它有潛力讓健康生命個體的壽命超越目前的自然極限。

---

17 Sheref S. Mansy, Jason P. Schrum, Mathangi Krishnamurthy, Sylvia Tobe, Douglas A. Treco, and Jack W. Szostak, "Template-Directed Synthesis of a Genetic Polymer Within a Model Protocell," *Nature* 454, 122–25, 2008.

18 作者註：也有另一個理論認為「蛋白質先出現」，蛋白質確實可能擁有指示新蛋白質分子合成的某些能力。不過，目前並不清楚「蛋白質世界」是如何變出能做為訊息分子的核酸，而RNA世界則可以形成原始核糖體來合成蛋白質。

第二部

治療

第七章：青春之泉是死亡陷阱嗎？

我大學辦公室的展示櫃中擺滿了從研討會旅程中收集到的紀念品，還有教過的學生送給我的小禮物。其中一個是裝有藥丸的綠色小塑膠瓶，有人覺得我會喜歡用它做為聊天話題才送給我的。它上頭的標籤大膽地寫著：「透過端粒酶的活化促進細胞再生。」

這些藥丸是眾多新奇保健食品之一，它們試著要從與RNA驅動酵素**端粒酶**（telomerase）相關的「永生」光環中獲利。在亞馬遜的網購頁面上，你能以25.99美金這種看似合理的價格，購得名為「青春霜」（Youth Shots）這種具有「端粒保護」功效的抗老化乳霜。在此同時，「健康細胞端粒酶活化劑」（HealthyCell Telomerase Activator）膠囊也獲得了400個五星評價，其中有位顧客信誓旦旦地表示這個產品治好了他母親的阿茲海默症。還有另一個顧客寫下「口感極佳」的評語。

看到端粒酶這種酵素在短短數十年間，就從一個神秘的科學主題變成一個人盡皆知的用語，真讓人感到奇怪。1980年代時，只有我們這一小群研究池塘漂浮物的人對端粒酶感興趣。然而，現在它卻成了名符其實的青春之泉在市場上銷售，成了價值數十億美元的抗老產業一員。[1]你或許以為追求永生是不切實際的億萬富翁才會有的白日夢。但至少在細胞層級，永生確實是存在的。而端粒酶就是讓永生成為可能的神秘要素。

端粒酶由蛋白質與RNA組成，它能增加**端粒**（telomere，染色體末端）上的保護性遺傳物質，讓細胞能夠持續分裂。染色體就像坐落在細胞核中的DNA小珍珠串。若是沒有端粒酶，每次細胞分裂時珍珠串末端的珍珠就會脫落，整條珍珠串就會變得短些。這個耗損過程最終會導致細胞停止生長，進入所謂的**細胞衰老**（senescence）狀態。不過端粒酶可以預先阻止這個過程發生。它能在染色體串的末端加上珍珠避免衰老，並讓細胞永保青春。

端粒酶是由人類胚胎中快速成長的細胞所製造，不過在我們出生時，身體中大多數細胞就關閉了這項作用。但還是有些重要的例外，其中就包括自然界的真正奇蹟——幹細胞。幹細胞的分裂並不對稱，也就是說它不像多數細胞會分裂出一模一樣的兩個細胞，而是產生兩個不一樣的子細胞。幹細胞的其中一個「子細胞」會變成新的幹細胞，也就是跟母細胞一樣的細胞，而另一個細胞就會變成補充身體各部位所需的細胞，無論是皮膚、血液、頭髮、消化系統，或是其他內部器官與組織。幹細胞增生的控管讓人體得以自我更新，若是少了端粒酶，就無法啟動這個重要的過程。雖然端粒酶是幹細胞發揮適當功能的關鍵，但它也是多數癌症的標記。腫瘤細胞偶然找到重新製造端粒酶的方法時，就會逃脫正常細胞的老化過程並達到永生，這時常會對我們造成致命的後果。

那麼，端粒酶究竟是奇蹟還是詛咒？既然這個RNA驅動裝置賦予細胞持續分裂而不會衰老的能力，我們自然而然就想知道，我們是否能運用它的力量來延長整個生物體，而不只是單一細胞的生命力。以端粒酶為基礎的藥物，是否真能讓我們的生理時鐘持續運行呢？想回答這個問題，我們得先回到我喜愛的單細胞毛球「四膜蟲」身上。

從池塘漂浮物學到的另一堂課

回到1977年，那時我還是麻省理工學院的博士後研究員。我會開著老舊的富豪手排車從劍橋市前往紐哈芬市，花一天的時間拜訪耶魯大學約瑟夫・加爾（Joe Gall）教授的實驗室。當時我才剛意識到，四膜蟲這種微小生物或許可以做為研究之用，而我當時之所以會造訪約瑟夫的實驗室，就是因為他近來發現了一組以**微小染色體**（minichromosome）形式存在的不尋常四膜蟲基因，這些微小染色體還不到人類最小染色體的千分之一大。這些個別的DNA分子中含有四膜蟲核糖體RNA的基因。短短幾年後，它們將會引領我們發現RNA的自我剪接以及第一個催化性RNA分子，不過當時這一切都尚未受到關注。

我一整個早上都在約瑟夫的實驗室中，用顯微鏡觀察在玻片那有限空間中快速移動的四膜蟲。到了午餐時間時，約瑟夫的研究團隊帶我到克萊恩生物學大廈（Kline Biology Tower）頂樓

1　Emily Stewart, "How the Anti-aging Industry Turns You Into a Customer for Life," *Vox*, July 28, 2022, https://www.vox.com/the-goods/2022/7/28/23219258/anti-aging-cream-expensive-scam.

的小餐館用餐。這裡是耶魯大學校園中最高的建築物，其設計明顯避開了以水平連結促進互動與合作的原則。不過，我們對科學討論的興趣，遠勝於對建築物的批判。約瑟夫的團隊正忙著討論他們來自澳洲的博士後研究員伊莉莎白．布雷克本（Liz Blackburn）的研究。

伊莉莎白在澳洲塔斯馬尼亞島（Tasmania）的荷巴特市（Hobart）長大，從小就著迷於科學的她，一路帶著對生物學的興趣念到了劍橋大學研究所。她在那裡跟著二度榮獲諾貝爾獎的弗雷德里克．桑格（Fred Sanger）從事研究，定序了噬菌體的DNA序列，這在當時是最為頂尖的成就。在她擔任耶魯大學博士後研究員期間，這項專業為她提供了完美背景，讓她得以進行一項充滿冒險的新任務。她很快就在確認四膜蟲微小染色體末端的DNA序列上取得進展。

當時，伊莉莎白並未想為了解癌症或老化過程開創新局面，也沒有想為RNA科學研究開創新篇章，她以為自己只是在訴說另一則有關DNA的故事而已。我們都不知道位於染色體（也就是任何生物體細胞核中的線性DNA分子）末端的是什麼樣的DNA。細胞生物學家長久以來都對染色體末端（也就是**端粒**）深感好奇，這可以追溯到赫爾曼．穆勒（Hermann Muller）對果蠅的觀察，以及芭芭拉．麥克林托克（Barbara McClintock）的玉米研究。1938年，麥克林托克與穆勒都在研究報告中指出，無論是自主發生或是由X光輻射引發的染色體破裂，染色體的末端都會變得不穩定，且可能會與其他破裂的末端融合，或產生降解。反之，正常染色體的末端會以某種方式被保護著，避免落入這類命運。就像鞋帶末端會有名為鞋帶頭的小小塑膠護套，來保持它們的完整性、避免它們散開，染色體也有端粒。但在接下來的40年，沒有人知道是什麼讓染色體端粒發揮了如鞋帶頭的作用。

世界上有數以千計的實驗室致力於定序染色體中段，也就是其含有基因的部分，但末端幾乎完全沒被探索過。所以伊莉莎白與約瑟夫決定將他們的精力集中在這裡。染色體末端的DNA是什麼模樣，這些末端又是如何被保護著的呢？他們決定使用四膜蟲微小染色體進行研究，因為它的每個細胞中都有10,000個相同副本，提供了足夠材料讓他們放手一搏。

伊莉莎白在每個四膜蟲微小染色體的末端，發現到一件非常奇怪的事：一段6個字母的短序列重複了許多次。[2]有條鏈重複了CCCCAA，另一條重複了互補的序列TTGGGG：

TTGGGGTTGGGGTTGGGG……

AACCCCAACCCCAACCCC……

這就好像在閱讀小說時，一個合理的句尾接著：「等等。等等。等等。等等。等等。等等。等等。」一個「等等。」還可以理解，但一串「等等。」似乎就太多餘了。這究竟意味著什麼呢？

---

2 Elizabeth H. Blackburn and Joseph G. Gall, "A Tandemly Repeated Sequence at the Termini of the Extrachromosomal Ribosomal RNA Genes of *Tetrahymena*," *Journal of Molecular Biology* 120, 33–53, 1978.

今日大家都認定，伊莉莎白與約瑟夫確認出了第一個端粒DNA序列。但有趣的是，他們在1978年的研究論文中，從未提到**端粒**一詞。他們發表了第一個端粒DNA序列，但他們卻沒有提到這件事！為什麼如此謹慎呢？因為四膜蟲的微小染色體極為獨特，比人類染色體要小許多，且具有諸多副本，若是作者宣稱大型正常染色體的端粒也是如此，似乎也太自以為是了。這在科學界並非新鮮事。若你的研究領先時代，包括你在內的每個人都需要時間才能領會它的完整意涵。

來自微小生物的巨大線索

因此，還需要有另一個決定性的實驗才能讓伊莉莎白・布雷克本說服自己，她真的解開了端粒的關鍵。1978年，伊莉莎白轉往加州大學柏克萊分校，以助理教授一職成立自己的實驗室。伊莉莎白在1980年紐哈芬市的一場研討會中，與當年還是波士頓丹娜法柏癌症研究所（Dana Farber Cancer Institute）新成員的傑克・索斯塔克進行了對談。傑克當時正在研究烘焙用酵母菌的染色體。他發現可以將人工環狀DNA偷渡到酵母菌細胞中，那些DNA能以微小染色體的形式存活其中，但以同樣方式進入的線形DNA分子就無法存活。這似乎與當時的認知背道而馳，因為酵母菌本身的染色體是線性，而非環狀的DNA分子。

傑克與伊莉莎白懷疑，線性DNA分子在酵母菌中之所以會不穩定，是否是因為它們的末端缺乏某些具有穩定效用的特性。也許這些鞋帶需要鞋帶頭。那時唯一已知的DNA鞋帶頭，就是伊莉莎白在四膜蟲微小染色體末端發現的那一個。這個DNA序列能否在酵母菌中發揮穩定的作用呢？

1982年，傑克與伊莉莎白合作進行了一個成功率絕不算高的實驗。他們將四膜蟲DNA的末端（TTGGGG的重複片段）移植到酵母菌DNA片段的末端。結果他們的直覺是對的。四膜蟲DNA末端讓酵母菌中的線性DNA保持穩定。[3]由於這兩種生物親緣關係甚遠，所以這個結果特別令人震驚，因為四膜蟲與酵母菌的差距，就跟四膜蟲與人類的差距一樣大。

珍妮絲・香帕伊（Janis Shampay）是伊莉莎白實驗室中的研究生，她對目前在酵母菌中穩定存在的線性DNA末端進行定序。這無法保證會是個有趣的實驗題目。因為她依然可能會看到被四膜蟲TTGGGG重複序列封住的末端，但她看到的卻是驚人的結果。DNA分子不再以「等等。等等。等等。等等。等等。」結尾，而是以「等等。等等。等等。等等。等等。對上。對上。對上。對上。」結尾。而且事實證明，「對上」這個序列與酵母菌用來封住本身完整大小的染色體末端的序列相同。這是酵母菌本身的端粒序列。[4]所以，即使四膜蟲與酵母菌是完全不同的物種，它們的端粒序列還是足夠相似，以致當酵母菌偵測到進入的

3 Jack W. Szostak and Elizabeth H. Blackburn, "Cloning Yeast Telomeres on Linear Plasmid Vectors," *Cell* 29, 245–55, 1982.

4 Janis Shampay, Jack W. Szostak, and Elizabeth H. Blackburn, "DNA Sequences of Telomeres Maintained in Yeast," *Nature* 310, 154–57, 1984; see also Richard W. Walmsley, Clarence S. M. Chant, Bik-Kwoon Tye, and Thomas D. Petes, "Unusual DNA Sequences Associated with the Ends of Yeast Chromosomes," *Nature* 310, 157–60, 1984.

端粒（等等。）時，便開始在微小染色體的末端加入自身特有的端粒重複序列（對上。）。

對於這些序列結果，珍妮絲、傑克與伊莉莎白都只想到一種解釋。重複序列（四膜蟲中的「等等。」，以及酵母菌中的「對上。」）必定可做為端粒酶作用，給予染色體穩定性，避免它們耗損。此外，酵母菌顯然具有一種端粒延長酶，它可以辨識出四膜蟲的重複序列，並以此做為「種子」在自身增加端粒序列。這表示四膜蟲中必定也存有端粒延長酶，讓它可以創造出自己特有的重複序列。這全都解釋得非常完美，但會不會經不起考驗呢？若他們真能找到這個假設性的端粒延長酶，就可以證明了。而伊莉莎白實驗室的一位新研究生接下了這項挑戰。

有端粒酶存在，而且它需要RNA

卡蘿・格萊德（Carol Greider）在進入研究所時，也歷經了一番艱苦歷程。她患有讀寫障礙，在標準化測驗中拿不到好成績。但加州大學柏克萊分校的分子生物學系看重的不是她的考試成績，而是她令人印象深刻的大學研究，所以他們給了她一個機會。[5]事實證明，這是個非常明智的選擇。

對卡蘿而言，她不只很開心能到柏克萊，也很高興能加入伊莉莎白的新實驗室，她在那裡接下了野心勃勃的任務，負責從四膜蟲中純化出還只是假設的端粒延長酶。若它確實存在，這個酵素將能在DNA末端增加TTGGGG重複序列。對一個剛起步的博士生而言，去找一個過去從未發現過的東西，是極具風險的計畫，因為這個東西可能根本不存在。卡蘿當時幾乎想像不到，她將因此獲得「博士」頭銜，並與其他人共同榮獲諾貝爾獎，為永生這個深奧的問題開啟了一扇窗。

卡蘿在1984年5月加入伊莉莎白的實驗室。她馬上開始在一公升的玻璃瓶中培養四膜蟲，接著打破細胞、分離出它們的細胞核。畢竟，端粒延長發生在細胞核內，所以很有可能在此找到催化延長酵素。然後她將細胞冷凍再解凍，讓細胞破裂並釋出內容物。這個實驗意在分離出在細胞分裂之後會延長染色體末端的神秘要素。

卡蘿與伊莉莎白認為，無需整個染色體，單靠端粒末端即可啟動酵素的活性。因此，卡蘿合成由TTGGGG（四膜蟲端粒序列）重複序列組成的短DNA片段，希望這麼做就能幫助酵素識別端粒，並藉由額外的重複序列延長。接著她將這些合成端粒置於試管中，與破裂的四膜蟲細胞核放在一起培養。1984年聖誕節時，卡蘿興奮地看到DNA正以6個核苷酸（TTGGGG）的重複序列一個接著一個延長。她發現了此種酵素的直接證據，此種酵素後來被命名為**端粒酶**。[6]

這時再次發生了從事科學工作時常發生的狀況：解答了一個大哉問後，馬上又引出了另一個大哉問。蛋白質酵素如何知道該

---

5 "Carol W. Greider—Biographical," NobelPrize.org, accessed September 4, 2023, https://www.nobelprize.org/prizes/medicine/2009/greider/biographical/.

6 Carol W. Greider and Elizabeth H. Blackburn, "Identification of a Specific Telomere Terminal Transferase Activity in *Tetrahymena* Extracts," *Cell* 43, 405–13, 1985.

製造有6個核苷酸長的特定DNA序列？研究人員過去從未發現過這樣的酵素。DNA與RNA聚合酶可以合成長串的核苷酸鏈，但它們並非全靠己力完成，而是以DNA做為模板。在反轉錄病毒中發現的那類**反轉錄酶**（reverse transcriptases）則是以RNA做為模板來製造DNA。所以卡蘿與伊莉莎白想知道，是否可能有一種RNA可以做為增加TTGGGG序列的模板。畢竟，互補鹼基配對的力量會讓RNA比較容易「記得」TTGGGG，只要使用A鹼基就能指定產生T鹼基，使用C鹼基就能指定產生G鹼基。為了驗證這個想法，卡蘿開始先以核糖核酸酶（一種RNA分解

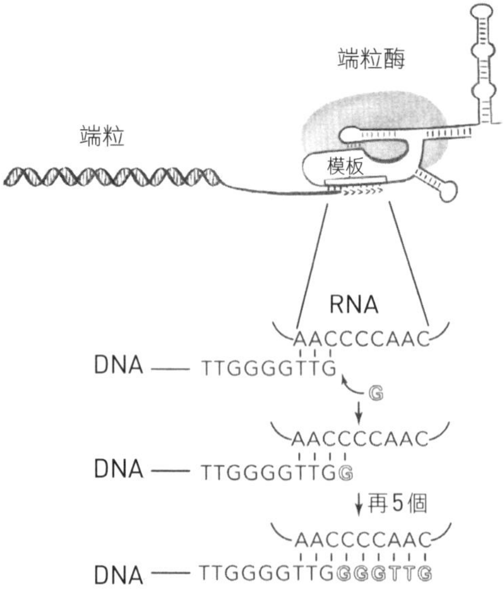

圖7.1：端粒酶運用自身的一小段RNA鏈做為模板，指示製造出要附加到端粒DNA末端的序列。在蛋白質（如圖中深色橢圓）的協助下，一次附加一個核苷酸上去。圖中所示是具有TTGGGG重複序列的四膜蟲端粒序列。一旦一個完整的重複端粒序列形成，DNA就會沿著RNA後退，騰出空間給下一個重複序列附加上去（圖中並未繪出）。

酶）處理四膜蟲端粒酶，看看是否會出現不同結果。

1986年1月卡蘿進行這項實驗的那一天，我恰巧來到柏克萊參與一場分子生物學系研討會。那天早上，我與卡蘿和伊莉莎白會談時，卡蘿告訴我她要測試端粒酶中RNA成分的想法。我那時已經成了「RNA迷」，對RNA可能又將變出另一項神奇把戲感到十分興奮。那一整天，當同仁們帶著我穿梭分子生物學系趕赴預定行程時，我都會繞到卡蘿的實驗室問她實驗進行得如何。我跟她都被逗樂了，因為像這樣的實驗至少需要花一天的時間進行，所以她不太可能每半小時就有新進展可以告訴我。[7]

回到博爾德後，我接到卡蘿發現事先以核糖核酸酶處理端粒酶，確實會摧毀其活性的消息。因為幾乎所有酵素都是蛋白質而非RNA，所以它們不會受到核糖核酸酶影響。但端粒酶要活化顯然需要RNA[8]。因此，端粒酶也跳脫了「所有酵素都是蛋白質」的法則，成為此簡短例外名單中的最新成員。名單上有我們的四膜蟲核酶、其他物種的相關自我剪接RNA、核糖核酸酶P，以及核糖蛋白合成機器。如今又加入了端粒酶。

幾年後，卡蘿在1989年確認並定序出四膜蟲端粒酶的RNA成分。當時，她已經取得博士學位從柏克萊畢業，加入冷泉港實驗室，也就是華生在長島海灣沿岸建立的著名生物研究燈塔。真

---

7 Carol W. Greider, “Telomerase Discovery: The Excitement of Putting Together Pieces of the Puzzle,” Nobel Lecture, December 7, 2009, https://www.nobelprize.org/uploads/2018/06/greider_lecture.pdf.

8 Carol W. Greider and Elizabeth H. Blackburn, “The Telomere Terminal Transferase of *Tetrahymena* Is a Ribonucleoprotein Enzyme with Two Kinds of Primer Specificity,” *Cell* 51, 887–89, 1987.

沒有想到，具有AACCCC片段的RNA能編碼出四膜蟲端粒的TTGGGG[9]，驗證了卡蘿和伊莉莎白認為「RNA模板會指示要將何種序列加入染色體末端」的直覺。

對應的人類端粒酶RNA也很快被確認出來，並被觀察到可以做為相似重複序列TTAGGG（組成人類端粒的序列[10]）的模板。所以我們現在發現RNA也存在於另一個關鍵生命程序的核心，其負責建構染色體末端，確保基因體的完整。

所有意在了解端粒與端粒酶的研究，都是起於研究人員受到好奇心驅使，急切地想知道染色體如何在基本層面上運作。最初，這部分的研究並未衍生出任何醫療應用。但之後情況有了變化，因為有其他證據顯示，端粒酶是癌症與老化的關鍵核心。

細胞層級的永生

李奧納多·海佛利克（Leonard Hayflick）生於1928年，在費城長大。大約10歲時，他收到叔叔買給他的一套吉爾伯特化學實驗組（Gilbert chemistry set）。海佛利克的父母非常信任他，他在兩人的同意下，在地下室建立了自己的實驗室[11]，並在那裡嘗試製造爆炸性化學混合物與火箭。就讀賓州大學期間，他開始探索生物學，最終於1958年進入費城的非營利威斯塔研究所（Wistar Institute）工作。海佛利克在那裡成為培養肺細胞這類正常人類細胞（不帶有病毒與癌症）的專家，他所培養的正常細胞受到製藥產業青睞，用於生產對抗德國麻疹等疾病的疫苗。

其他培養這類正常人類細胞的研究學者發現，他們培養出的細胞不久後就會停止生長，他們以為是技術問題，所以就只是丟掉這些細胞並重新培養一批。海佛利克身為傑出實驗者與細心觀察者，當他發現自己培養的細菌停止生長時，便知道其中必有端倪：正常人類細胞的分裂次數有限[12]，在細胞進入衰老狀態之前，通常可以分裂50～60次。衰老細胞並沒有死亡，它們的形狀會改變、代謝會改變，並且繼續存活，只是不會分裂。我們現在會說這樣的細胞到達了「海佛利克極限」。

海佛利克向來相信，正常人類細胞的增殖壽命有限是非常合理的。就如同胚胎與幼兒的皮膚、肝臟、骨骼與腦部細胞要持續分裂很重要，成人的細胞要停止分裂也同樣重要。這是很合理的推斷，因為另一選項就是永無止境的分裂，而這正是癌症的主要標誌。

不過，是誰負責計算一個細胞經歷了幾次細胞分裂呢？這裡必定存在著某種時鐘。端粒酶的發現讓人們認為，端粒長度可能就是負責設定海佛利克極限的時鐘。若大多數人體細胞中的端粒

---

9 Carol W. Greider and Elizabeth H. Blackburn, "A Telomeric Sequence in the RNA of *Tetrahymena* Telomerase Required for Telomere Repeat Synthesis," *Nature* 337, 331–37, 1989.

10 Junli Feng, Walter D. Funk, Sy-Shi Wang, Scott L. Weinrich, Ariel A. Avilion, Choy-Pik Chiu, Robert R. Adams, Edwin Chang, Richard C. Allsopp, Jinghua Yu, Siyuan Le, Michael D. West, Calvin B. Harley, William H. Andrews, Carol W. Greider, and Bryant Villeponteau, "The RNA Component of Human Telomerase," *Science* 269, 1236–41, 1995.

11 Stephan S. Hall, *Merchants of Immortality* (Boston: Houghton Mifflin, 2003), 17; Leonard Hayflick, "My First Chemistry Kit" [video interview], WebofStories.com, accessed September 4, 2023, https://www.webofstories.com/play/leonard.hayflick/2.

12 L. Hayflick and P. S. Moorhead, "The Serial Cultivation of Human Diploid Cell Strains," *Experimental Cell Research* 25, 585–621, 1961.

酶都會關閉，那麼不完整的端粒複製就會造成它們縮短，因而啟動老化。相反地，在四膜蟲與酵母菌（以及癌症細胞）這類持續生長的生物體中，端粒酶向來都是「開啟」的，所以端粒就能保持原有長度，永遠不會發生海佛利克極限。1990年，加拿大麥克馬斯特大學（McMaster University）細胞生物學家凱文·哈雷（Cal Harley）的研究團隊，招募卡蘿·格萊德驗證端粒縮短的假設。他們在一個影響深遠的研究中，發現某種人類皮膚細胞在老化的過程中，其端粒在每次細胞分裂時都會穩定地短少約50個鹼基對[13]。這個相關性很有趣，不過凱文與卡蘿認為「DNA的短少是否與衰老有因果關係仍屬未知」，也就是我們並不知道它是否真

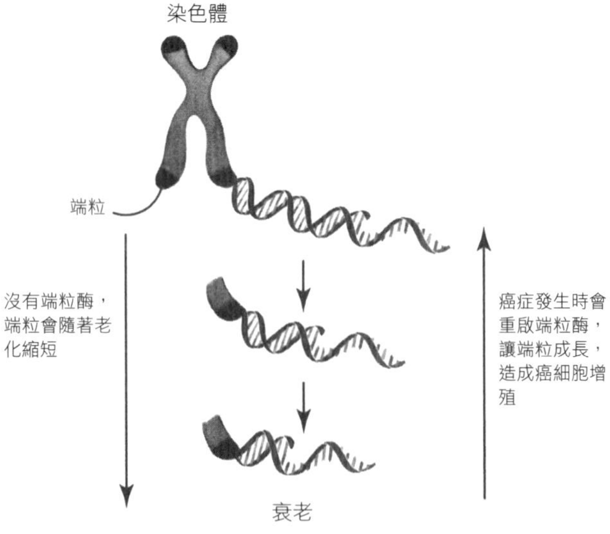
染色體
端粒
沒有端粒酶，
端粒會隨著老
化縮短
癌症發生時會
重啟端粒酶，
讓端粒成長，
造成癌細胞增
殖
衰老

圖7-2：端粒的衰老假設。人類細胞需要端粒酶來維持端粒的長度。大多數的體細胞都沒有端粒酶，所以它們的端粒會隨著細胞分裂縮短。當端粒變得非常短時，細胞會停止分裂，進入衰老狀態。重啟端粒酶是癌症發生的必要步驟之一。癌細胞會永久存在並持續分裂。

是細胞停止分裂的原因。他們的結論也很合理。

端粒酶是否真是「永生酵素」，可以增長細胞壽命呢？當科學家發現端粒酶活性增加是所有癌症的標誌[14]時，是否就表示端粒酶能成為癌症治療的重要標的呢？認為端粒酶、老化與癌症可能相關，讓生技公司與大型製藥公司開始尋找端粒酶蛋白，因為儘管端粒酶RNA非常重要，它也只能與其蛋白質夥伴一同作用。要解開端粒酶的秘密需純化整個機器（RNA以及蛋白質），這件事極具挑戰性，因為端粒酶即便在癌細胞中也相當罕見，而它又會在當中發揮最駭人的影響力。只要有些許端粒酶，就足以讓細胞不斷分裂。要克服純化端粒酶的挑戰，還需要一位名為約阿希姆·林納（Joachim Lingner）的瑞士籍博士後研究員，以及身為四膜蟲遠親的另一種微小池塘漂浮物的幫忙。

RNA數量不夠

瑞士巴塞爾（Basel）是萊茵河畔童話般的城市，位在瑞士與德國和法國邊界。它就像座驚人的藝術博物館，眾多建築物的水泥牆上展示著如藝術家羅斯科（Rothko）風格般色彩絢麗的巨幅畫作。城市中有5座橫跨萊茵河的大橋，橋之間還有威爾德·

---

13 Calvin B. Harley, A. Bruce Futcher, and Carol W. Greider, “Telomeres Shorten During Ageing of Human Fibroblasts,” *Nature* 345, 458–60, 1990.

14 N. W. Kim, M. A. Piatyszek, K. R. Prowse, C. B. Harley, M. D. West, P. L. Ho, G. M. Coviello, W. E. Wright, S. L. Weinrich, and J. W. Shay, “Specific Association of Human Telomerase Activity with Immortal Cells and Cancer,” *Science* 266, 2011–14, 1994.

瑪（Wilde Maa）、劉（Leu）、沃格爾·格里夫（Vogel Gryff）與烏里（Ueli）等4艘渡船來回穿梭，讓你無需機械動力的協助就能過橋。這些渡船很巧妙，利用水流的自然力量往一個方向航行，然後再轉動船舵，運用同樣的水流返航。在巴塞爾進行的科學研究也同樣巧妙，這裡有巴塞爾大學、弗雷德里希·米歇爾研究所（Friedrich Miescher Institute），以及全球兩大製藥公司，羅氏（Roche）與諾華（Novartis）。

1992年，我到巴塞爾大學生物中心參與一場專題研討會。期間，我遇到了約阿希姆·林納這位學生，他在瑞士頂尖RNA科學家[15]的指導下即將完成博士學業。約阿希姆問我，他能否到博爾德進行端粒酶純化研究。根據卡蘿與伊莉莎白的發現，這個酵素可能含有一個RNA次單元。它可能也含有一個或多個可驅動其DNA延長運作的蛋白質成分。1993年，我在博爾德迎來了約阿希姆，並且說服他，我們或許可以透過一種具有可讓其所有細胞永生此種強大本領的生物，在所有公司都失敗的地方取得成功。

我所選擇的生物是尖毛蟲（*Oxytricha nova*），一種與四膜蟲一起生活在全世界各地池塘中的小生物。我是從同事大衛·普雷史考特（David Prescott）那裡知道尖毛蟲的。他從博爾德校園的大學池塘中，分離出多種單細胞生物。大衛發現一件令人震驚的事：尖毛蟲有1億個非常微小的染色體，每個染色體中只有1個基因。因為每個染色體都有兩端，所以一個細胞中會含有2億個端粒。相較之下，人類只有23對染色體，所以一個正常的人體細胞中會有46條染色體與92個端粒。假設端粒酶的數量會隨著端粒的數目增加，那麼比起試圖從人類癌細胞中純化端粒酶的公司科學家團隊，尖毛蟲將能帶給我們超過百萬倍的優勢。

我的提案就像研究主管提出的許多「好點子」一樣，也有一些問題。約阿希姆很快就發現要養如此多的尖毛蟲並非易事。我們從在地的蘇珀國王雜貨店買來千層麵烤盤，將尖毛蟲養在其中，這些尖毛蟲會沿著烤盤底部爬行，找尋細菌及藻類。要將這些單細胞生物從牠們所吃的生物中分離出來實在耗時乏味，所以約阿希姆決定換一種生物，改用尖毛蟲的親戚小腔游仆蟲（*Euplotes aediculatus*）。這種生物以微生物的標準來看很巨大（幾乎是肉眼可見），所以當細菌及藻類被沖洗掉時，牠還能附著在薄紗棉布上。培養這些生物仍舊相當費時，所以我們僱用了科羅拉多大學的大學生來飼養牠們。他們會養藻類來餵食游仆蟲，在顯微鏡下觀察牠們，確保牠們一切無虞，然後將牠們移到乾淨的千層麵烤盤中繁殖增生。

但是，要怎麼從這些怪獸中純化出端粒酶呢？約阿希姆決定確認出它的RNA次單元，並以此做為「把手」純化完整的酵素。他與大學生合作，成功分離出游仆蟲端粒酶RNA次單元的基因[16]，也完成定序。游仆蟲端粒酶的RNA與四膜蟲的類似，但

15　這位科學家是沃爾特·凱勒（Walter Keller）。他的其中一項研究可參考：Joachim Lingner, Josef Kellermann, and Walter Keller, "Cloning and Expression of the Essential Gene for Poly(A) Polymerase from *S. cerevisiae*," *Nature* 354, 496–98, 1991.

16　Joachim Lingner, Laura L. Hendrick, and Thomas R. Cech, "Telomerase RNAs of Different Ciliates Have a Common Secondary Structure and a Permuted Template," *Genes & Development* 8, 1984–98, 1994.

並非完全相同。這符合我們的預期，因為這兩個RNA是在不同的物種中執行相同的生物功能，所以為了適應環境，它們在漫長的演化過程中也有所改變。

約阿希姆當時的想法是，以一小段與RNA次單元模板區域互補的DNA片段當做魚鉤，在破裂開放的游仆蟲細胞中釣起端粒酶。DNA魚鉤可經由互補鹼基對的形式與端粒酶RNA模板結合，如此他就能從複雜的細胞混合物中釣起RNA，而且我們想要的蛋白質仍會附著其上。這個做法的成效極佳。在冷房中進行一年的實驗後，約阿希姆首次從生物體中以生化方式純化出端粒酶[17]。（生化學家為了避免敏感的酵素受損，會在冷房中進行實

圖7.3：要純化出端粒酶蛋白質需利用它的RNA夥伴。其中的「誘餌」是與端粒酶RNA模板能夠形成鹼基對的核苷酸序列，會被捕獲的只有RNA與相關蛋白質（深色橢圓部分），其他細胞成分則被留在原地。

驗，就如同我們會將食物存放在冰箱中保鮮一樣。）

遺憾的是，我們純化出來的游仆蟲端粒酶少得可憐，只有10微克。微克是非常小的單位，只有公克的百萬分之一，就算是1公克也只有一顆葡萄乾重。我們可能只有一次機會從這些珍貴的材料中取得某些蛋白質序列，不然就又得回到冷房中待好幾個月。因此，我們需要世界級的合作夥伴。1996年春天，我們聯絡到當時還在海德堡歐洲分子生物學實驗室的馬蒂亞斯．曼（Matthias Mann），他那時剛發明了一種新的蛋白質定序法，正想用未知的蛋白質進行測試。我們寄給他無可取代的端粒酶，而他在很短的時間內就寄給我們游仆蟲端粒酶蛋白質的14個胺基酸序列片段，這些資訊足以讓約阿希姆分離出對應的基因。

其中一家熱衷於研究老化與端粒長度關係的生技公司，是位於加州門諾公園的杰龍公司（Geron Corporation；「Geron」取自「gerontology」〔老人學〕）。他們一直努力不懈地要從癌細胞中純化出人類端粒酶，卻發現事與願違。所以他們1996年8月在夏威夷大島科納海岸的哈普納海灘飯店（Hapuna Beach Hotel）舉辦了一場為期4天的杰龍端粒酶與癌症研討會。也許他們希望與會者在迷人熱帶地區與幾杯邁泰酒的助興下能放鬆心情，透露出這種會與RNA合作驅動端粒酶之未知蛋白質的關鍵訊息。

我在研討會中，與老朋友維琪．倫德布拉德（Vicki Lundblad）

---

17 Joachim Lingner and Thomas R. Cech, "Purification of Telomerase from *Euplotes aediculatus*: Requirement for a Primer 3'-Overhang," *Proceedings of the National Academy of Sciences USA* 93, 10712–17, 1996.

喝著咖啡一同聊天，維琪當時是休士頓貝勒醫學院（Baylor College of Medicine）教授。我曾在加州大學柏克萊分校擔任研究生助教，負責普通化學的實驗課程，而維琪當時是我的其中一位學生。她後來成為傑克·索斯塔克的研究生，之後又擔任伊莉莎白·布雷克本的博士後研究員。維琪想了解酵母菌染色體末端是如何維持的基本原理。有趣的是，她才剛剛發現2個新酵母菌基因，這兩個基因不活化時，會讓酵母菌的**端粒越來越短**。因此，她將這些基因命為Est（ever shorter telomeres）。

酵母菌是單細胞生物。正常情況下，它們會不斷增生，而且它們的端粒酶會一直處於活躍狀態。這樣看來，它們很像人類的幹細胞或癌細胞，會一直不間斷地分裂。對於維琪的新Est基因有個可能的解釋是，它們可以編碼端粒酶的關鍵片段。將這些基因剔除後，酵母菌的端粒在每次細胞分裂時就會縮短，造成細胞老化或衰老。維琪的Est基因DNA序列跟過往所發現的都無法配對，所以她不知道下一步要怎麼走。我告訴她我的游仆蟲實驗結果，我們都懷疑我們可能正在追尋同樣的目標。在我們討論要交換基因序列時，來自洛克斐勒大學的著名端粒科學家蒂蒂亞·德朗厄（Titia de Lange）正在一旁慢慢倒著咖啡。她鼓勵我們多接觸，也很想知道結果。

我與維琪還在夏威夷時，約阿希姆在博爾德有了驚人發現。他看著新游仆蟲端粒酶蛋白序列時，有種似曾相識的奇怪感受。他曾經看過這個序列，或至少非常類似的序列，那是來自人類免疫缺乏病毒（愛滋病毒）著名反轉錄酶的序列。為什麼我們的端粒酶蛋白會與愛滋病的關鍵蛋白質相似呢？約阿希姆越想越覺得合理。端粒酶就像愛滋病毒一樣，必須運用RNA模板合成其DNA，而反轉錄蛋白質能夠驅動這個過程。

我從夏威夷返回博爾德後，便讓約阿希姆連絡維琪在貝勒醫學院的學生提姆．休斯（Tim Hughes）。目標是去比對游仆蟲與酵母菌的基因序列，看看當中是否存在可能推動合作的基礎。結果確實是有的。酵母菌Est2蛋白與較大的游仆蟲蛋白明顯可以配對，特別是我們假設是反轉錄酶的那一段序列。但酵母菌和游仆蟲不同，沒什麼可用的分子遺傳工具，因此我們可以取代酵母菌的一個基因，製造出多個版本，看看哪些版本有效，哪些無效。

我們開始熱切且緊密地合作。我們建構出只在約阿希姆確認出的反轉錄酶序列上產生突變的酵母菌Est2基因。我記得某天下午我走進實驗室時，看到我們的實驗室成員拿著一個聯邦快遞信封，讓約阿希姆把裝有DNA的試管放進去。接著他便拿著信封跑下樓攔截當天最後一個快遞收件員。這些試管將前往休士頓進行端粒分析。

幾個月後，一切都解決了。在我們假設是驅動端粒延長的Est2蛋白區域，就算只有一個胺基酸發生突變，都會造成酵母菌端粒縮短，讓酵母菌進入衰老狀態。我們親眼目睹這些酵母菌無法控制地老化了。也就是說，維琪的酵母菌蛋白以及我們相關的游仆蟲蛋白，對活體細胞中端粒的延長至關重要。

雖然發現揭止老化過程的一些秘密成分讓人興奮，但我們的發現只適用於酵母菌與池塘漂浮物，至少在當下是如此。這些新發現能夠應用到人類身上嗎？要驗證端粒酶、老化與癌症之間的關係，就需要用到人類端粒酶蛋白，也就是卡蘿與伊莉莎白所發現的RNA關鍵夥伴。

這時還是人類基因體計畫的早期階段，每天都有新DNA序列匆忙發表出來。在我們投稿《科學》期刊（*Science*）的論文[18]發表前不久，一段與游仆蟲和酵母菌端粒酶非常匹配，但尚未被確認的人類DNA序列，出現在我們實驗室的電腦螢幕上。這將會是尋找人類端粒酶蛋白的關鍵。不過一旦我們發表論文，其他人必定也會發現此關聯性。我們只比全球其他正在分離這個人類基因的地方領先數週的時間。比賽開始了！

麻省理工學院懷海德研究所（Whitehead Institute at MIT）的羅伯特．溫伯格（Bob Weinberg）是世界最知名的癌症生物學家之一，他領導了一個尋找人類端粒酶基因的團隊。像是命中注定般，我成了懷海德科學顧問委員會一員。在新罕布夏州白山舉辦懷海德研究所年度度假會議期間，我與溫伯格的博士後研究員克里斯．康特（Chris Counter）以及麥特．梅爾森（Matt Meyerson）就他們的海報交換了意見，並了解到他們正如火如荼地追蹤人類端粒酶。我說了「你們可能需要一個新題目，因為我們已經做出來了」之類的話。對兩位才華洋溢且雄心勃勃的博士後研究員說出那番話實在不太明智，他們立即加倍努力了。

最後，我們的實驗室勝出，但贏得並不多。我們描述人類TERT（端粒酶反轉錄酶）基因的論文[19]發表在1997年8月15日的《科學》期刊中。一星期後，溫伯格的團隊在《細胞》期刊（*Cell*）上發表了一篇關於人類TERT基因的精彩論文[20]。無論是在實驗室裡或活體細胞中，將RNA次單元與TERT蛋白混合，確實可以活化端粒酶。[21]

你喜歡老化還是永生？

有了人類端粒酶的RNA及TERT蛋白成分，我們終於可以驗證端粒酶是否設定了海佛利克極限時鐘的想法。得到這個期待已久的答案的第一批科學家是，伍迪・萊特教授（Prof. Woody Wright）與他在達拉斯德州大學西南醫學研究中心（UT Southwestern Medical Center）的同事，以及與他們協作的杰龍公司科學家。他們將TERT基因置入正常的人類視網膜細

---

18 Joachim Lingner, Timothy R. Hughes, Andrej Shevchenko, Matthias Mann, Victoria Lundblad, and Thomas R. Cech, "Reverse Transcriptase Motifs in the Catalytic Subunit of Telomerase," *Science* 276, 561–67, 1997.

19 Toru M. Nakamura, Gregg B. Morin, Karen B. Chapman, Scott L. Weinrich, William H. Andrews, Joachim Lingner, Calvin B. Harley, and Thomas R. Cech, "Telomerase Catalytic Subunit Homologs from Fission Yeast and Human," *Science* 277, 955–59, 1997.

20 Matthew Meyerson, Christopher M. Counter, Elinor Ng Eaton, Leif W. Ellisen, Philipp Steiner, Stephanie Dickinson Caddle, Liuda Ziaugra, Roderick L. Beijersbergen, Michael J. Davidoff, Qingyun Liu, Silvia Bacchetti, Daniel A. Haber, and Robert A. Weinberg, "hEST2, the Putative Human Telomerase Catalytic Subunit Gene, Is Up-Regulated in Tumor Cells and During Immortalization," *Cell* 90, 785–95, 1997.

21 Scott L. Weinrich, Ron Pruzan, Libin Ma, Michel Ouellette, Valeric M. Tesmer, Shawn E. Holt, Andrea G. Bodnar, Serge Lichtsteiner, Nam W. Kim, James B. Trager, Rebecca D. Taylor, Ruben Carlos, William H. Andrews, Woodring E. Wright, Jerry W. Shay, Calvin B. Harley, and Gregg B. Morin, "Reconstitution of Human Telomerase with the Template RNA Component hTR and the Catalytic Protein Subunit hTRT," *Nature Genetics* 17, 498–502, 1997. See also Kathleen Collins and Leena Gandhi, "The Reverse Transcriptase Component of the *Tetrahymena* telomerase Ribonucleoprotein Complex," *Proceedings of the National Academy of Sciences USA* 95, 8485–90, 1998; Tracy M. Bryan, Karen J. Goodrich, and Thomas R. Cech, "Telomerase RNA Bound by Protein Motifs Specific to Telomerase Reverse Transcriptase," *Molecular Cell* 6, 493–99, 2000; Gaël Cristofari and Joachim Lingner, "Telomere Length Homeostasis Requires That Telomerase Levels Are Limiting," *EMBO Journal* 25, 565–574, 2006.

胞中（我們已經知道這些細胞原先就有端粒酶RNA，但沒有TERT），發現細胞開始無限增生。[22]相較之下，沒有TERT的視網膜細胞停止分裂，並在數量倍增50～60次後展現出衰老的標誌。這提供了令人矚目的證據，顯示縮短的端粒確實可以做為衡量海佛利克極限，以及活性端粒酶防止老化的標準。這種技巧現在被應用在生物醫學研究與產業上，來防止人類細胞在培養箱中生長時老化。若你希望你培養的人類細胞持續增生，只需加入TERT基因即可。

端粒酶可以讓人類細胞永生，讓細胞在實驗室中持續分裂且不會衰老，已是科學事實。但最糟糕的是，有人就此推測增加端粒酶就能延長人類壽命。「若我們的細胞不會死亡，我們就不會死亡」的想法太過簡化了。這又帶著我們回到我展示櫃中「延長壽命」的端粒乳霜，以及「臨床證實可以延長端粒」的「端粒酶活化劑」藥丸。因為這些藥丸與乳霜的成分是天然植物的產物，所以它們可用保健食品的類別來販售，無須經過美國食品藥物管理局批准藥物所需的安慰劑對照臨床試驗。也就是它們事實上**並未**「經過臨床實證」。

但是，讓我們想像一下，若是這些藥丸與乳霜就像廣告所言真能防止我們的端粒縮短，避免我們的細胞衰老呢？這真的是一件好事嗎？真的很難想像若我們所有的細胞一直持續不斷分裂會發生什麼事。不過，若有人願意冒險一試，他可能會變成一個持續不斷變大的大巨人。或是，由於癌症與細胞持續分裂有關，所以我們假想中的這些端粒酶活化者也可能會死於巨大腫瘤。

因此，若想從中受益，就得更精確地控制端粒酶活性與端粒長度。若我們有一天能夠明瞭如何將這項研究化為實際的治療方法，那麼在兩種情況下或許可以帶來拯救生命的深遠影響。

首先是與幹細胞有關的情況：幹細胞的功能是補充我們體內耗損的細胞，因此它得在我們有生之年持續分裂。有少數人士的端粒天生就非常短，比同齡人的端粒短上99%。因此端粒只要縮短幾次，他們的幹細胞就會衰老，使得它們無法維持重要組織的運作。一種名為「先天性角化不全症」（dyskeratosis congenita）的遺傳性疾病，正是這種問題所引發。患者會出現不正常的皮膚色素、手指甲與腳趾甲變形、口腔傷口與牙齒問題，許多人後續還會因貧血而死亡。更進一步的分析顯示，這些患者負責端粒酶其中一個成分的基因發生了突變，造成需要持續分裂的細胞衰老。同樣地，再生障礙性貧血（aplastic anemia）這個許多患者常有的血液疾病，以及肺部纖維化這個讓人虛弱的肺部疾病，都是端粒酶過少以及端粒縮短造成。若有一種可以延長幹細胞端粒的安全方法，這些患者都將因而受益。若我們可以開發出能夠刺激端粒酶增加的可靠藥物，下一個挑戰就是讓藥物主要作用在幹細胞上。

第二種情況則是第一種情況的相反面。大多數癌細胞一開始都是正常細胞，只是發生了一些致命的突變，造成它們開始快速

---

22 Andrea G. Bodnar, Michel Ouellette, Maria Frolkis, Shawn E. Holt, Choy-Pik Chiu, Gregg B. Morin, Calvin B. Harley, Jerry W. Shay, Serge Lichtsteiner, and Woodring E. Wright, "Extension of Life-Span by Introduction of Telomerase into Normal Human Cells," *Science* 279, 349–52, 1998.

分裂。在90%的人類癌症中，端粒酶都會被重啟，並讓細胞有效地永生。以下就舉一個例子來說明這些腫瘤細胞有多頑強：1951年從巴爾的摩著名癌症患者海莉耶塔．拉克斯（Henrietta Lacks）腫瘤中取出的第一個永生細胞株所產生的海拉細胞（HeLa cells），就具有活化的端粒酶，而且70年後在全球數千個實驗室中仍然存活著。若將所有被培養出來的海拉細胞以首尾相接的方式排列起來，估計可達到1億公尺長，足以繞地球3圈。[23]

由於端粒酶賦予腫瘤細胞如此駭人的力量，科學家希望能發現可以抑制而非強化腫瘤端粒酶的方法，或是在一開始就能制止端粒酶被啟動的方法。但要這麼做，科學家得先解決另一個謎題：腫瘤中的端粒酶是如何重啟的。

小小契機，大大不同

21世紀初期，全球各地的科學家就已完成腫瘤中的TERT基因定序，但他們找不到可以解釋TERT如何被啟動的突變。直到黃威龍出現。

威龍是台灣移民後代，在美國奧克拉荷馬州長大。他在聖路易華盛頓大學（Washington University in St. Louis）取得碩士學位，並於哈佛醫學院取得博士學位。2012年起，他開始在波士頓丹娜法柏癌症研究所李維．加勒威（Levi Garraway）的實驗室擔任醫學研究員。李維是運用因美納公司（Illumina）強大新技術對腫瘤DNA進行定序的領導者。他的實驗室成員正在尋找可能驅動癌症的突變，也就是可能成為藥物介入的標的。

實驗室中已有大量的黑色素瘤基因體序列，他們也從這些序列中得到關於此種皮膚癌的有用資訊。不過威龍在重新審視這些資料時，很快就意識到TERT基因中正在發生某些有趣的事。19個黑色素瘤樣本中，有17個在同樣的位置上出現單一鹼基對突變。這不在大家已經找過的基因編碼區域，而是在名為「啟動子」（promoter）的基因區域中。這裡之所以被命名為啟動子，是因為此區域會啟動DNA轉錄至mRNA。看起來這個突變會為「轉錄因子」（transcription factor）這個蛋白質創造出一個結合點，而這個結合可能會驅動基因轉錄。是否就是這個基因錯誤導致端粒酶重新啟動，為癌症提供了生長空間呢？

威龍的實驗室同事對此有所質疑。他們認為一種致癌突變幾乎不可能以如此高的頻率出現。也許這是一個技術錯誤？也許高科技DNA定序儀在這個特定序列上出了錯，造成「大量」誤讀？[24]

因此，威龍改用老派方法對DNA樣本進行定序，由於這種方式無須用到高科技定序儀，若定序儀真的有問題，也不會受影響。他花了一整晚進行實驗，隔天就有了答案。大多數的黑色素瘤DNA序列，確實在他先前看到的TERT基因同個位置上出現突變。不僅如此，他將同位患者並未癌化的血液樣本進行DNA定序時，發現DNA中沒有一個TERT基因序列具有這個突變。

---

23 Rebecca Skloot, *The Immortal Life of Henrietta Lacks* (New York: Crown, 2010), 2.

24 2022年12月8日，與加州大學舊金山分校的黃威龍進行的線上作者訪談。

換句話說，這是癌症特有的突變，所以不是DNA定序儀出錯，而是本來就如此。

威龍與李維緊接著發現，單一鹼基突變的確會推動TERT基因啟動轉錄。之後威龍與其他人也幸運地發現，許多其他癌症也是因為完全相同的突變，啟動了TERT以及端粒酶而出了錯[25]。相當值得注意的是，這種突變每年在全球各地會獨立發生數十萬次。這大概跟許多其他突變出現的頻率類似，只是其他突變不會驅動腫瘤發展，所以隨著時間過去就會被削弱。

TERT啟動子突變的發現具有重要的診斷應用。對多種癌症而言，TERT啟動子突變意味著更凶猛的病況[26]，若患者想活下來就須積極接受治療。因此，尋找這個基因可以協助醫生制定治療計畫，對於沒有此種突變的患者，或許就能推薦較為保守的療法，以避免化療會讓人變得虛弱的一些副作用。

患者受惠於這些診斷應用的同時，如何將這項研究轉化為有效治療法的探索也在持續進行。其中一項挑戰是抑制腫瘤中、但不抑制到幹細胞中的端粒酶，因為幹細胞也得仰賴端粒酶才能存活。與我們所有的RNA故事一樣，了解生物學（其中的機制）對醫療介入同等重要，但無法保證一定會成功。從做出科學發現到將其轉換成治療方法，往往是一條漫長艱辛之路，而端粒酶的探索仍在進行中。

我們RNA旅程的下一站是RNA干擾，此方面在將基礎發現轉換為療法的進程上要快得多了。基礎研究何以會如此重要且振奮人心，部分原在於即便我們對RNA本質有了新發現，也永遠無法預料到接下來將會出現哪些醫療應用。

25 Franklin W. Huang, Eran Hodis, Mary Jue Xu, Gregory V. Kryukov, Lynda Chin, and Levi A. Garraway, "Highly Recurrent TERT Promoter Mutations in Human Melanoma," *Science* 339, 957–59, 2013. See also Susanne Horn, Adina Figl, P. Sivaramakrishna Rachakonda, Christine Fischer, Antje Sucker, Andreas Gast, Stephanie Kadel, Iris Moll, Eduardo Nagore, Kari Hemminki, Dirk Schadendorf, and Rajiv Kumar, "TERT Promoter Mutations in Familial and Sporadic Melanoma," *Science* 339, 959–61, 2013.

26 Matthias Simon, Ismail Hosen, Konstantinos Gousias, Sivaramakrishna Rachakonda, Barbara Heidenreich, Marco Gessi, Johannes Schramm, Kari Hemminki, Andreas Waha, and Rajiv Kumar, "*TERT* Promoter Mutations: A Novel Independent Prognostic Factor in Primary Glioblastomas," *Neuro-Oncology* 17, 45–52, 2015.

第八章：當線蟲扭動時

徐思群（SiQun Xu）拿著移蟲針，正熟練地將微小的線蟲從培養皿中移到顯微鏡載玻片上的黏稠洋菜膠上。如果你在1997年6月站在他身後看他工作，你可能會懷疑真的有任何東西被取出或移動。這些線蟲是透明的[1]，比人的睫毛還細，而且只有一毫米長，所以需要銳利的眼睛才看得到牠們。他一把10隻線蟲排好放在玻片上，便在顯微鏡的目鏡下，用一根極細的玻璃針刺穿第一隻線蟲的表皮，插入其性腺之中，並注入少量溶解的RNA。他順著成排的線蟲移動，依序為每隻線蟲注射。這個過程比穿針還難上許多，幸好思群在成為巴爾的摩卡內基研究所（Carnegie Institution）安德魯・法厄（Andy Fire）實驗室成員的數年前，曾在他的祖國中國擔任針灸師，這樣的訓練讓他能夠執行當天的任務。[2]

思群與安德魯希望，注射這些RNA可以解決困擾線蟲生物

1 2022年11月17日，薛定教授（Prof. Ding Xue）與喬伊塔・巴德拉博士（Dr. Joyita Bhadra）在科羅拉多大學博爾德分校分子細胞與發育生物學系，對線蟲顯微注射的討論與示範。

2 Andrew Z. Fire, "How Cells Respond to Genetic Change or Catching Up with Change in the Subway and in the Genome: A Bedtime Story." The Dr. H. P. Heineken Prize for Biochemistry and Biophysics (Amsterdam: Stichting Alfred Heineken Fondsen, 2004), 21.

學家的難題。我們偶然發現，可以做為脊髓性肌肉萎縮症治療方式的反義RNA——它也在1984年起成了操作基因表現的普遍工具[3]。他們的想法是經由引入互補（「反義」）RNA給mRNA，阻斷製造蛋白質的路徑。反義RNA片段會與標的RNA進行鹼基配對，遮住密碼子並阻擋蛋白質合成。能夠精準關閉基因的能力，將會是了解不同基因功能，或甚至使有害或突變基因失去活性的強大工具。

但研究人員將反義RNA應用到秀麗隱桿線蟲（*Caenorhabditis elegans*）這種常見的實驗生物時，卻沒有獲得預期的結果。許多線蟲生物學家都在探索反義RNA，包括安德魯在內的其中幾位注意到一件奇怪的事。線蟲研究學者除了注射反義RNA外，也會注射有義RNA（sense RNA）做為對照，也就是注射了標的mRNA序列上某部分的複製副本。由於C不會與C配對、A也不會與A配對等等，所以mRNA中應該不會出現鹼基配對。他們滿心認為注射有義RNA不會帶來任何效用。但讓人極為吃驚的是，他們發現有義RNA也會阻斷基因表現[4]。不管是有義還是反義RNA，**都會**產生同樣的結果，這實在不合理。

安德魯想出了解決這個問題的可能方法。他曾在麻省理工學院菲利普．夏普的實驗室中接受訓練，所以很了解RNA的特性。他也知道要純化有義或反義RNA是項挑戰，因為實驗室中用來將DNA轉錄成RNA的酵素有時會出錯：在產生標的RNA的過程中，它們也會產生一些互補鏈。每個人的有義及反義RNA製劑之所以都具有活性，是否可能是因為它們都帶有一些雙股RNA？

安德魯承認這是「有點牽強的假設」[5]，畢竟一條本身已經配對完成的雙股RNA，不就表示它無法再與其他東西進行配對，也就無法干擾mRNA的作用不是嗎？但線蟲很便宜，而且思群與安德魯又擅長將RNA注入線蟲體內，所以他們決定試上一試。他們將會非常小心地純化有義與反義RNA，以避免任何交叉感染，然後在一些線蟲身上注射有義RNA，另外一些注射反義RNA，還有一些注射等量的有義及反義RNA，以形成雙股RNA。

他們決定以一個可明顯看出功能喪失的基因做為標的。這個基因名為unc，從uncoordinated（不協調）一字的縮寫而來，這是線蟲神經系統正常發育所需的基因。unc基因突變或未活化會造成線蟲無法控制地扭動。思群與安德魯檢視被注射線蟲的後代，看看牠們的大腦是否會正常發育。線蟲是很方便研究的生物，因為牠們雌雄同體，可以同時產生精子與卵子，並在體內進行自體受精，所以無須誘騙牠們交配。

在他們注射完RNA一天後，線蟲產下卵，卵也紛紛孵化。思群與安德魯輪流透過顯微鏡進行觀察時，看到了令人興奮且

---

3 Sidney Pestka, "Antisense RNA—History and Perspective," *Annals of the New York Academy of Sciences* 660, 251–62, 1992.

4 Su Guo and Kenneth J. Kemphues, "*par*-1, a Gene Required for Establishing Polarity in *C. elegans* Embryos, Encodes a Putative Ser/Thr Kinase That Is Asymmetrically Distributed," *Cell* 81, 611–20, 1995.

5 Andrew Z. Fire, "Gene Silencing by Double Stranded RNA," Nobel Lecture, December 8, 2006, https://www.nobelprize.org/uploads/2018/06/fire_lecture.pdf; see also https://mcb.berkeley.edu/seminars/cdb2010symposium/fire_lecture.pdf.

意外的情況。首先，**只有**注射雙股RNA的線蟲所孵出的每隻幼蟲才會瘋狂扭動。[6]無論是反義RNA或有義RNA鏈都沒什麼作用，[7]只有雙股組合發揮作用，顯示之前發現單純只有反義或有義RNA會破壞線蟲基因表現的情況，也許確實是互補鏈汙染造成的結果。他們不只發現雙股RNA會以某種方式破壞基因表現（至少在線蟲身上），也發現此方式精準得令人印象深刻。似乎只有身為標的unc基因，才會受到雙股RNA影響。

科學家們得花數年的時間去解釋這些謎團。不過，安德魯看著那些扭動的線蟲時，也等於在當中看到了一座諾貝爾獎。他與麻州大學伍斯特分校癌症中心的克雷格・梅洛（Craig Mello）合作進行的研究，將會開創名為**RNA干擾**（RNA interference；RNAi）的全新分子生物學子領域。

科學家很快就會揭開RNAi是自然界中的關鍵調節程序，讓生物體在mRNA群轉錄後可以降低其活性。從線蟲到人類等動物體內都有此系統在運作，但一直沒被發現，直到安德魯・法厄和克雷格・梅洛的雙股RNA實驗才接收到此系統的訊號。RNAi為RNA如何成為生命核心提供了另一個驚人例子。不只如此，就像RNA在每個健康生命程序中都會負責攜帶訊息一樣，RNA也帶有每種疾病的訊息，擊潰特定mRNA的能力具有成為藥物的潛力，因此RNAi很快就會重新導向醫療用途。這個故事展現了RNA用於治療所伴隨而生的遠大前景與多種挑戰。而這一切都始於低等的線蟲。

沉默之聲

為什麼是線蟲？對大多數人而言，牠似乎是個不太可能選用的實驗生物，或許更像是個玩笑。但對西德尼・布瑞納來說不是。在他協助破解RNA奧秘後的1960年代，西德尼轉為關注起生物學中尚存的其中一項最大挑戰：了解神經系統。神經系統由腦部、脊髓與周邊神經所構成。周邊神經源自脊髓，其中也包括控制肌肉的運動神經元。神經系統掌管動物的動作、記憶、判斷與行為。

為了揭開神經系統的奧秘，西德尼得選擇一種實驗生物。他過去使用的生物是大腸桿菌，但大腸桿菌沒有腦部，所以無法列入候選名單。西德尼最後決定選用秀麗隱桿線蟲[8]，因為牠具有許多優點。牠是具有腦部的最簡單生物體之一。每隻秀麗隱桿線蟲的成體只有大約1,000個細胞，其中大約有300個是神經元，也就是能驅動神經系統的細胞。不僅如此，這些線蟲是透明的，所以很容易就能從顯微鏡中觀察到不同種類的細胞與細胞間的連結。最後一個優點是，這些線蟲很小，將25隻秀麗隱桿線蟲排排

---

6 Andrew Fire, SiQun Xu, Mary K. Montgomery, Steven A. Kostas, Samuel E. Driver, and Craig C. Mello, "Potent and Specific Genetic Interference by Double-Stranded RNA in *Caenorhabditis elegans*," *Nature* 391, 806–11, 1998.

7 作者註：雖然反義RNA在這些特定實驗中無法阻隔基因表現，但它在許多系統中是有作用的，例如阿德里安・克萊納與愛奧尼斯公司為治療脊髓性肌肉萎縮症所建立的系統。

8 Sydney Brenner, "The Genetics of *Caenorhabditis elegans*," *Genetics* 77, 71–94, 1974.

放好也只有1英寸（2.54公分）長，而且只需3天半就能繁衍一個世代，真是便宜又好養。

西德尼魅力十足且聰穎，還擁有喜好社交的迷人特質，當代一些最有才華也最具冒險精神的年輕科學家都跟著他一起進入了線蟲的世界，安德魯·法厄與克雷格·梅洛也都是他的門生。1980年代中期，安德魯在英國劍橋擔任博士後研究員，跟隨西德尼研究線蟲，回到美國後在卡內基研究所設立了自己的實驗室。克雷格則是於1982年時在科羅拉多大學博爾德分校，經由西德尼的另一位門生，也就是我同事大衛·赫什（David Hirsh）[9]的介紹，進入了線蟲的世界。

多虧他們的線蟲實驗，安德魯與克雷格實驗室中的研究學者發現了雙股RNA具有可干擾基因表現的強大能力。但是科學家們一開始並不了解這個過程如何運作（雙股RNA如何辨識出做為標的的單股RNA），以及類似的過程是否會自然發生。

全球各地實驗室所進行的後續實驗，很快就回答了第一個問題。科學家發現一組過去未被檢測到（或至少未被充分了解）的蛋白質，能讓雙股RNA壓制基因表現。其中一種蛋白質是適切地命名為「**切割機**」（Dicer）的酵素，它可以將長雙股RNA切成小塊的**小干擾RNA**（small interfering RNA；siRNA）。這些RNA之後會在另一種酵素的引導下結合到作用的位置上，研究學者根據1708年一艘配有50門大砲的法國戰艦「**阿格諾**」（Argonaute）為這種酵素命名。

這個名稱似乎很貼切，因為阿格諾蛋白攜帶著某種強大火砲，而且它就像一艘軍艦般四處巡航尋找標的。就這種蛋白而言，引導它進行搜尋的是一條RNA鏈，而它的標的則是一種信使RNA，其具有與「引導股」這條小干擾RNA互補的序列。加載到阿格諾蛋白上後，小干擾RNA的另一條「乘客」股被逐出，被留下的單條引導股可以自由與標的mRNA上的互補序列進行鹼基配對。接著大砲就開始作用：阿格諾蛋白是一種酵素，可經由與一條小干擾RNA進行鹼基配對，讓目標mRNA只能被無奈地固定住，達到清除與阻止目標mRNA運作的目的。小干擾RNA就有如導彈系統，指引阿格諾彈頭到達攻擊地點。

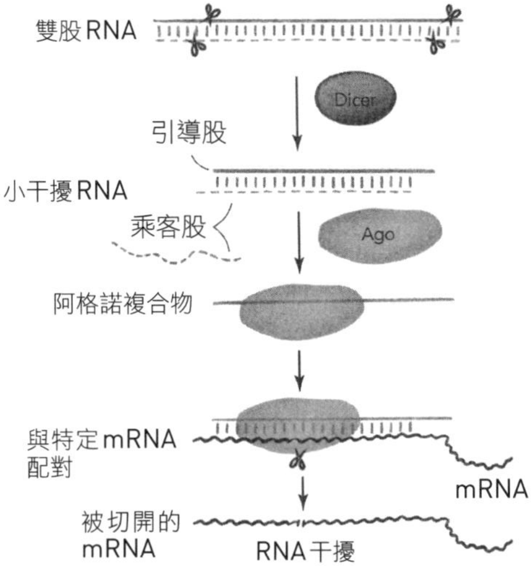

圖8-1：RNA干擾始於長雙股RNA，長雙股RNA會被細胞酵素「切割機」（Dicer）切開，以產生23個核苷酸大多已做好鹼基配對的小干擾RNA。在與阿格諾（縮寫為Ago）蛋白結合時，雙股中的一股（乘客股）被逐出，另一股（引導股）則跟著阿格諾酵素四處游走，並與能夠配對的mRNA序列結合。阿格諾酵素接著再切開（或「剪開」）mRNA，也因此停止mRNA的運作。

---

9 Craig C. Mello—Biographical," NobelPrize.org, accessed September 5, 2023, https://www.nobelprize.org/prizes/medicine/2006/mello/biographical/.

切割機蛋白與阿格諾蛋白在線蟲體內四處游動，不太可能只是為了等待研究學者出現，並為它們注射雙股RNA。RNA干擾必定有個適當的生物學功能。但那是什麼呢？其實答案已經浮現，只是需要建立連結而已。1993年，哈佛發育生物學家維克托·安布羅斯（Victor Ambros）與麻省總醫院的遺傳學家加里·魯夫昆（Gary Ruvkun）在線蟲中發現了**微小RNA**（microRNA）[10]，其於關鍵時刻關閉各種蛋白質的製造，在胚胎發育至完整生物體的過程中扮演要角。這些天然的微小RNA起初也是較大的RNA，其內部的鹼基會進行配對形成長雙股片段，就類似tRNA三葉草每一個摺疊所形成的手臂。之後它們會經過切割機蛋白處理，再被加載到阿格諾蛋白上，以抑制天然mRNA的運作。這解釋了為何線蟲會預先配備有小干擾RNA（人工注射進去的）所需的機器。

大自然已竭盡全力演化出可製造出複雜蛋白質的系統，為何還須藉由微小RNA與RNA干擾來自廢武功呢？一個生物從胚胎發育至成體，必須建造出不同的器官，例如腦部、腸道、皮膚與生殖器官。要走上這些不同的發育軌跡，光製造出新型蛋白質是不夠的。細胞也需要停止製造舊型蛋白質。而微小RNA為大自然工具箱所增加的功能就是：調節特定mRNA轉譯的能力。

每個微小RNA不只會尋找與抑制一種mRNA，而是會尋找與抑制一整組相關的mRNA，其結果就是形成一個極其複雜且盤根錯節的調節網絡。我們可以將抑制基因活性想像成阻擋車流跨越紐約市東河。包括著名的布魯克林大橋在內的幾座橋承載著進出曼哈頓的交通，這些橋就好似在胚胎細胞變成腦細胞之前需要被降低活性的那幾個基因。每座橋上的交通都可能因為曼哈頓發生的事故而受到阻礙，這些事故可能是道路維修、車禍或突發的暴風雪。微小RNA對基因活性的作用就好似這些事故。依據所在位置與其他因素，這些事故會對每座橋造成不同程度的影響。影響的程度會累加，一輛拋錨的卡車再加上突發的暴風雪，真的會癱瘓交通。同樣地，在RNA干擾上，微小RNA結合位置的數目，以及這些特定微小RNA的分佈程度，都會累加影響mRNA轉譯成蛋白質的調降程度。

這一切都是令人著迷且具開創性的研究，但直到1990年代末期，這些研究仍然局限在線蟲上。為了開發小干擾RNA在關閉基因上的醫學潛力，我們首先必須看看同樣的魔法是否適用於更複雜的生物，特別是人類身上。

線蟲之外

湯瑪斯・圖斯爾（Tom Tuschl）是關鍵人物，他是一位極有才華且具奉獻精神的科學家，他實現了RNA干擾的治療願景，讓RNA干擾成功在現實中拯救生命。我們結識於1989年，他當時是從德國巴伐利亞雷根斯堡大學（Regensburg University）來到我實驗室進行研究的交換學生。他給我既勤奮又聰明的印

10 “Tiny RNAs That Regulate Gene Function,” description and acceptance remarks for the 2008 Albert Lasker Basic Medical Research Award, accessed September 5, 2023, https://laskerfoundation.org/winners/tiny-rnas-that-regulate-gene-function/.

象，但我沒想到他後來的發現會變得如此重要。1995年～1999年間，他在麻省理工學院菲利普．夏普的實驗室中研究RNA干擾。他們最先證實了小干擾RNA並非經由某種微妙作用，而是非常直接地切下標的mRNA[11]對其進行抑制。

湯瑪斯回到德國後，很快就有了重要發現，為RNA干擾的醫療用途立下基礎。這裡的主要問題是，人體內是否存在微小RNA。若微小RNA存在，那麼使用它們的機器（包括阿格諾「切片機」蛋白）也必定存在。如果情況是如此，或許我們可以經由引入以某些疾病相關mRNA為標的的雙股RNA，來強制徵用這台機器，創造出威力強大的新藥。

不過，科學家首先得確認微小RNA不只存在於線蟲。為了做到這一點，湯瑪斯純化來自各式物種的所有RNA，接著運用膠體電泳法分離各種RNA，就像亞瑟．札格當初在我實驗室研究四膜蟲核酶時所做的一樣。他用刀片切下包含微小RNA（大約21～23個鹼基對）的那部分膠體，移除較大的核糖體RNA、信使RNA與轉運RNA。最後，他從果蠅、魚、鼠以及最重要的人類細胞中發現數十種過去被忽略的微小RNA[12]。看來大自然真的會運用RNAi來調降生物學廣大領域中的基因。

有鑑於每個微小RNA都已被編碼在基因體中，而人類基因體序列早在一年前（也就是2000年）就已初步公開，這些微小RNA究竟是如何避開我們的注意呢？在日常情況下，我們會從路燈下開始尋找遺失的車鑰匙，因為那裡的光線最強，科學界也沒有兩樣。大多數科學家都將精力投注在研究編碼蛋白質的基因，即使這類蛋白編碼序列加起來只佔人類基因體的2%[13]。圍繞這些蛋白質編碼島嶼的，是名符其實由其他DNA所構成的海洋。因此，我們很容易就會忽略微小RNA基因這種小斑點。

隨著時間過去，我們將會發現人體中有多達500種不同的微小RNA。它們被證實會啟動人體多種重要過程，包括手腳的適當發育、心肌的形成、血球細胞的適當製造（特別是免疫細胞），以及胎盤發育和妊娠。[14]當微小RNA受到干擾，會導致多種疾病。舉例來說，腫瘤細胞常會意外找到減少微小RNA的方法，以調升促進腫瘤生長的基因。以某種在正常情況下是用來控制促進細胞分裂基因的微小RNA為例，癌細胞會減少這種微小RNA的形成，以促進不正常的細胞增殖[15]。

若RNA干擾的變動會造成疾病，或許我們也可以將它用來對付疾病？

---

11 Thomas Tuschl, Phillip D. Zamore, Ruth Lehmann, David P. Bartel, and Phillip A. Sharp, "Targeted mRNA Degradation by Double-Stranded RNA In Vitro," *Genes & Development* 13, 3191–7, 1999.

12 Mariana Lagos-Quintana, Reinhard Rauhut, Winfried Lendeckel, and Thomas Tuschl, "Identification of Novel Genes Coding for Small Expressed RNAs," *Science* 294, 853–58, 2001. See the related paper by Nelson C. Lau, Lee P. Lim, Earl G. Weinstein, and David P. Bartel, "An Abundant Class of Tiny RNAs with Probable Regulatory Roles in *Caenorhabditis elegans*," *Science* 294, 858–62, 2001.

13 Alexander R. Palazzo and Eugene V. Koonin, "Functional Long Non-coding RNAs Evolve from Junk Transcripts," *Cell* 183, 1151–61, 2020.

14 Ramesh A. Shivdasani, "MicroRNAs: Regulators of Gene Expression and Cell Differentiation," *Blood* 108, 3646–53, 2006.

15 Lin He, Xingyue He, Lee P. Lim, Elisa de Stanchina, Zhenyu Xuan, Yu Liang, Wen Xue, Lars Zender, Jill Magnus, Dana Ridzon, Aimee L. Jackson, Peter S. Linsley, Caifu Chen, Scott W. Lowe, Michele A. Cleary, and Gregory J. Hannon, "A microRNA Component of the p53 Tumour Suppressor Network," *Nature* 447, 1130–34, 2007.

獵戶星座腰帶上的指引之星

湯瑪斯・圖斯爾在發現人類微小RNA的同一年，也發現長度約21個鹼基對的小雙股RNA就能關閉基因表現。換句話說，現在無須使用上百個鹼基長的雙股RNA分子來處理細胞，再用切割機蛋白將RNA切成小段了（這是科學家從一開始聽到安德魯・法厄與克雷格・梅洛的研究時就採用的做法）。相反地，科學家們可以直接改用短雙股RNA。重要的是，因為湯瑪斯曾在德國哥廷根接受過頂尖核酸化學家弗里茨・艾克斯坦（Fritz Eckstein）指導，所以他可以用化學合成的方式來製造這些RNA。若小干擾RNA可以用化學合成，那麼距離將它們做成藥就不遠了。湯瑪斯奠定了將RNA轉變成治療劑的基礎[16]，這些治療劑會以有害基因所產生的mRNA為目標。

2022年，湯瑪斯・圖斯爾、菲利普・夏普及其實驗室前同事戴夫・巴特爾（Dave Bartel）和菲利普・薩摩爾（Phil Zamore）創立了艾拉倫製藥公司（Alnylam Pharmaceuticals）。艾拉倫是獵戶星座腰帶上的一顆明亮星星，正如同北極星會指向北方，他們也希望獵戶座上的這顆星能帶領公司開發出全新的治療類別。

是什麼讓小干擾RNA成為如此具吸引力的潛在治療藥物？由於任何潛在藥物的發展，都需要解決許多問題，包括：相較可能會受到影響的正常程序，其對標靶的專一性如何？有什麼副作用，人體可以忍受嗎？有效治療劑量是多少？多久需要使用一次？傳統藥物是微小的有機分子，例如我們疼痛時服用的阿斯匹靈，或是我們用來降低膽固醇的立普妥（Lipito〔學名：

atorvastatin〕)。對這類藥物而言，要回答所有有關安全及效用的問題，就得進行長期且昂貴的研究開發計畫，且每出現一種新分子就必須重新開始。在克服所有這些障礙之前，藥物有很大的機率會失敗。理論上來說，小干擾RNA可以大大簡化這個過程。當然，第一次使用這種藥物仍會面臨許多挑戰：穩定小干擾RNA、了解要如何將藥物運送到體內的相關組織中，並確保其安全性與療效。不過一旦解決了某種應用的上述問題，那麼只要簡單改變小干擾RNA上的A、U、G與C序列以匹配新的mRNA，就能針對一種新疾病進行治療。穩定性、運送性與安全性的問題，在很大程度上已經受到「預先驗證」了。

艾拉倫選擇解決罕見疾病的問題。在美國，罕見疾病被定義為不到20萬人罹患的疾病。這些疾病也被稱為「孤兒病」，因為患者人數不夠多，無法讓製藥公司認定其值得花費幾十億美金開發藥物與進行臨床人體試驗。但總體而言，孤兒病代表著未被滿足的龐大醫療需求。我們發現有超過3,000種遺傳疾病是由單一基因突變[17]造成，而且光是美國大約就有2,500萬人罹患其中一種遺傳疾病。雖然針對3,000種孤兒病開發3,000種不同藥物可

---

16 Sayda M. Elbashir, Jens Harborth, Winfried Lendeckel, Abdullah Yalcin, Klaus Weber, and Thomas Tuschl, "Duplexes of 21-Nucleotide RNAs Mediate RNA Interference in Cultured Mammalian Cells," *Nature* 411, 494–98, 2001. See also Sayda M. Elbashir, Winfried Lendeckel, and Thomas Tuschl, "RNA Interference Is Mediated by 21- and 22-Nucleotide RNAs," *Genes & Development* 15, 188–200, 2001.

17 Jessica X. Chong, Kati J. Buckingham, Shalini N. Jhangiani . . . and Michael J. Bamshed, "The Genetic Basis of Mendelian Phenotypes: Discoveries, Challenges, and Opportunities," *American Journal of Human Genetics* 97, 199–215, 2015.

能不切實際，但我們是否有可能開發一種小干擾RNA藥物，再調整它的序列來匹配3,000種目標疾病呢？我們是否可以給予這些孤兒一個支持他們的家呢？

要將小干擾RNA轉變成有效藥物，艾拉倫團隊所面臨的第一個挑戰是，得想辦法解決如何將藥物運送至受疾病影響的細胞上。RNA本身非常不穩定，所以不是好的藥劑。它很容易就會被人體組織中含量豐富的核糖核酸酶降解，因為核糖核酸酶可以分解我們所吃食物中的RNA，或是讓細胞改變它們的基因表現模式。最重要的是，RNA無法穿過細胞用於抵禦可憎入侵者傷害的保護膜層。因此，艾拉倫的科學家借用了RNA病毒總會使用的一個伎倆：用油脂將RNA包在套膜內，而油脂可溶於人類細胞膜，讓RNA進到細胞裡。這個套膜也會保護RNA不受核糖核酸酶影響。

艾拉倫在將小干擾RNA包進套膜中的第一個臨床試驗上，選擇了遺傳性轉甲狀腺素類澱粉蛋白沉積症（ATTR）做為目標。轉甲狀腺素蛋白（TTR）是由肝臟製造，通常做為轉運蛋白質，協助維持甲狀腺素、維生素A與其他分子[18]的正常含量。但以疾病而言，有時重要的是突變蛋白質表現得有多異常，而不是正常蛋白質表現得如何。轉甲狀腺素蛋白基因的遺傳性突變，會造成轉甲狀腺素蛋白錯誤摺疊，以致它們在神經與心臟中堆積成纖維。我們大多數人都沒聽過這種疾病，因為它很罕見：全世界大約只有5萬名患者。但對這5萬人來說，這種疾病是一場災難，他們會有心臟病與神經問題，行走也常有困難，通常在最初診斷後的10年內就會死亡。

艾拉倫小干擾RNA藥物會在肝臟中累積，而肝臟正是製造轉甲狀腺素蛋白mRNA的地方，因此此種藥物能阻止突變的轉甲狀腺素蛋白製造[19]。2018年，小干擾RNA的臨床試驗完成，並取得好消息：有使用藥物的轉甲狀腺素類澱粉蛋白沉積症患者病況穩定，也確實可以看到他們的行走能力有所改善，而使用安慰劑的對照組，病情則持續惡化。[20]

但在開發藥物上，往往你解決了一個問題，又會蹦出另一個問題。在小干擾RNA治療法這個例子中，這種奈米粒子封裝藥物必須每個月以靜脈注射一次，因此患者需至醫院或輸液中心（infusion center）坐等一個小時，讓藥物經由手臂上的針緩慢滴入體內。這種方式既昂貴又費時，且時常造成病人疼痛。為了避免靜脈注射，艾拉倫的科學家找到一種經由操弄雙股RNA的皮下注射方式來輸送小干擾RNA。他們在上頭加了一種可以被肝細胞表面受體抓住的「把手」。雖然這個伎倆是專為肝細胞所設計，但它能讓小干擾RNA不用透過靜脈注射，而是可以像接種

---

18 Marcia Almeida Liz, Teresa Coelho, Vittorio Bellotti, Maria Isabel Fernandez-Arias, Pablo Mallaina, and Laura Obici, “A Narrative Review of the Role of Transthyretin in Health and Disease,” *Neurology and Therapy* 9, 395–402, 2020.

19 David Adams, Ole B. Suhr, Peter J. Dyck,William J. Litchy, Raina G. Leahy, Jihong Chen, Jared Gollob, and Teresa Coelho, “Trial Design and Rationale for APOLLO, a Phase 3, Placebo-Controlled Study of Patisiran in Patients with Hereditary ATTR Amyloidosis with Polyneuropathy,” *BMC Neurology* 17, 181, 2017.

20 “Alnylam Reports Positive Topline Results from APOLLO-B Phase 3 Study of Patisiran in Patients with ATTR Amyloidosis with Cardiomyopathy” [press release], Alnylam, August 3, 2022, https://investors.alnylam.com/press-release?id=26851.

疫苗一樣，快速注射在手臂上即可。

就像艾拉倫的科學家所期望的，他們在開發轉甲狀腺素類澱粉蛋白沉積症小干擾RNA療法上所取得的進展，讓他們在面對接下來的疾病時更為得心應手。在2018年～2023年間，他們另外開發出4種已取得美國食品藥物管理局許可的肝臟治療法，它們全都是用在治療讓人嚴重衰弱的罕見疾病。在花了16年開發出第一種療法後，他們平均每年開發出一種新治療法。當然，考慮到有3,000種單一基因疾病，前面還有很長的路要走。

日益增長的威脅

艾拉倫證實了以小干擾RNA療法治療罕見遺傳疾病的可行性。但那些常見的嚴重疾病又如何呢？隨著醫療的進步，死於傳染病的人越來越少。甚至連癌症的死亡率也下降了：2001年～2020年，美國的癌症死亡率減少了四分之一以上[21]，從每年每10萬人中有197人降到144人。但隨著人們的壽命延長，他們也更有可能罹患可怕的神經退化性疾病，例如阿茲海默症、帕金森氏症[22]，或肌萎縮側索硬化症。阿茲海默症與帕金森氏症的死亡率[23]正在快速攀升，在癌症死亡率下降的這20年間，前兩項病症卻超過了原先的2倍，肌萎縮側索硬化症的死亡率也同樣在攀升[24]。這些疾病不只讓患者變得虛弱，也摧毀了眾多家庭，他們常因為心愛的家人變成他們不認識的模樣而被憤怒、恐懼與悲傷擊垮。

所有這些疾病都與RNA有直接關係。那麼，某些小干擾RNA技術是否也能用於對抗神經退化性疾病呢？我們就以又名為「盧伽雷氏症」（Lou Gehrig's Disease；因罹患此症的一位棒球選手而得名）的肌萎縮側索硬化症為例。肌萎縮側索硬化症是極為致命的病症，因為看似健康的患者會突然發病，且其運動神經元遭受攻擊的病程發展非常迅速。在我廣大的交友圈與同事圈中，我就看過2個病例。他們當時都處於人生的巔峰時期，卻逐步失去進食、說話與行走的能力，最後連呼吸的能力也沒有。其中一人在最初症狀出現的5年後癱瘓並死亡，另一人則只存活1年。

雖然許多肌萎縮側索硬化症的案例是**偶發疾病**（sporadic disease），也就是他們並沒有家族病史，但也有其他案例是有家族病史的。生醫科學家對這些**家族**（familial）案例特別感興趣，因為它們可以用來確認該疾病的遺傳原因。造成肌萎縮側索硬化症的最常見遺傳因子，與一個有著非常專業的名稱「C9orf72」[25]基因有關。這個基因通常包含數個重複的特定基

---

21 "An Update on Cancer Deaths in the United States," Centers for Disease Control and Prevention, last updated February 28, 2022, https://stacks.cdc.gov/view/cdc/119728.

22 Samuel A. Hasson, Lesley A. Kane, Koji Yamano, Chiu-Hui Huang, Danielle A. Sliter, Eugen Buehler, Chunxin Wang, Sabrina M. Heman-Ackah, Tara Hessa, Rajarshi Guha, Scott E. Martin, and Richard J. Youle, "High-Content Genome-Wide RNAi Screens Identify Regulators of Parkin Upstream of Mitophagy," *Nature* 504, 291–95, 2013.

23 *2023 Alzheimer's Disease Facts and Figures*, Alzheimer's Association, accessed September 5, 2023, https://www.alz.org/media/Documents/alzheimers-facts-and-figures.pdf.

24 Karissa C. Arthur, Andrea Calvo, T. Ryan Price, Joshua T. Geiger, Adriano Chio, and Bryan J. Traynor, "Projected Increase in Amyotrophic Lateral Sclerosis from 2015 to 2040," *Nature Communications* 7, 12408, 2016.

25 Aaron R. Haeusler, Christopher J. Donnelly, and Jeffrey D. Rothstein, "The Expanding Biology of the C9orf72 Nucleotide Repeat Expansion in Neurodegenerative Disease," *Nature Reviews Neuroscience* 17, 383–95, 2016.

因序列：GGGGCC。但在肌萎縮側索硬化症中，DNA複製出了錯，導致大量重複序列出現，而有數千個重複的GGGGCC序列。當這個古怪的DNA轉錄到RNA時，重複的片段也會被保留。科學家仍在努力解決這種反常RNA引發的所有問題，但這種具有缺陷的RNA吸引並留住蛋白質（包括RNA正確剪接所需的hnRNP H蛋白）的方式是最大問題。由於這種RNA剪接蛋白大量附著在重複的RNA片段上，使得神經元難以正常運作，且其所仰賴[26]的其他剪接模式也會受到干擾。最終，神經元會死亡，患者的身體會喪失將訊號從中樞神經系統傳送到周邊肌肉的能力。

有朝一日，科學家是否能運用RNA干擾治療法來切碎造成肌萎縮側索硬化症的致病RNA，阻止病況加劇，甚至從一開始就防止疾病產生呢？當然，目前都還是紙上談兵。舉例來說，要將小干擾RNA傳送到神經元會比將它傳送到肝臟的挑戰要大上許多。將藥物注入血流中就能進到肝臟這類器官，但要進到腦部是個更難處理的問題。這是因為腦部有血腦屏障這個天然的防禦系統，血腦屏障是由緊密堆積的細胞所形成的一堵牆，是演化來避免毒素或其他有害物質進入腦部組織。這道屏障會過濾掉任何以RNA為基底的藥物，使其無法進入腦部，這也意味著藥物須以別種方式運送，例如將其注射入背骨**脊髓**周圍的液體中，然而這種方式既昂貴也具有侵入性。此外，因為切碎致病RNA並不能恢復正常基因的功能，所以小干擾RNA治療法可能起不了什麼療效。不過，基於這項技術的大好科學前景與日益增加的醫療需求，研究學者並未放棄將小干擾RNA治療法應用於腦部。我們需要集結所有火力來對抗肌萎縮側索硬化症與其他神經退化性疾病。

阿茲海默症是另一個極有潛力以小干擾RNA進行治療的可怕神經退化性疾病。2021年，美國有超過600萬人患有阿茲海默症，而且隨著人口老化，這個數字每年還在增加。有2種蛋白質會聚集堆積在患者腦部，而這些名為類澱粉蛋白斑塊（amyloid plaques）與tau蛋白糾結（tau tangles）的堆積物被認為會抑制神經的正常功能。第一種類澱粉前驅蛋白（Amyloid Precursor Protein）會被腦中的酵素切割，產生名為 β 類澱粉蛋白（beta-amyloid）的蛋白質副產物。這個物質會堆積在神經元之間，就像牙垢會堆積在牙齒之間一樣。第二種tau蛋白雖然不會堆積在神經元周遭，卻會堆積在神經元內部，於是造成讓受體混亂的糾結。跟所有人體蛋白質一樣，類澱粉前驅蛋白與tau蛋白都是由引導它們合成的mRNA所編碼。因此，用小干擾RNA來切割這兩種或其中一種蛋白質的mRNA以降低蛋白質的數量可能會有療效，似乎是合理的想法。

2022年，艾拉倫宣布與再生元公司（Regeneron）進行一項對付阿茲海默症的新合作計畫，再生元是一家以抗體針對Covid-19進行治療而聞名的生技公司。更具體來說，他們正在開發以類澱粉前驅蛋白mRNA為標的的小干擾RNA。他們預期降低這種蛋白質的數量，β 澱粉蛋白斑塊就會跟著減少。用新的

---

26 Haeusler et al., "The Expanding Biology of the C9orf72 Nucleotide Repeat Expansion."

「把手」替換小干擾RNA先前以肝臟為目標的把手，他們就能安全有效地壓制小鼠中樞神經系統中的類澱粉前驅蛋白[27]。

從證實一種療法對小鼠有效到建立對人類有效的治療方式，是一條漫漫長路，路上滿是坑洞，但有夢最美。畢竟，風險極高：逆轉神經退化性疾病可說是人類當前未被滿足且最具挑戰性的醫療需求。

從低等線蟲發展出小干擾RNA治療，確實是個非凡的故事，還好幸運的是，它並非獨一無二。生物醫學中的最大突破幾乎總來自想了解大自然如何運作的基礎研究，而這些研究在進行時並未考慮到任何醫療應用。安德魯·法厄與克雷格·梅洛在研究控制微小透明線蟲行為的基因時，深信可以在線蟲中運作的機制，也能應用到包括人類在內的其他多細胞生物上。為了抑制特定基因產物的製造，他們想改良其研究工具組，而反義RNA似乎很有前景。不過他們所進行的創新實驗，再加上大量的機緣巧合，讓他們發現勝出的RNA並非單股而是雙股RNA。這個戲劇性的發現，打開了全新研究領域（可以在所有多細胞生物體內〔包括人類〕調節基因路徑的微小RNA），以及全新類型治療劑的大門。

我們現在知道RNA的功能出錯時會造成的一些傷害。但我們要擔心的不只是原先正常但卻走上歧路的那些RNA（例如會造成神經退化性疾病的RNA）。至少從我們人類的觀點來看，有些RNA天生就是壞蛋。我們很快就會知道，許多造成重大疫情的病毒完全就是由RNA驅動。不過，雖然RNA有其黑暗面，但了解它如何運作，也能幫助我們了解如何以其人之道還治其人之身。

27 Kirk M. Brown, Jayaprakash K. Nair, Maja M. Janas . . . and Vasant Jadhav, "Expanding RNAi Therapeutics to Extrahepatic Tissues with Lipophilic Conjugates," *Nature Biotechnology* 40, 1500–1508, 2022.

第九章：精準的寄生物，馬虎的複製

1935年，生化學家溫德爾·史丹利（Wendell Stanley）正忙著照料在紐澤西州普林斯頓市洛克斐勒醫學研究所（Rockefeller Institute for Medical Research）溫室中的土耳其菸草植物。當幼苗長到七、八公分高時，他用沾有菸草鑲嵌病毒（tobacco mosaic virus）的紗布墊，搓揉植物的葉子。這種身為菸草產業剋星的病毒，因其會讓受感染的葉子出現平鋪式的斑點圖案而得名。19世紀末期的科學家已經發現有些感染原極其微小，可以穿過細菌穿不透的過濾器；這些感染源後來被命名為病毒。40年後，科學家對病毒是由什麼所構成仍然一籌莫展，更別提它們如何造成感染了。這就是史丹利想填補的知識缺口。

史丹利將菸草病毒搓揉在葉子上3週後，感染全面展開。他將植物切下放入冷凍庫中，再將冷凍植物放入絞肉機中磨成泥，雖然它不是什麼非常精密的科學儀器，但是非常實用。他將這些葉泥解凍，擠出汁液，這些汁液中充滿了讓他著迷的東西：病毒粒子[1]。經由電子顯微鏡，他可以看見病毒——比大腸桿菌更加

1 Wendell M. Stanley, "The Isolation and Properties of Crystalline Tobacco Mosaic Virus," Nobel Lecture, December 12, 1946, https://www.nobelprize.org/uploads/2018/06/stanley-lecture.pdf.

細短的微小美麗桿狀物。難怪病毒可以穿透擋下細菌的過濾器。

史丹利的菸草鑲嵌病毒粒子溶液非常濃稠，所以他可以讓病毒結晶[2]。就如同我們在詹姆斯．薩姆納那裡所見的脲酶蛋白質結晶，科學家們常利用結晶取得純物質：結晶中只會含有要研究的物質，其他汙染物都會被去除。史丹利分析病毒結晶的構造時，發現它們是純蛋白質，或者說，**幾乎**是純蛋白質。結晶中有94%是蛋白質，另外的6%是討人厭的RNA。

史丹利的發現被認為極為非凡。病毒具有複製與突變這種類似生物的特性，但它們卻只是簡單由蛋白質構成的化學物質。史丹利等科學家在1946年共同榮獲諾貝爾化學獎時，他發表了頌揚蛋白質威力的感言[3]，RNA仍只是個無足輕重的小配角。不過在接下來的幾十年間，這個小配角的重要性與日俱增。史丹利那時認為RNA是不重要的細節，不過我們現在看到RNA是了解與對抗許多自然界最駭人病毒的關鍵。

白吃白喝的傢伙

病毒的存在無可避免。只要存在一個具組織架構的生物系統，無論是一個細胞、一個生物或一個群體，一定會出現利用系統為自身謀利卻無法為系統附加任何價值的實體。我們稱其為寄生物。這種生物無可避免，因為當個寄生物要比當個功能完整的生物來得簡單且容易多了。因此，孕育出生物的化學原理與環境條件，也會孕育出寄生物。

因為這種生物無可避免，所以地球上的病毒數量眾多。數量多達1 × 10^{31}的病毒，是已知宇宙恆星[4]數量的百億倍之多。幸好大多數的病毒都是噬菌體，只會感染細菌。它們具有廣大的多樣性，所以當在科羅拉多大學博爾德分校上分子生物課的大學生，從土壤、當地垃圾掩埋場或動物園的獅籠純化出自己的噬菌體時，每個噬菌體都免不了會是前所未見的實體。

每隻病毒都要自我複製；每隻病毒都需要一組基因進行其感染循環。史丹利與其他科學家想解開病毒的奧秘，就必須回答其遺傳訊息是如何儲存的問題。這些訊息真的存在蛋白質中嗎？在史丹利於1946年榮獲諾貝爾獎的2年前，紐約市洛克斐勒研究所的奧斯華．艾佛瑞（Oswald Avery）宣布DNA是「轉型因子」（transforming principle）[5]，組成了肺炎細菌中的基因。然而，仍然有人認為遺傳物質或許不在核酸中，而是在更複雜的蛋白質分子中。史丹利在諾貝爾獎得獎感言中，並沒有提到這個問題。他從未對病毒遺傳物質的化學性質表態。是明顯構成病毒大部分的蛋白質（這是他獲得諾貝爾獎的主題）呢？或者可能是相對之

---

2 Wendell M. Stanley, "Isolation of a Crystalline Protein Possessing the Properties of Tobacco Mosaic Virus," *Science* 81, 644–45, 1935.

3 作者註：史丹利與詹姆斯．薩姆納及約翰．諾斯羅普（John Northrop）共同榮獲當年的諾貝爾獎。薩姆納讓尿胴這種酵素結晶，並建立「所有酵素都是蛋白質」的觀念。而諾斯羅普則協助展示了薩姆納的研究成果具有普遍性。

4 A. R. Mushegian, "Are There 10^{31} Virus Particles on Earth, or More, or Fewer?," *Journal of Bacteriology* 202, e00052-20, 2020.

5 Oswald T. Avery, Colin M. MacLeod, and Maclyn McCarty, "Studies on the Chemical Nature of the Substance Inducing Transformation of Pneumococcal Types: Induction of Transformation by a Desoxyribonucleic Acid Fraction Isolated from Pneumococcus Type III," *Journal of Experimental Medicine* 79, 137–58, 1944.

下成分較少的核酸呢？

無論如何，史丹利都低估了RNA，我們現在知道，**千萬別**低估RNA。但他在1948年前往加州大學柏克萊分校，為他的新病毒實驗室徵召團隊時，僱用了一位會給RNA應有關注的人。

海因茨·弗倫克爾·康拉特（Heinz Fraenkel-Conrat）來到柏克萊的路途非常曲折。他出生在位於現今波蘭的古城弗羅茨瓦夫（Wroclaw），並在1933年取得醫學學位。看到德國納粹的崛起，他明智地選擇到英國愛丁堡攻讀博士，然後移民到美國。他的妻舅生化學家卡爾·史洛特（Karl Slotta），則是從波蘭搬遷至巴西聖保羅，繼續進行黃體素荷爾蒙的發現，最終促成避孕藥的發明。弗倫克爾·康拉特參訪了在巴西的史洛特後就留在那裡，他們最後改為研究南美響尾蛇的毒液，從中純化出第一種神經毒素。1952年，史丹利聘請弗倫克爾·康拉特到他在柏克萊的新病毒實驗室進行研究。

在柏克萊期間，弗倫克爾·康拉特對菸草鑲嵌病毒中的少量RNA很感興趣。他以兩位德國科學家的研究發現為基礎，而這兩位科學家在1956年證實，將純化的菸草鑲嵌病毒RNA刮到菸草葉上會造成感染[6]。看起來似乎不需要蛋白質，RNA就能直接從葉子上的刮痕進入植物內。這確實是支持RNA是菸草鑲嵌病毒遺傳物質的有力結果，除非有些未被檢測出來的蛋白質跟著RNA一起進入而造成感染。

為了嚴謹驗證RNA是否就是菸草鑲嵌病毒的遺傳物質，弗倫克爾·康拉特從只會在葉子上造成局部小斑點，而非整個系統性感染的菸草鑲嵌病毒株上，純化出RNA。然後，他將這種

RNA與來自可以造成完全感染的菸草鑲嵌病毒株蛋白質混合在一起。他將這種病毒組合刮到菸草葉上後，發現出現的是小斑點型的感染。相反地，當他反向混合時，也就是將造成完全感染的病毒株RNA與造成局部小斑點的病毒株蛋白質混合在一起，則是由完全感染的病毒株勝出。決定感染結果的是RNA而非蛋白質，這也顯示RNA明顯就是病毒的遺傳物質[7]。

到底誰需要DNA？

病毒主要有2種類型。像水痘與天花這類病毒，會將自身的遺傳物質編碼在DNA中，就跟地球上的動植物及其他每種生物一樣。但許多最駭人的病毒則是由RNA組成基因，根本不需要DNA。這些RNA病毒不只包括了會造成植物疾病的那類病毒（例如菸草鑲嵌病毒），還包括了會導致人類疾病的那些病毒（例如流感、麻疹、腮腺炎、小兒麻痺、茲卡病毒、伊波拉病毒與Covid-19病毒等等不勝枚舉）。

雖然這些RNA病毒不需要DNA，但反之則不成立。DNA

---

6 A. Gierer and G. Schramm, "Infectivity of Ribonucleic Acid from Tobacco Mosaic Virus," *Nature* 177, 702–3, 1956.

7 Heinz Fraenkel-Conrat, Beatrice A. Singer, and Robley C. Williams, "The Infectivity of Viral Nucleic Acid," *Biochimica et Biophysica Acta* 25, 87–96, 1957; Heinz Fraenkel-Conrat, Beatrice A. Singer, and Robley C. Williams, "The Nature of the Progeny of Virus Reconstituted from Protein and Nucleic Acid of Different Strains of Tobacco Mosaic Virus," in *Symposium on the Chemical Basis of Heredity*, ed. W. D. McElroy and B. Glass (Baltimore: Johns Hopkins University Press, 1957), 501–17.

病毒還是需要RNA。就跟較為複雜的生物體一樣，DNA病毒會將它們的DNA轉錄到mRNA上，然後再編碼出病毒的蛋白質。這讓RNA成為所有病毒的共通點。

RNA病毒有多古老？我們已經想過，地球上第一個自我複製系統可能就是由RNA構成，因為RNA可同時做為複製訊息的訊息分子與生物催化劑。這就是RNA世界為生命起源的假設。我敢說在第一個RNA自我複製系統啟動的一天後，小小的寄生RNA片段就已經搭上便車一起複製，但這種東西卻無法為系統附加任何價值。而且地球上每產生一個新生物體，相關病毒便會接踵而來。不僅如此，病毒還能經由突變拓展宿主範圍，例如從動物到人類，這就是所謂的人畜共通感染病（zoonosis），而這也表示一直以來都有大量潛在病毒隨時伺機而動。

經過幾百萬年的演化，所有RNA病毒已經克服了共同障礙，包括如何滲入宿主細胞、如何複製自身基因體，以及如何將自己包裝成具有傳染性的後代。每隻病毒會以不同方法來解決這些問題。以SARS-CoV-2為例，這種病毒演化出棘蛋白這項特徵，棘蛋白可以進入我們鼻腔與肺部細胞表面名為ACE2的受體，就像電源插頭插入插座一樣。一旦病毒牢牢附著在細胞表面，就會設法穿過細胞的防禦層偷溜進去。這絕對不是問題。因為病毒被**脂質套膜**（lipid envelope）所包覆，而細胞也具有類似的脂質套膜，兩者可以輕鬆地融合在一起。這就像一碗雞湯麵的表面一樣：湯面上浮著一圈圈油脂，當兩圈油脂互碰，就會融合形成更大一圈油脂。現在病毒已經進到細胞中，可以隨心所欲地惡搞了。

製造更多的自己

那麼RNA病毒究竟是如何複製它的RNA基因體呢？這得看情況。有2類主要的RNA病毒：一種是像SARS-CoV-2這類的**正（+）股**（postive (-) strand）病毒，還有另一種是像流感病毒那類的**負（-）股**（negative (-) strand）病毒。正股病毒進行複製時，會先製造出負股，然後再用負股製造出更多具感染性的正股。這裡可以再次想想花園中的矮人石膏像是如何製作的：首先得反向製造出一個矮人模具，然後將石膏倒入模具中，你想要多少個矮人石膏像都可以複製出來。正股病毒也是一樣，一旦合成出互補的負股，就可以一次又一次地用來製造出正股。正股RNA病毒的另一個關鍵特徵是，會感染細胞的病毒RNA也能做為信使RNA。一旦這種mRNA進入宿主的細胞質中，就會找到人類核糖體，人類核糖體會在不知情的情況下，製造出病菌感染循環所需的蛋白質。這些蛋白質包括可以複製病毒RNA的病毒RNA聚合酶，也包括會包覆新產生粒子且讓病毒具有感染性的**殼體**蛋白（capsid protein）與棘蛋白。

菸草鑲嵌病毒是正股會所的成員。其他會感染人類的正股RNA病毒包括：小兒麻痺病毒、登革熱病毒、A型和C型肝炎病毒，以及引起普通感冒的鼻病毒。德國麻疹病毒也是一種正股病毒，它曾是危害兒童生命的禍根之一，後來因麻疹、腮腺炎與德國麻疹三合一疫苗出現，才受到大幅壓制。

相反地，所謂的負股病毒就不是準備好要進行編碼的mRNA，而是以它的互補股來進入宿主體內。換句話說，它們不是以矮人石膏像，而是以其模具的形式進入。這些病毒帶有自己的複製酶，一旦它們進入細胞，複製酶就會用負股製造出可做為mRNA的正股。這些病毒mRNA再次挾持了宿主細胞的核糖體，來製造它們本身有毒的蛋白質。所有的流感病毒都是負股，而呼吸道融合病毒（RSV）、狂犬病病毒與伊波拉病毒也都是負股病毒。腮腺炎與麻疹病毒也屬於這一類，所以三合一疫苗能保護我們免受2種負股病毒以及1種正股病毒的侵害。

一個病毒mRNA可以編碼多少種蛋白質呢？這個數字的範圍很大，不過通常不會太多。病毒是非常有效率的寄生物，它會誘騙宿主承擔感染循環中大多數的工作，自己則盡可能地少做事。菸草鑲嵌病毒就具有驚人的效率：它的RNA只有6,300個鹼基，編碼4種蛋白質，其中2種處理RNA複製，1種協助病毒在植物細胞間傳送，最後一種會形成病毒的圓柱形殼體，將RNA隔離在它的中央空腔中。小兒麻痺與流感病毒的基因體分別能編碼10與17種蛋白質。SARS-CoV-2則是真正的怪獸（不只在一個方面），其基因體可編碼29種蛋白質[8]。雖然這在病毒中算多的，但對於真正的生物來說，這只是很少的一部分。舉例來說，大腸桿菌可以編碼出約4,000種蛋白質，而人類則可以編碼出大約20,000種蛋白質。

時不時出錯

我的女兒們經常傳簡訊給我，也常因為字打太快而打錯字：「聽起來很不挫。謝謝！」幾秒後又傳來「挫 = 錯」，或是傳來

「我在三點鐘要把小孩澆醒」後又傳來「*叫」。偶爾訊息在關鍵處會出現幾個錯字，讓我完全不知道那則訊息到底是什麼意思。

病毒RNA複製也是一樣。有些錯誤可以忍受，甚至是有利的，但太多的錯誤會讓病毒無法存活。負責複製RNA的聚合酶大約在每10,000個鹼基中會出現一次錯誤。這似乎算不上是非常容易出錯，畢竟我們在日常瑣事中出錯的頻率，遠高於每10,000次中有一次。但是因為病毒基因體大約有10,000個鹼基，這樣的出錯頻率即代表RNA每次進行複製，通常都有某個地方會出錯。大多數的錯誤就是科學家所謂的鹼基替換錯誤（例如把G錯換成A），這通常會造成其中某個病毒蛋白質上的某個胺基酸出現變化。這樣的變化可能不會產生影響，也可能會阻礙病毒運作的能力，或者偶爾也有可能會改善病毒的適應力，例如讓病毒更積極地與目標細胞結合、更快速地進行複製、能夠抗衡抗病毒藥物，或躲避抗體。

伊利諾大學一位名為索爾．史皮格爾曼（Sol Spiegelman）的暴躁科學家，是最早證實病毒如何直接從錯誤中獲利的人之一。在這個有時令人覺得保守的領域中，他是位讓人耳目一新的人物，很少生化學家會像他一樣，使用「聖經」一詞來為通常枯燥的科學論文增添趣味。RNA噬菌體進入細菌後如何複製本身基因體的問題，在1961年引發了史皮格爾曼的興趣。這類複製

---

8 Chongzhi Bai, Qiming Zhong, and George Fu Gao, "Overview of SARS-CoV-2 Genome-Encoded Proteins," *Science China Life Sciences* 65, 280–94, 2022.

是病毒生存的關鍵，然而當時的科學家並不清楚其運作原理。

為了回答這個問題，史皮格爾曼需要取得一種噬菌體RNA聚合酶，這是RNA病毒用來自我複製的酵素。他發現名為Qβ的噬菌體會製造一種性能良好、穩定性佳、且易於純化的聚合酶。Qβ噬菌體是正股病毒，史皮格爾曼在試管實驗中看見它的酵素如何以與病毒一起進入的RNA做為模板，製造出互補股，再運用互補股源源不絕地產生出多個噬菌體RNA。正股製造出負股，負股再產生出正股。

史皮格爾曼在他最富洞見的實驗中，大膽捨棄使用細菌甚至病毒。他開始將Qβ RNA與聚合酶簡單地混合在一起，在實驗室中觀察RNA的複製與演化，這只花了一天的時間。他的實驗幫助我們了解，複製過程中的錯誤如何產出獲得新功能的變異病毒。

史皮格爾曼首批進行的演化實驗之一，是要解決一個問題：「若對RNA的唯一要求是聖經指令『**繁殖**』，而且附帶的生物學條件是要盡速繁殖[9]，那麼RNA分子會發生什麼樣的情況？」為了解決這個問題，史皮格爾曼進行了所謂的「串列傳送」實驗。他架設了一排試管，每個試管中都有一種含有RNA核苷酸的簡單鹽溶液（RNA核苷酸是用來複製新RNA的元件）。他在第一根試管中滴入一滴Qβ RNA與聚合酶混合液。20分鐘後，試管中充滿了複製的RNA。他從第一根試管中取出一滴溶液，做為「種子」在第二根試管中播種。經過幾輪的20分鐘複製後，他將複製時間減到15分鐘，然後再減至10分鐘，再來是5分鐘，以增加此系統的壓力，這樣每次最快進行複製的分子就會勝出，最終就會接管整個群體。

經過一天的演化後，史皮格爾曼觀察最後一根試管中的情況。原先含3,300個核苷酸的病毒RNA，已將自己縮減成只帶有數百個核苷酸的「小怪物」[10]。他意識到Qβ聚合酶出了錯，偶爾會跳過其RNA模板上的一部分。在快速複製具有優勢的環境條件下，需要複製的鹼基較少竟成了選擇性優勢，所以小怪物因此勝出。

史皮格爾曼測試了其他選汰壓力。當他將一丁點核糖核酸酶加到正在複製的噬菌體RNA中時，就如你所期待的，大多數的RNA會降解並消失——RNA真的很討厭核糖核酸酶。但有一種罕見的RNA分子剛好在核糖核酸酶偏好切開的位置出現了突變，因而讓這個位置受到某種程度的保護。經過幾輪的複製後，一種抗核糖核酸酶的突變體出現，並可以在核糖核酸酶存在的情況下愉快地複製[11]。

這種噬菌體RNA的演化，向我們預告了最近所見SARS-CoV-2病毒RNA的情況。SARS-CoV-2病毒在席捲全球時，發生了無數次突變，事實證明其中一些突變帶給了它優勢。以新冠病毒Omicron變異株為例，它第一次被提報給世界衛生組織的時

---

9 D. R. Mills, R. L. Peterson, and S. Spiegelman, "An Extracellular Darwinian Experiment with a Self-Duplicating Nucleic Acid Molecule," *Proceedings of the National Academy of Sciences USA* 58, 217–24, 1967.

10 D. L. Kacian, D. R. Mills, F. R. Kramer, and S. Spiegelman, "A Replicating RNA Molecule Suitable for a Detailed Analysis of Extracellular Evolution and Replication," *Proceedings of the National Academy of Sciences USA* 69, 3038–42, 1972.

11 Kacian et al., "A Replicating RNA Molecule."

間是2021年11月，距離發現Covid-19首例已將近2年。與原始的武漢病毒株相比，Omicron在棘蛋白上出現了35處突變，每個突變都造成一個胺基酸變化。這些突變的胺基酸增強了棘蛋白的附著能力，使其更易與人類細胞外部受體結合，這可以解釋為何Omicron比起早期的變異株更具感染力[12]。這些突變同時可以讓病毒更能抵禦針對過去棘蛋白版本所製造的抗體，使得治療性抗體與疫苗的效果降低[13]。

這並不代表病毒**試圖**躲避抗體。而是它的複製酶出了錯，讓它於無意之間一直測試新的變異株。那些恰好可以躲避人類免疫反應的突變病毒，就能活得長久並興盛繁衍。

請再次將我包覆起來

太空人在太空艙中繞行地球，太空艙有2項主要功能：保護太空人免於遭受來自外太空的危險，以及在太空人完成任務後引導他們返回地球。跟太空人一樣，病毒RNA無法裸身四處移動，它需要被包覆在殼體中。殼體保護RNA免於遭受人類組織中的危險（例如核糖核酸酶），並會引導病毒RNA前往目標細胞。具有殼體是非常重要的事，所以病毒RNA會運用它有限基因體中的一部分，來編碼出可與RNA組裝形成殼體的一種或數種蛋白質。

如同史皮格爾曼實驗所證實，病毒受到壓力時會縮小自己的基因體以求快速複製，所以每個基因都很珍貴。因此，病毒會以最少量的蛋白質元件建構自身殼體。菸草鑲嵌病毒只用1種蛋白質元件來建造殼體，每個蛋白質分子都會牢牢附著在前面的蛋白質分子與下方的蛋白質分子之間。這些蛋白質排列成弧形，最終形成一個中心有洞可以容納RNA的圓柱管。建造過程就好像是用相同的楔形樂高積木建造一座牆，將它們拼在一起讓牆成為環狀，就會形成一個中空管了。

噬菌體Qβ會製造出形狀截然不同的殼體。古希臘人在探索幾何學時，想出了柏拉圖立體（只由三角形組合形成的立體結構）。最簡單的柏拉圖立體是二十面體，它是由20個三角形所構成近似球體的結構。但早在古希臘人之前，噬菌體Qβ就以近乎完美二十面體的形狀來組裝自己的小房子了。噬菌體編碼複製出同一種蛋白質的178個副本，然後這些蛋白質再自我組裝形成近似二十面體的結構，病毒RNA就住在這個小小的結構中。然後第二種蛋白質的唯一副本會將這個結構密封起來。這個蛋白質也會與大腸桿菌上的毛狀突起結合，協助病毒辨別並進入細菌這個獵物中。

對一些RNA病毒而言，殼體提供了足以媲美「太空艙」的空間，可以保護其RNA並將其運送到目的地。不過在其他病毒中，殼體還會被另一層油性脂質分子所形成的套膜所包覆。這

12 Lok Bahadur Shrestha, Charles Foster, William Rawlinson, Nicodemus Tedla, and Rowena A. Bull, "Evolution of the SARS-CoV-2 Variants BA.1 to BA.5: Implications for Immune Escape and Transmission," *Reviews in Medical Virology* 32, e2381, 2022.

13 Masaud Shah and Hyun Goo Woo, "Omicron: A Heavily Mutated SARS-CoV-2 Variant Exhibits Stronger Binding to ACE2 and Potently Escapes Approved COVID-19 Therapeutic Antibodies," *Frontiers in Immunology* 12, 830527, 2022.

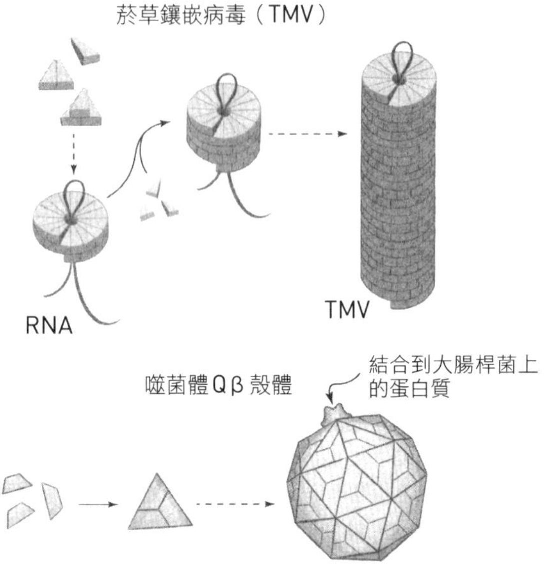

圖9.1：每隻病毒都會製造獨特的殼體以包覆和保護自己的RNA基因體，並協助它感染細胞。菸草鑲嵌病毒RNA會編碼出一種楔形蛋白質，這種蛋白質會與RNA一同組裝形成長圓管。噬菌體Qβ的RNA會同時編碼殼體蛋白與第二種蛋白，並複製許多殼體蛋白副本組裝成二十面體的外殼，將RNA包覆其中。而第二種蛋白質則會與大腸桿菌結合，協助病毒RNA進入大腸桿菌。

種套膜RNA病毒包括了流感病毒、呼吸道融合病毒，以及包括SARS-CoV-2病毒的冠狀病毒。這種病毒不用製造自己的脂質套膜，而是在宿主細胞中進行自我組裝時偷來。用肥皂與水來洗手可以非常有效地保護我們免於套膜病毒的侵害，因為肥皂會溶解病毒套膜中的脂質，進而摧毀病毒。只用水來洗油膩的手並不太有效率，因為沖過水後，油脂仍會殘留在手上。但是肥皂會溶解油脂，就像它能溶解套膜病毒一樣。

套膜病毒穿上新的油脂外套時，會用自己製造的一種或多種蛋白質來裝飾外套，例如SARS-CoV-2病毒上的棘蛋白會有90

個突起，看起就像皇冠上突起的點。棘蛋白會與人類肺部、鼻腔、小腸、皮膚或腦部細胞表面的特定受體結合，讓病毒得以進入。棘蛋白也是疫苗產生之抗體的目標。

成熟的病毒粒子會在細胞進行**胞吐作用**（exocytosis，細胞發展來釋出它本身的某些蛋白質）時順便搭便車離開細胞。一隻SARS-CoV-2病毒進入細胞後，大約在8小時內，總共能產生600隻左右的後代[14]。若每隻後代持續感染其他細胞，那麼光一隻病毒在16個小時內就能產生36萬隻病毒，24小時內就能產生

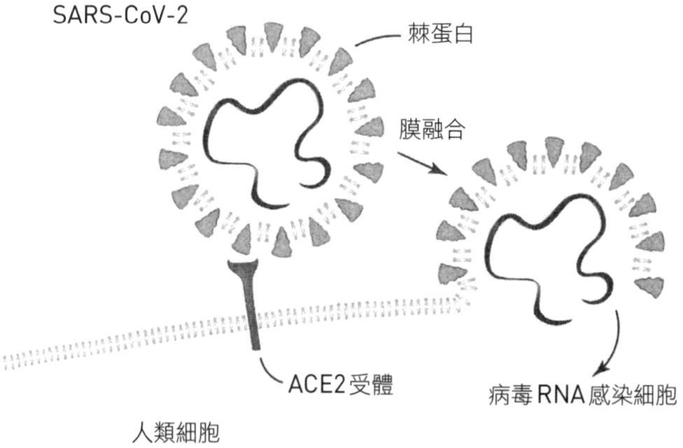

圖9.2：SARS-CoV-2這類的套膜病毒感染人類細胞的方式是，經由與人類細胞表面的受體結合，並融入細胞膜中，讓病毒RNA（圖上深色曲線）進入人類細胞。ACE2受體位於細胞膜上，由脂質所構成。每個脂質都有1個帶負電的頭部，以及2個會相互作用以形成雙層的脂肪「尾部」。

---

14 Yinon M. Bar-On, Avi Flamholz, Rob Phillips, and Ron Milo, “SARS-CoV-2 (COVID-19) by the Numbers,” *eLife* 9, e57309, 2020.

2億1,600萬隻病毒。難怪我們受到病毒感染後，很有可能從完全健康快速變成癱軟無力的狀態[15]。

我們常說病毒就是一種禍害。它造成我們以及家人朋友的不便，讓我們欲振乏力，也干擾我們的生活節奏。病毒有時甚至會造成我們之中一些人死亡。雖然如此，我們也很難不佩服它們的效率。它們只用數十個基因就可以把全世界搞得天翻地覆，真的是很驚人。當然，它們完全依賴不知情的宿主來參與並提供它們感染循環所需的大多數東西。它們是完美的剝削者。

病毒的適應性非常好，這又為它們添了一筆成就。它們在複製RNA時會產生許多錯誤，以致大多數病毒個體與它們的手足都會有細微的差異。所以當它們所處的環境改變時（例如被人體免疫系統的抗體或抗病毒藥物圍攻時），通常其中都會有一些病毒剛好可以解決這項新挑戰。

唯有了解病毒是由什麼所構成以及它們如何運作，我們才能有效地對抗它們。正如Covid-19疫情讓我們了解到，對抗RNA病毒的最佳方式就是使用RNA疫苗。憑藉著人類的能耐，我們已經可以運用RNA本身的天賦來對抗它。

15 Brandon Malone, Nadya Urakova, Eric J. Snijder, and Elizabeth A. Campbell, "Structures and Functions of Coronavirus Replication–Transcription Complexes and Their Relevance for SARS-CoV-2 Drug Design," *Nature Reviews Molecular Cell Biology* 23, 21–39, 2022.

第十章：RNA對上RNA

約納斯・沙克博士（Dr. Jonas Salk）在1950年代研發出第一種有效對抗小兒麻痺的疫苗後，獲得機會在加州拉荷亞27英畝的海濱地建立他夢想中的研究中心。沙克延請建築師路易斯・康（Louis Kahn）創造出「連畢卡索都想參觀」[1]的地方。今日，這座由柚木與水泥磚塊組成的建築，成了聞名於世的建築指標與尖端科學堡壘。但鮮少人知道沙克研究所（以發明小兒麻痺疫苗拯救世界之人的姓氏命名）同時也是孕育mRNA疫苗概念的誕生地，其在多年後協助控制了另一場疫情。這段歷史一直不為人詳知，因為從革命性想法到可以實際拯救生命的這段路程，比沙克研究所所鳥瞰的岩石海岸線更加曲折。

1989年，羅伯特・馬龍（Bob Malone）是沙克研究所因德爾・維爾瑪（Inder Verma）實驗室的研究生。維爾瑪是利用病毒將基因引入人類細胞的專家。這類技術是新興領域**基因治療**（gene therapy）的關鍵，其使用DNA治療或預防疾病，最常見的方式是給予病人一組健康基因的新副本，來彌補原有缺陷的基因。這個方式所針對的主要目標，包括了鐮狀細胞貧血症、肌肉

1 "History of Salk," Salk Institute, accessed September 5, 2023, https://www.salk.edu/about/history-of-salk.

失養症、囊狀纖維化等遺傳疾病，我們已熟知這些疾病的突變基因位置。因為基因治療有可能完全治好這類疾病，所以當時它是加州聖地牙哥周遭大學與公司的熱門研究主題。

除了基因治療，科學家當時也在研究另一個相關主題：DNA疫苗[2]。這兩種技術有著共同的基本概念：除了將有效的蛋白質分子注入人體外，也可以抄捷徑將製造蛋白質的基因導入，再仰賴人體細胞用DNA複製出mRNA，然後再製造出蛋白質。基因療法的目標在永久改變人類的基因體，但DNA疫苗不是，甚至只是（病毒或細菌）蛋白質的**暫時性**表達，卻已經足夠訓練人類的免疫系統提防不受歡迎的入侵者。

1980年代時，DNA療法具有令人興奮的可能性，但沙克研究所的馬龍在實驗室中卻看到一個潛在的重大缺陷。DNA注入人體後，並無法確切知道它會落在患者基因體中的哪個位置。這裡就以扳手為例來比擬，扳手本身是有用的工具，可以將螺帽固定在螺栓上。現在想像你隨意將一把扳手丟入車內。扳手可能會落在不會出問題的地方，像是地板、座墊、後車箱、置物箱或儀表板。但扳手也可能會落在引擎、汽車輪艙、螺旋彈簧，或傳動軸中的某個地方，而妨礙汽車運作。若扳手卡在煞車踏板下或壓在油門踏板上，汽車可能會失控。同樣的情況也可以套用在DNA療法上。若編碼外來基因的DNA隨機落在患者的基因體中，它可能會落在染色體上不重要的部分，也就不會造成傷害。但如果運氣不好，它干擾到正常基因或啟動了附近的生長促進基因，可能就會造成癌症之類的疾病。的確，在幾年後有個案例就成了頭條新聞，一位因患有嚴重複合型免疫缺乏症「泡泡男孩症」而接受基因療法的孩童，由於治療性DNA碰巧落在細胞生長促進基因附近的染色體而啟動該基因，造成他罹患白血病[3]。

馬龍與維爾瑪意識到，或許可藉由以mRNA取代DNA指示身體製造具有療效的蛋白質來避開這個問題。mRMA不會被納入患者基因體的DNA，就能盡量避免帶來令人憎惡的永久性改變。這個過程耗費30年，不過那個曾經讓人難以理解的想法，最終孕育出家喻戶曉的產物：mRNA疫苗。

即便從最保守的估計來看，mRNA疫苗在對抗Covid-19上，也已拯救數百萬人的性命[4]。如今mRNA疫苗不只開發用於對抗其他病毒（從呼吸道融合病毒到一般感冒），也用於對抗癌症。儘管mRNA疫苗的未來一片光明，甚至具革命性，人們卻對它的發展史知之甚少。跟任何公共衛生議題一樣，缺乏明確的資訊會造成困惑，並孕育出陰謀論者。

我記得mRNA疫苗第一次成為頭條新聞是在2020年的春天。新聞記者與社群媒體人士談起mRNA的模樣，就好像它是某種陌生物質，一種新藥。許多人並未意識到，雖然以mRNA

2 Ellen F. Fynan, Shan Lu, and Harriet L. Robinson, "One Group's Historical Reflections on DNA Vaccine Development," *Human Gene Therapy* 29, 966–70, 2018.

3 M. E. Gore, "Gene Therapy Can Cause Leukemia: No Shock, Mild Horror but a Probe," *Gene Therapy* 10, 4, 2003.

4 Eric C. Schneider, Arnav Shah, Pratha Sah, Seyed M. Moghadas, Thomas Vilches, and Alison P. Galvani, "The U.S. COVID-19 Vaccination Program at One Year: How Many Deaths and Hospitalizations Were Averted?," Issue Briefs, December 14, 2021, Commonwealth Fund, https://www.commonwealthfund.org/publications/issue-briefs/2021/dec/us-covid-19-vaccination-program-one-year-how-many-deaths-and.

做為疫苗確實是新的應用，但mRNA也是我們體內以及地球上所有其他生物體的每個細胞裡，天然且重要的一部分。缺乏對mRNA的知識，更加深大眾對mRNA在某種程度上具有危險性的疑慮。

然而，除了對mRNA本質的無知，疫苗出現的速度太快也造成人們對疫苗有所質疑。正常開發疫苗需要6～8年的時間，但令人驚訝的是，安全有效的mRNA疫苗因情況緊急，竟然可以在1年之內就完成構思、製造、測試，並獲得使用許可。

科學家何以能夠如此快速地完成疫苗？簡短的回答是他們沒做什麼事。雖然Covid-19疫苗以創紀錄的時間面世，但這都是建立在數十年來的科學突破上。將疫苗想成拼圖可能會有幫助。快速拼好拼圖讓人印象深刻，但其實在疫情來襲時，所有的拼圖碎片都已經擺在桌上了。這裡的挑戰在於如何將它們拼湊在一塊。而完成這幅拼圖的好處是，我們意識到自己所獲得的知識，可以重新用於開發針對新病毒與其他危及生命的疾病的mRNA疫苗。

第一片拼圖

要製作mRNA疫苗，首先必須有能力合成所需的mRNA，且最好能以一卡車、一卡車的量產出，特別是為了全球80億人口中相當大部分的人所提供的疫苗。發現第一片重要拼圖的是1980年代早期一位名為威廉．斯圖迪爾（Bill Studier）的勤奮生化學家。

斯圖迪爾生於1936年，在愛荷華州小鎮韋弗利（Waverly）

長大。他畢業於耶魯大學、在加州理工學院取得博士學位，之後在史丹佛大學進行博士後研究。1964年時，他在紐約長島的布魯克海文國家實驗室（Brookhaven National Laboratory）領導研究噬菌體T7的團隊，噬菌體T7是一種會感染大腸桿菌的病毒。

布魯克海文國家實驗室接收了二次大戰後退役的阿普屯軍營（Army Camp Upton）設施，轉型為致力發展和平使用原子能的研究中心，其中也有生物部門。在這裡，斯圖迪爾可以自由地沉醉在由好奇心所驅動的研究中，無須顧慮商業化或潛在的醫學應用需求。噬菌體T7確實符合需求。一種會感染細菌的DNA病毒，怎麼可能跟醫學扯上關係呢？

T7徵用細菌為己所用的驚人效率，吸引了斯圖迪爾的注意，T7可以將倒楣的細胞變成一間致力製造更多噬菌體的工廠。他了解到噬菌體先挾持了大腸桿菌本身將DNA複製到RNA的機器，也就是RNA聚合酶，再用它複製出噬菌體RNA聚合酶的基因。一旦噬菌體RNA聚合酶現身，它就不會在大腸桿菌的基因上浪費任何精力，因為它就是用來將負責製造噬菌體蛋白的基因複製到mRNA中。噬菌體的聚合酶具有極為非凡的專一性，因為每個噬菌體基因的開頭，都必然具有由17個DNA鹼基對所組成的特定序列（稱為「起始位點」）。這讓聚合酶可以完全忽略附近所有的細菌基因，因為細菌基因沒有這個起始位點。簡而言之，T7的RNA聚合酶是個超級有效率的RNA合成機器。

早在1981年，斯圖迪爾就預料到，T7 RNA聚合酶或許會被重新應用[5]於製造科學家感興趣的任何蛋白質的mRNA。不久後，斯圖迪爾與他的同事約翰・鄧恩（John Dunn）就證實了他的預測。他設法分離出編碼T7 RNA聚合酶的噬菌體T7基因[6]。他們將此基因置入大腸桿菌中時，整個細菌細胞內多少都充斥著T7 RNA聚合酶，因此很容易就能將其純化。斯圖迪爾與鄧恩注意到，T7 RNA聚合酶可以在實驗室中用來製造特定RNA，並在細胞中主導特定蛋白質的合成。[7]不過他們壓根沒有想到，SARS-CoV-2的棘蛋白會成其中之一。

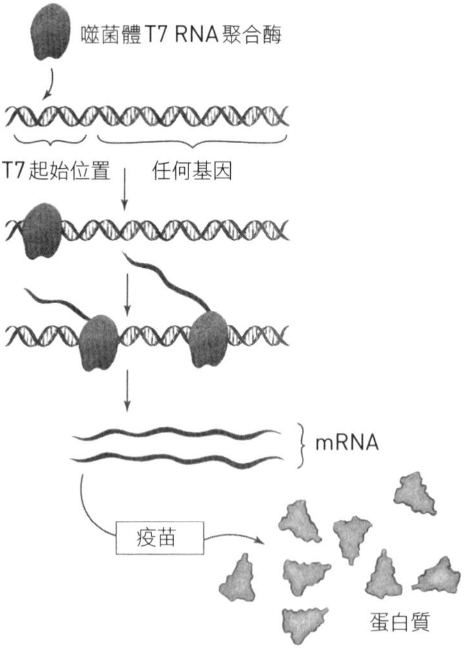

圖10-1：噬菌體T7 RNA聚合酶基本上可用來轉錄任何RNA。科學家將由17個鹼基對組成的T7起始位點片段，放在需要複製的基因前。聚合酶接著就會將核苷酸元件組裝成mRNA（圖中所示的兩個聚合酶是由左向右進行轉錄）。圖中所示的最後一個步驟，需要核糖體讀取mRNA密碼並製造蛋白質。舉例來說，接種疫苗者的細胞核糖體，會使用被注射進來的mRNA來製造棘蛋白。

像病毒一樣思考

製造mRNA疫苗所需的下一塊拼圖是負責運送的載體，也就是讓mRNA可以穿過細胞防禦，溜進人類細胞的方法。如同我們在小干擾RNA療法中所見，RNA難以穿過保護細胞的脂質細胞膜。菲利普・費爾格納（Phil Felgner）是率先想到脂質套膜應該不只是將核酸送進細胞的問題所在，也可能會是問題本身的解方。他深信若RNA病毒可以找到進入人類細胞的方法，那麼用類病毒的脂質套膜將治療用RNA包覆起來，或許也能解決運送問題。

可能是菲利普的藝術氣質，讓他在解決mRNA運送問題上選擇了有創意的方法。在決定從事科學研究之前，菲利普曾住過舊金山，在那裡學習古典西班牙吉他，並在咖啡廳表演[8]。他後

---

5 William T. McAllister, Claire Morris, Alan H. Rosenberg, and F. William Studier, "Utilization of Bacteriophage T7 Late Promoters in Recombinant Plasmids During Infection," *Journal of Molecular Biology* 153, 527–44, 1981.

6 P. Davanloo, A. H. Rosenberg, J. J. Dunn, and F. W. Studier, "Cloning and Expression of the Gene for T7 RNA Polymerase," *Proceedings of the National Academy of Sciences USA* 81, 2035–39, 1984.

7 作者註：將噬菌體聚合酶開發為製造RNA的工具，多虧了多位科學家的貢獻。其他的重要貢獻者包括：加州大學柏克萊分校純化了噬菌體T7與SP6 RNA聚合酶的麥克・張伯倫（Mike Chamberlin），哈佛大學開發噬菌體SP6系統的道格拉斯・梅爾頓（Doug Melton）、湯姆・馬尼亞蒂斯（Tom Maniatis）與麥克・格林（Michael Green），哈佛醫學院建立T7系統的史丹利・塔伯（Stan Tabor）與查爾斯・理查森（Charles Richardson），以及科羅拉多大學將T7系統應用於合成DNA模板來快速製造小RNA的奧爾克・烏倫貝克。

8 2022年10月20日，在加州爾灣與菲利普・費爾格納的作者面訪。

來到維吉尼亞州進行博士後研究，完成後回到灣區任職於辛泰製藥公司（Syntex corporation），開始開發mRNA脂質運送載體。

幸好菲利普大膽一搏，將自己的未來賭在脂質上。相較之下，大多數的RNA與DNA科學家通常都會試著避開這些油脂分子，甚至連想都不想。RNA與DNA是中規中矩的分子，容易分離純化，也容易溶於水中。而脂質則是由大量的光滑分子聚集而成，不太溶於水，但喜好與其他脂質堆積在一塊。一百萬個脂質分子聚集在一起，就像阿根廷在贏得2022年世界盃後布宜諾斯艾利斯街道上的人群一樣，一群人簇擁在一起，但個體仍在人群中移動，所以誰在誰身旁每分鐘都會有變化。脂質也是一樣，它們緊密聚在一起，形成可以密封並保護細胞或套膜病毒的一層膜。

在辛泰製藥公司時，菲利普發現建造運送核酸的脂質載體極具挑戰性。天然生物膜中的大多數脂質跟DNA與RNA等核酸分子一樣都帶負電，這意味著它們會互相排斥。因此，菲利普試著合成出帶正電的脂質來包覆核酸。他一方面發現這類脂質可以良好地附著在核酸上，另一方面也發現它們會附著在可見的每個細胞膜上，這不利於製造能夠在動物體內循環的類病毒套膜。儘管如此，他還是堅持下來，最終想出一種帶正電的脂質配方[9]，這種脂質會形成名為**微脂體**（liposome）的容器，裡面可以容納核酸。

菲利普在辛泰製藥公司的發展於1988年受阻，他的老板向他解釋，因為對公司而言，這個脂質研究計畫無法在短期內獲利，所以必須中止。辛泰製藥公司大膽認為，這項技術更適用於遙遠的未來，也就是2020年[10]。（結果這個胡亂猜測還真的有先見之明，因為包在脂質粒子中的mRNA在2020年12月[11]的第三週，獲得美國食品藥物管理局核准使用在Covid-19疫苗上。）之後，菲利普帶著他對以脂質粒子運送核酸的熱情落腳南方，並在聖地牙哥成立Vical製藥公司。不久後，沙克研究所的馬龍與維爾瑪就打電話來了。

在黑暗中放光明

DNA療法可能會對基因體造成不可逆且具傷害性的改變，而使用mRNA做為藥物或疫苗則能避免DNA療法的安全疑慮，馬龍與維爾瑪在這一點上的認知是正確的。但他們也了解mRNA有其缺點，包括它很容易受到體內無所不在的核糖核酸酶酵素破壞，以及RNA很難進入細胞。他們認為菲利普新開發的微脂體有潛力解決這兩個問題，所以三位研究學者決定攜手合作。

他們所組成的沙克研究團隊，在第一個實驗中選擇了負責編碼螢火蟲螢光素酶（firefly luciferase）這種蛋白質的mRNA，之所以選擇這個mRNA不是因為它具有任何醫療價值，而是它就像在夏季黑夜中發光的螢火蟲一樣，很容易被偵測到。他們將mRNA微脂體劑與多種不同類型（人類、小鼠、大鼠、青蛙與果

---

9 P. L. Felgner, T. R. Gadek, M. Holm, R. Roman, H. W. Chan, M. Wenz, J. P. Northrop, G. M. Ringold, and M. Danielsen, "Lipofection: a Highly Efficient, Lipid-Mediated DNA-Transfection Procedure," *Proceedings of the National Academy of Sciences USA* 84, 7413–17, 1987.

10 與菲利普・費爾格納的作者面訪。

11 最初獲得的許可是緊急使用授權。2022年2月才獲得美國食品藥物管理局的全面許可。

蠅）的細胞混合，置於培養皿中培養。當細胞開始像小小螢火蟲那樣發光時，這些科學家便知道mRNA已經進入細胞，且在新的場所中被轉譯成蛋白質[12]。到了1989年，他們已經可以清楚證實，mRNA可用來對細胞進行重新編程，形成外源蛋白質。

下個步驟就是要看看除了培養皿外，它是否也能在活體動物體內運作。隔年，馬龍和費爾格納與威斯康辛大學的喬恩・沃爾夫（Jon Wolff）合作進行實驗，他們將螢光素酶mRNA注射到小鼠的肌肉[13]中。雖然小鼠不會在黑暗中閃爍，但在注射處附近的肌肉發光了。這提供了外源mRNA可以在哺乳動物體內指示合成對應蛋白質的「原則證明」。不過那些對醫療應用有興趣的人士，仍抱持著懷疑的態度。是的，被注射的組織會發光，雖然螢火蟲螢光素酶能非常有效地讓細胞發光，但我們並不清楚人工mRNA究竟形成了多少蛋白質。大多數人質疑的是，脂質粒子中運送的mRNA是否能夠產生具有療效的蛋白質劑量。

即使兩家法國專業疫苗製造商接續採取下一步行動，這些質疑依然存在。1991年，皮耶・穆利恩（Pierre Meulien）與弗雷德里克・馬帝農（Frédéric Martinon）加入頂尖的巴斯德—梅里埃疫苗公司（Pasteur-Mérieux）。這間備受推崇的機構總部坐落於里昂鄉間，其以弱化版的感染性病毒製造疫苗，像是複製能力弱的病毒「疫苗株」，或是經過熱處理或化學處理而失去大部分複製能力的病毒。這樣的做法可能看起來相當粗糙，但通常是有用的，因為失能的病毒表面仍具有那些蛋白質，可以指示免疫系統偵察出真正的病毒攻擊。事實上，今日使用的大多數疫苗仍是用這些方法製造的。

跟馬龍與維爾瑪一樣，穆利恩與馬帝農推測，使用核酸做為疫苗並讓人體進行解碼核酸以製造蛋白質，可能會更有效率。但是哪一種核酸能製造出比較好的疫苗，是DNA還是RNA？雖然製造RNA有難度，要維持它的穩定性也令人有些卻步，但馬龍與沃爾夫的成功案例鼓舞了穆利恩與馬帝農。對他們而言，mRNA與DNA的決勝點在安全問題，外源DNA可能會進入人類染色體產生未知的後果，而mRNA則不會進入染色體。mRNA會指示蛋白質合成一段時間，然後被細胞的核糖核酸酶清除乾淨[14]。

穆利恩與馬帝農以使用mRNA製造流感疫苗為目標。在初始測試中，他們合成出可以編碼流感病毒蛋白的mRNA，將mRNA包在微脂體中，再將其注射到小鼠的皮下組織。他們很興奮地發現，許多接受注射的小鼠產生了強壯的殺手T淋巴球[15]，會以受流感病毒感染的[16]小鼠細胞為攻擊目標。這些T細胞確認出

---

12 Robert W. Malone, Philip L. Felgner, and Inder M. Verma, "Cationic Liposome-Mediated RNA Transfection," *Proceedings of the National Academy of Sciences USA* 86, 1677–81, 1989.

13 Jon A. Wolff, Robert W. Malone, Phillip Williams, Wang Chong, Gyula Acsadi, Agnes Jani, and Philip L. Felgner, "Direct Gene Transfer into Mouse Muscle In Vivo," *Science* 247, 1465–68, 1990.

14 Fabrice Delaye, *The Medical Revolution of Messenger RNA* (Cold Spring Harbor, NY: Cold Spring Harbor Laboratory Press, 2023).

15 作者註：「T」表示這些免疫細胞會在動物的胸腺中製造，而「淋巴球」則代表白血球細胞。

16 Frédéric Martinon, Sivadasan Krishnan, Gerlinde Lenzen, Rémy Magné, Elisabeth Gomard, Jean-Gerard Guillet, Jean-Paul Lévy, and Pierre Meulien, "Induction of Virus-Specific Cytotoxic T Lymphocytes In Vivo by Liposome-Entrapped mRNA," *European Journal of Immunology* 23, 1719–22, 1993.

受到特別病毒感染的細胞時，會在受感染細胞上打洞將之摧毀。重點是，殺手T細胞在對抗病毒上可以提供特別長效的保護，從數月到數年不等，時間長短取決於病毒種類。不過當時科學界與投資人對穆利恩與馬帝農的研究沒有太大興趣，他們認為RNA非常不穩定，所以他們仍然將賭注押在DNA疫苗的未來上[17]。

費爾格納先進的脂質粒子確實能在培養細胞中運作，但在動物實驗中[18]卻出現一些問題，包括對抗疾病的白血球數量大幅下降、血栓問題與重度發炎。科學家認為這些不良反應可能是因為脂質帶有正電所致（因為自然界中不存在帶正電的脂質）。他們需要新一代的脂質配方。而這最終將由溫哥華英屬哥倫比亞大學的彼得・庫利斯（Pieter Cullis）以及他所成立的公司來實現。

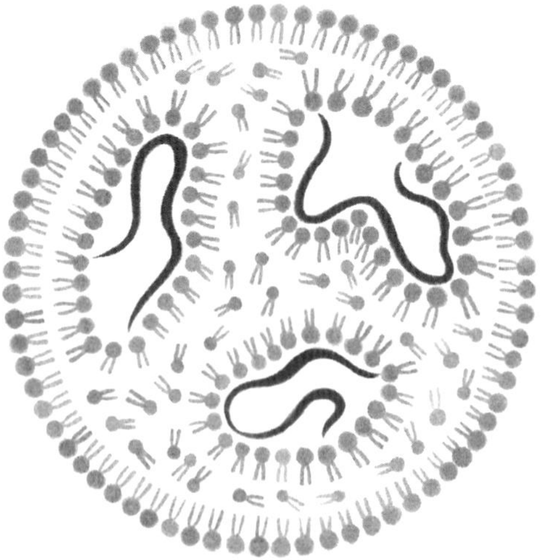

圖10-2：圖中所示是與冠狀病毒尺寸類似的脂質奈米粒子剖面圖。每個脂質具有帶正電的頭部（圖中的小圓圈），可與mRNA結合；還有2個能聚合的油脂「尾巴」。真正的脂質奈米粒子是由脂質混合物構成，並非由單種脂質構成，這裡是簡化圖。每個脂質奈米粒子會包住好幾個mRNA疫苗分子（圖中黑線）。

庫利斯在1990年首次開發出的新脂質，具有依據環境酸度來改變電荷的特性。在微酸溶液中（在配方中加入一些醋或檸檬汁），這些脂質會帶有正電，非常適合與帶負電的RNA結合，它們會形成名為**脂質奈米粒子**（lipid nanoparticle；LNP）的封包。當研究人員中和溶液的酸性時，脂質上的電荷就會消失。不帶電荷可以讓脂質奈米粒子在血流中循環，附著到細胞上，並偷溜進細胞。一旦這個封包進入標的細胞，較酸的周遭環境會讓脂質又帶有正電。至關重要的是，細胞內本身的脂質帶有負電。所以負電荷會吸引正電荷，造成脂質奈米粒子破裂，其中的貨物RNA就會被釋放到細胞質中[19]。

湯瑪斯．圖斯爾與菲利普．夏普在其艾拉倫製藥公司所進行的首次臨床試驗中，使用庫利斯所開發的脂質奈米粒子來運送負責切割mRNA的小干擾RNA，做為遺傳性轉甲狀腺素類澱粉蛋白沉積症的治療劑，並於2018年取得良好成果。事實證明，運送小干擾RNA的試驗，成了幾年後運送mRNA的試演。

包覆RNA

即便使用正確的脂質奈米粒子做為運送載體，mRNA疫苗仍

17 Delaye, *Medical Revolution of Messenger RNA*.

18 H. Lv, S. Zhang, B. Wang, S. Cui, and J. Yan, "Toxicity of Cationic Lipids and Cationic Polymers in Gene Delivery," *Journal of Controlled Release* 114, 100–109, 2006.

19 Pieter R. Cullis and Michael J. Hope, "Lipid Nanoparticle Systems for Enabling Gene Therapies," *Molecular Therapy* 25, 1467–75, 2017.

須戰勝一種名為**先天免疫**（innate immunity）的保護機制。就如我們所見，病毒可能跟它們所攻擊的生物一樣古老，所以演化花費了極長的時間來發展抗病毒的策略。先天免疫系統就是其中之一，它出現在從蠕蟲、昆蟲到小鼠、人類等所有動物中。它是「先天的」，因為它無須事先接觸入侵者。（相較之下，與抗體和T細胞有關的**後天免疫**〔adaptive immunity〕則更具有專一性，也需要事先接觸入侵者。）先天免疫系統認得病毒RNA，因為病毒RNA的特性與正常人類RNA不同。[20]舉例來說，在病毒RNA的複製過程中，正股RNA複製出負股RNA，或股鏈RNA複製出正股RNA時，會形成雙股的中間體。長雙股RNA在未受到感染的細胞中很少見。此外，病毒RNA帶有的是普通的A、G、C與U核苷酸，而細胞RNA則會有各種核苷酸變體（會附著在某些鹼基上的小化學基團）來進行修飾。

能夠辨識病毒RNA的特徵，讓先天免疫系統得以日復一日保護我們免受病毒侵害，但這卻成了對mRNA疫苗不利的條件。可以感測到病毒RNA是外來物的同一個先天免疫系統反應，也可以感測到注射疫苗中的mRNA是外來物，因而導致嚴重的發炎反應[21]，包括皮疹、發燒、頭痛與關節痛。先天免疫系統無法判斷進入的RNA對我們有利還是有弊，一點也不奇怪。於是，偽裝mRNA，讓它看起來不太像病毒RNA，成了mRNA疫苗所需的另一塊關鍵拼圖，這時就輪到卡塔琳·「卡蒂」·卡里科（Katalin “Kati” Karikó）登場了。

卡里科1955年出生於匈牙利，在5歲時看到母親用動物油脂與鹼液製造出肥皂後，就迷上了生物化學。卡里科在取得博士學位後意識到，科學家在匈牙利這個共產國家所能獲得的機會少之又少。所以她在1985年30歲時，與丈夫及2歲大的女兒逃到美國。當時他們將僅有的一點現金都縫進了女兒的泰迪熊中。[22]

1990年，卡里科升等為賓州大學兼任教授。她熱衷於將mRNA發展為治療方法。但對一個拿政府經費補助的機構來說，這個研究方向似乎太過牽強了。「每天晚上我努力的目標都是：經費、經費、經費，但得到的『回覆』總是：不行、不行、不行。[23]」對她在賓州的學系而言，這個目標似乎也太牽強了，所以他們在1995年將她降職。

所幸，3年後，影印機為她帶來意外機緣。在電子期刊出現之前，科學家們會從圖書館影印期刊論文，方便晚上閱讀。卡里科在使用影印機時，常會遇到一位新進助理教授德魯．魏斯曼（Drew Weissman）。經過幾次影印機爭奪戰後，他們看到對方影印的論文，意識到彼此有著共同興趣。[24]

---

20 Chelsea M. Hull and Philip C. Bevilacqua, "Discriminating Self and Non-self by RNA: Roles for RNA Structure, Misfolding, and Modification in Regulating the Innate Immune Sensor PKR," *Accounts of Chemical Research* 49, 1242–49, 2016.

21 Katalin Karikó, Houping Ni, John Capodici, M. Lamphier, and Drew Weissman, "mRNA Is an Endogenous Ligand for Toll-Like Receptor 3," *Journal of Biological Chemistry* 279, 12542–50, 2004.

22 David Crow, "How mRNA Became a Vaccine Game-Changer," *FT Magazine*, May 13, 2021, https://www.ft.com/content/b2978026-4bc2-439c-a561-a1972eeba940.

23 Damian Garde and Jonathan Saltzman, "The Story of mRNA: How a Once-Dismissed Idea Became a Leading Technology in the Covid Vaccine Race," STAT, November 10, 2020.

24 卡里科於2021年Lasker-DeBakey臨床醫學研究獎的訪談。

魏斯曼是免疫學家，正在尋找可以改良人類疫苗的機會。卡里科則是RNA科學家，她相信mRNA是製造治療性蛋白質的一條捷徑，只是當前被低估了。他們不只在科學領域上互補，連人格特質也是。卡里科健談且活潑率性，魏斯曼則是話少且有條不紊。[25]

他們共同設計了一種方法來偽裝mRNA，讓先天免疫系統無法辨識出它是病毒RNA。他們發現在RNA字母表中的U是先天免疫系統用來辨識RNA的主要特徵，可能因為它是RNA獨有，而DNA沒有的字母。因此在2005年，卡里科與魏斯曼試著用各種修飾過的U版本來取代mRNA中的每個U，他們發現有數個修飾版本大多會遭到先天免疫系統忽略，其中包括所謂的**假U**（pseudoU）[26]。

重要的是，斯圖迪爾率先應用在科學上的T7 RNA聚合酶，對這種修飾U的接受度極佳，會將其納入增長中RNA鏈的正確位置。核糖體也接受它，將它視為正常U那般讀取。事實上，含有假U的mRNA所參與的蛋白質合成似乎**更有**效率。它的優點還不止如此：細胞核糖核酸酶也跟免疫系統一樣，無法區辨帶有假U的RNA，所以這種修飾過的RNA比原來的RNA更加穩定。[27]這未免好到太令人難以置信：假U可以維持或強化轉錄與轉譯這兩個需要保留的運作[28]，同時能抑制會刺激先天免疫系統與降解這兩項不希望引發的運作。

獲得卡里科與魏斯曼技術許可的公司[29]，包含了BNT（BioNTech）與莫德納（Moderna）。這些生技公司最初打算用它來對抗癌症。然而，沒有任何事比一場驚天動地的疫情，更能改變原先的計畫了。

組裝拼圖

2020年1月10日，上海復旦大學的張永振教授（Prof. Yong-Zhen Zhan）在開放取用網站[30]貼出新冠病毒的RNA序列。這個具有社區意識的重要之舉並未立即獲得重視，因為當時這種新病毒在中國以外的地方只引發了有限的關注。是的，它與導致過去2次嚴重急性呼吸道症候群的冠狀病毒（2002年的SARS以及2012年的MERS）有關，但這兩次疫情都獲得

25 卡里科於2022年萊雅獎（L’Oreal Award）的訪談。

26 Katalin Karikó, Michael Buckstein, Houping Ni, and Drew Weissman, “Suppression of RNA Recognition by Toll-Like Receptors: The Impact of Nucleoside Modification and the Evolutionary Origin of RNA,”*Immunity* 23, 165–75, 2005.

27 Katalin Karikó, Hiromi Muramatsu, Frank A. Welsh, Janos Ludwig, Hiroki Kato, Shizuo Akira, and Drew Weissman, “Incorporation of Pseudouridine into mRNA Yields Superior Nonimmunogenic Vector with Increased Translational Capacity and Biological Stability,” *Molecular Therapy* 16, 1833–40, 2008.

28 其他研究學者之後發現，在假U上再附加一個甲基（1個碳與3個氫）會進一步強化mRNA的表現。請參考：Oliwia Andries, Séan McCafferty, Stefaan C. De Smedt, Ron Weiss, Niek N. Sanders, and Tasuku Kitada, “N1-methylpseudouridine-Incorporated mRNA Outperforms Pseudouridine-Incorporated mRNA by Providing Enhanced Protein Expression and Reduced Immunogenicity in Mammalian Cell Lines and Mice,” *Journal of Controlled Release* 217, 337–44, 2015.

29 Alex Gardner, “Penn mRNA Scientists Drew Weissman and Katalin Karikó Receive 2021 Lasker Award, America’s Top Biomedical Research Prize,” *Penn Medicine News*, September 24, 2021.

30 “Novel 2019 Coronavirus Genome,” Virological.org, January 10, 2020, https://virological.org/t/novel-2019-coronavirus-genome/319.

控制，全球死亡人數少於1,000人。但很快就被命名為SARS-CoV-2的新冠病毒，帶來的結果卻大不相同。它成了全球的災難。

當時麻州劍橋市尚未出名的莫德納生技公司裡的科學家，不知怎地在同個月就意識到，這次的新冠病毒將比SARS與MERS更具威脅性。[31]德國美茵茲同樣名不見經傳的BNT公司裡的科學家，當時也讀到中國武漢新傳染病的報告，也看見疫情爆發的初期徵兆：許多在不知不覺中傳播病毒的無症狀感染者，以及缺乏控制疫情爆發的旅遊限制[32]。這兩家公司當時都在研發治療用的信使RNA，也都認為他們正在研發的mRNA技術，可能很快就會被重組用於製造一種蛋白質，做為對抗新病毒的疫苗。

考量當時沒有**任何**一種mRNA疫苗的效用經過實證，所以從各方面看來，這兩家公司都採取了非常大膽的行動。但他們需要的所有拼圖碎片都已經攤在他們的檯面上了。60年來，科學家已揭開mRNA的奧秘、破譯了基因密碼，所以任何相關人士都能讀懂張永振的SARS-CoV-2序列，也知道該如何製造棘蛋白。他們也已經證實，確實可運用mRNA來製造足以引發免疫反應的蛋白質，這正是疫苗開發的核心關鍵。他們開發出一種能用DNA複製出大量mRNA的強大技術、已經知道脂質—RNA混合物會協助RNA進入人體細胞、開發出名為脂質奈米粒子的微小脂肪球，還發現mRNA的U鹼基可用修飾版本來取代，將mRNA偽裝起來，這樣就不會誘發不良發炎反應。

不過，所有拼過拼圖的人都知道，將所有拼圖碎片都攤在桌上只是這件艱難工作的起頭而已。要說明製造出成功的Covid-19疫苗是多麼具挑戰性的事，我們可以想想mRNA疫苗正與數十種其他參賽的疫苗進行競賽，其中許多疫苗使用了已經過驗證的技術[33]，而這些技術似乎很可能再次發揮效用。這多種方法撒開大網：有些使用未活化的SARS-CoV-2病毒，有些設計出可以表現出棘蛋白的無害病毒，還有一些是DNA疫苗。其中一些方法最終產出了相當不錯的疫苗（例如最初在英國使用的牛津AZ DNA疫苗〔Oxford-AstraZeneca DNA vaccine〕）[34]，只是仍達不到2種mRNA疫苗的功效。而未能在人體引發足夠免疫反應的方法，就被放棄了。

需要驚人的天分、創造力、毅力，以及一些真正傑出的科學家，才能完成mRNA疫苗拼圖。其中又以烏爾．薩欣（Ugur Sahin）與厄茲萊姆．圖雷西（Özlem Türeci）的故事特別引人注意。土耳其出生的薩欣，因父親獲得德國柯隆福特汽車廠的工作而搬遷至德國。圖雷西也有土耳其血統，她的母親是生物學家，父親是外科醫師，他們也從土耳其移民到德國。薩欣與圖雷西在2001年邂逅，那時他們都是德國薩爾州一家醫院裡的醫師。他們在2002年結婚並育有一女。除了家庭生活，他們同樣

---

31 2022年6月15日，與在莫德納公司的梅麗莎．摩爾博士（Dr. Melissa Moore）進行的作者電訪。

32 Özlem Türeci and Ugur Sahin, "Racing for a SARS-CoV-2 Vaccine," *EMBO Molecular Medicine* 13, e15145, 2021.

33 Damian Garde, "Covid-19 Drugs & Vaccines Tracker," STAT, accessed September 5, 2023, https://www.statnews.com/2020/04/27/drugs-vaccines-tracker/.

34 Jonathan Corum and Carl Zimmer, "How the Oxford-AstraZeneca Vaccine Works," *New York Times*, May 7, 2021, https://www.nytimes.com/interactive/2020/health/oxford-astrazeneca-covid-19-vaccine.html.

熱衷於將新興科學應用於尚未獲得滿足的醫療需求，特別是免疫腫瘤學領域：刺激免疫系統來辨識與摧毀腫瘤細胞。

2008年，薩欣與圖雷西成立BNT公司，目標是開發以mRNA為基礎的癌症疫苗（稍後將詳細介紹）。這份工作充滿了挑戰，不過當2020年1月那個決定性的日子引領他們接下新任務時，他們已經在先前10年的研究中取得進展，正在進行十多種化合物的臨床試驗。

Covid-19疫苗的目標的是塑造出賦予冠狀病毒皇冠外觀的尖刺。免疫系統最先會碰上從包圍冠狀病毒的脂質套膜中突起的90個蛋白質尖刺[35]，它們警示著冠狀病毒即將來襲。因此，以棘蛋白刺激免疫系統，應該就足以讓免疫系統立即辨識出真正的病毒。不只如此，因為棘蛋白會協助病毒進入人體細胞，對抗它的抗體（抗體會與棘蛋白結合，將其包圍起來）應該也能協助抑制病毒感染。

知道新冠病毒的RNA序列，對設計可以編碼病毒棘蛋白的mRNA極為重要，但這只是開始而已。一方面，棘蛋白的形狀並不固定，當病毒融入人體細胞時，皇冠上的突起會轉換成不同形狀。若mRNA疫苗所針對的棘蛋白發生了形狀變化，經疫苗訓練過的免疫系統可能就會找錯對象。冠狀病毒剛進入人體還有時間阻止我們被感染時，若是形成的抗體與冠狀病毒尖刺無法匹配，疫苗就會失效。解決方法是將一對特別不靈活的胺基酸（脯胺酸）[36]交換到棘蛋白序列中，將形狀鎖定，這是從相關MERS病毒棘蛋白所發展出的技術。

薩欣與圖雷西也必須決定使用哪些密碼子來編碼棘蛋白。這是包括Covid-19疫苗在內，任何mRNA疫苗都會面臨的挑戰。因為基因密碼具「冗餘性」，大多數的胺基酸都能由多個不同的密碼子指示形成，所以可以編碼出相同蛋白質的組合有數兆種。不過，有些序列轉譯的效率會高於其他序列。mRNA癌症疫苗的研究經驗為薩欣與圖雷西提供了有用的指引，他們決定對20個mRNA序列進行測試[37]。

但是還有更多問題有待解答。需要多少劑量才能有效刺激免疫系統？疫苗要如何保存？保存的溫度是多少？他們如何能在短期間內規劃好人體臨床試驗？此時，他們致電輝瑞疫苗部門負責人凱瑟琳．詹森（Kathrin Jansen），雙方快速建立起合作關係，將輝瑞豐富的疫苗經驗納入其中，讓兩家公司與全世界都能受益。[38]

2020年11月，輝瑞公司的董事們緊張地期待著。他們即將聽到與BNT合作開發的mRNA疫苗的臨床試驗結果。一宣布疫苗具95%的效力時，大家全都倒吸了一口氣，然後全體爆出熱烈

---

35 Yinon M. Bar-On, Avi Flamholz, Rob Phillips, and Ron Milo, "SARS-CoV-2 (Covid-19) by the Numbers," *eLife* 9, e57309, 2020.

36 Jesper Pallesen, Nianshuang Wang, Kizzmekia S. Corbett, Daniel Wrapp, Robert N. Kirchdoerfer, Hannah L. Turner, Christopher A. Cottrell, Michelle M. Becker, Lingshu Wang, Wei Shi, Wing-Pui Kong, Erica L. Andres, Arminja N. Kettenbach, Mark R. Denison, James D. Chappell, Barney S. Graham, Andrew B. Ward, and Jason S. McLellan, "Immunogenicity and Structures of a Rationally Designed Prefusion MERS CoV Spike Antigen," *Proceedings of the National Academy of Sciences USA* 114, E7348– E7357, 2017.

37 Türeci and Sahin, "Racing for a SARS-CoV-2 Vaccine."

38 Garde and Saltzman, "Story of mRNA."

掌聲與勝利的歡呼聲。[39]董事會過去一直希望疫苗至少有70%的效力，這將會是公共衛生的一大勝利。而這也會讓Covid-19疫苗的效力大約介於流感疫苗（平均效力為40%，每年的效力則介於10%～60%的範圍）與麻疹疫苗（97%的效力）[40]。95%的效力超出了大多數人的預期。這家保守的製藥公司以規避風險聞名，卻對這種未經實證的mRNA技術投下賭注，並且在方才獲得了回報。

毫無疑問地，當時德國的美茵茲也有類似的慶祝活動，還有美國麻州劍橋也是，因為莫德納疫苗也在同一時間取得臨床試驗結果，並且同樣展現出95%的效力。有鑑於輝瑞BNT與莫德納各自獨立運作，並做出許多不同決定，例如使用哪些密碼子來編碼棘蛋白，但最後都以幾近同等效力的疫苗[41]同時抵達終點，真是令人相當驚訝。RNA療法花了30年的時間，才從被普遍低估（「太不穩定」、「太難進入細胞」、「太具有免疫原性」）到被譽為「一針救世界」[42]。

未來的治療法？

在疫情期間，我們傾注了前所未有的資源開發Covid-19 mRNA疫苗，也產出了疫苗相關使用與效力的大量數據。我們也了解到這類疫苗的限制：接種疫苗者是如何持續受到感染，雖然通常都不嚴重；疫苗要跟上突變如此快速的病毒有多困難。儘管如此，我們很難想像還有什麼新藥測試案例，會比它更令人印象深刻了。實際上，諾貝爾獎委員會在2023年授予卡里科與魏斯曼生理醫學獎時，就已經認可mRNA疫苗未來的潛力了。他們的突破不只讓有效的Covid-19疫苗得以開發，且如同在卡羅林斯卡學院（Karolinska Institute）所舉辦之諾貝爾獎頒獎典禮的引言所說，還「從根本改變了我們對mRNA如何與免疫系統互動的認知，為發展對抗其他感染疾病的疫苗[43]」鋪好大道。經由注射mRNA運送蛋白質，是否能為疫苗之外未被滿足的醫療需求提供解決方案？我們正處於RNA治療改革的開端嗎？

事實上，我們並不清楚。我們還需要更多且更有效的疫苗來對抗其他病毒性疾病，以解決大量未被滿足的需求。舉例來說，目前流感疫苗的效用有限，因為它們無法與變化多端的流感病毒匹配，流感有超過60種以上的亞型，也就是病毒株。針對某種病毒株所開發的疫苗，主要能保護人們免於受到此病毒株的感染。每年2月，世界衛生組織會審視來自全球的監測數據，並試著預測接下來的流感季節最流行的是哪些病毒株。若混合了太多病毒株，疫苗的效用會下降，所以疫苗只會直接針對3（三價）～4

39 這是當初參與董事會的一員與作者分享的趣聞，當事人不願透露姓名。

40 "Past Seasons' Vaccine Effectiveness Estimates," Centers for Disease Control and Prevention, accessed September 5, 2023, https://www.cdc.gov/flu-vaccines-work/php/effectiveness-studies/past-seasons-estimates.html.

41 莫德納疫苗在某些臨床試驗中些微領先的表現，可能是其所選用的劑量較高的緣故，所以這不會被認為具有顯著差異。請參考：E. J. Rubin and D. L. Longo, "Covid-19 mRNA Vaccines—Six of One, Half a Dozen of the Other," *New England Journal of Medicine* 386, 183–85, 2022.

42 Gregory Zuckerman, *A Shot to Save the World: The Inside Story of the Life-or-Death Race for a Covid-19 Vaccine* (New York: Penguin, 2021).

43 "Prize Announcement," NobelPrize.org, accessed October 16, 2023, https://www.nobelprize.org/prizes/medicine/2023/prize-announcement/.

（四價）種病毒株。流感疫苗主要是將疫苗病毒株徒手注入雞蛋製成。這就是為何醫護人員在為你施打疫苗前會先詢問你是否對雞蛋過敏的原因，因為疫苗中仍殘存著少量的雞蛋蛋白質。由於生產疫苗需花費6個月的時間，所以無法非常準確地針對即將出現的流感病毒株量身訂作。換句話說，在我們確切知道是由哪些毒病株主導當下的流感季節時，已經來不及改變疫苗了。感謝Covid-19疫苗，我們現在有了mRNA疫苗生產平台，有機會比將病毒株注入雞蛋更快生產出疫苗，目標是產生更能與該年病毒緊密匹配的疫苗，進而提高效力。想想看，這樣一來我們每年光在美國就能省下1億4,000萬顆雞蛋——這都能拿來做多少份歐姆蛋了。

不過mRNA疫苗下一個重大測試不只會針對其他病毒，也會針對癌症。回想一下，BNT與莫德納在分心對抗Covid-19（這是對公眾有益之事）之前，一直都在研發癌症疫苗。

這種抗癌症疫苗到底要如何發揮功能，就算是理論上而言？答案或許並不明確。我們可以理解病毒疫苗，因為病毒是外來入侵者，與人體細胞不同，因此人體免疫系統會將其識為外來物並加以摧毀。SARS-CoV-2棘蛋白就是很好的例子：棘蛋白是此種病毒的特徵，未感染者的身上完全不會有棘蛋白，所以這就提供了非常明確的危險警示。目前已知有些癌症是由病毒引起，例如絕大部分的子宮頸癌是人類乳突病毒導致，因此我們很容易能理解默克公司（Merck）的嘉喜疫苗（Gardasil），如何能拯救成千上萬可能死於子宮頸癌的生命[44]，因為沒有病毒感染，就不會有子宮頸癌。然而，大多數的癌症並非病毒引起，而是正常細胞程序出錯所致。

癌症疫苗之所以可行，是因為腫瘤會製造健康人體組織所沒有的異常蛋白質。由香菸煙霧（肺癌）或紫外線（皮膚癌）這類突變原所造成的DNA突變，會產生可能驅動癌症的突變蛋白質。身為免疫監視系統一員，細胞具有一種天然機制，會將蛋白質切成小塊，並將其展示在自身表面供T細胞審視。若這是突變的蛋白質，T細胞就會將其視為「外來物」，並殺死展示此種蛋白質的細胞。這裡的基本邏輯是，若細胞被發現正在製造病毒蛋白質或突變蛋白質，那麼這個細胞很有可能已經遭到感染或癌化，無論是哪一種情況，都得為了生物的利益而犧牲。

1990年代早期，杜克大學免疫學家伊萊·吉爾博亞（Eli Gilboa）就在探索是否可以運用mRNA來增強這種自然系統，並主動訓練動物的免疫系統辨識及摧毀腫瘤細胞。他利用基因工程讓小鼠產生轉移性肺癌，然後對小鼠進行了一系列的測試。他的實驗設計有兩項新特性。首先，他並未製造出特定的mRNA，而是從小鼠肺腫瘤中分離出**所有的**mRNA，他的想法是要訓練免疫系統辨識一系列的突變蛋白質並有所反應。其次，他沒有直接將包在微脂體中的mRNA注射到小鼠中，而是先分離出特定種類的免疫細胞，以mRNA—微脂體混合物處理過，然後再將細胞放回小鼠體內。這裡的想法是將mRNA置於訓練免疫系統所需

44 "HPV and Cancer," National Cancer Institute, last updated April 4, 2023, https://www.cancer.gov/about-cancer/causes-prevention/risk/infectious-agents/hpv-and-cancer.作者透露他是默克公司前董事會成員，並持有默克公司股票。

的位置，而不是希望mRNA可以在活體小鼠中找到正確的細胞。

吉爾博亞的研究成果令人印象深刻。被腫瘤mRNA處理過免疫細胞的小鼠，在後續注射腫瘤細胞時受到保護。肺癌的擴散情況受到顯著抑制。[45]不過對小鼠有益並不能直接解讀為一定對人類有益。目前有50項以各種mRNA為基底的癌症疫苗正在進行臨床測試，但尚未有任何一種被證實具有療效。[46]不過，憑藉開發Covid-19疫苗所獲取的所有經驗，莫德納與BNT等公司重新投入研發mRNA癌症疫苗的計畫。[47]2022年，與默克公司合作的莫德納公司，宣布他們針對黑色素瘤開發的mRNA疫苗[48]獲得了極具前景的成果。因此，成功指日可待。

mRNA療法可以在疫苗的領域之外產生多大的影響力？大多數的傳統藥物與小干擾RNA療法是經由抑制疾病發展過程來產生作用，但mRNA的潛力卻在不同的方向── 恢復患者體內缺失或突變的功能性蛋白質。由突變蛋白質所造成的疾病，包括鐮狀細胞貧血症、肌肉失養症、囊狀纖維化與脊髓性肌肉萎縮症（最後一項跟阿德里安·克萊納使用反義RNA治療的病症相同）。除此之外，這也為罕見疾病領域（每種罕見疾病大約在全球有1,000或10,000萬名的患者）提供了重大機會。mRNA療法帶來了希望，讓我們可以創建單一mRNA療法平台，在其中插入為患者量身訂作的任何大量編碼序列，使患者體內的機器之後可以將其轉譯成迫切需要的相應蛋白質。

最後讓我們來看看在1990年代重新定義了製藥業的治療性抗體。治療性抗體是在實驗室中經由我們免疫系統B細胞所製造出來的抗體，可專門設計來與細胞表面的特定蛋白質標的結合。在一些案例中，光是與特定蛋白質結合就能讓疾病進程化為烏有；在另一些案例中，結合過程會引發後續效益，例如讓患病的細胞死亡。常用的治療性抗體包括：治療類風溼關節炎的復邁（Humira）、治療癌症的吉舒達（Keytruda）和保疾伏（Opdivo）、治療溼疹和氣喘的杜避炎（Dupixent），以及治療牛皮癬和克隆氏症的喜達諾（Stelara）。治療性抗體都是蛋白質，無法做成口服藥，這是因為我們的消化系統就是為了消化食物中的蛋白質而存在，消化系統對治療性蛋白質與食物都是一視同仁。所以治療性抗體通常會直接注射至血流中。因此患者得到醫院或輸液中心坐等一小時，讓藥物透過手臂上的針慢慢注入體內。這種靜脈注射昂貴又費時，患者也常會感到疼痛。由於每種蛋白質都有對應的mRNA，所以經由皮下注射（就像打疫苗）注入mRNA來取代這些抗體，是我們可以想到的辦法。我們還不知道經由mRNA的途徑，是否可以產生足夠劑量的抗體來進行治療，但這個想法很吸引人，所以生醫研究學者目前正在探索這種方法。投資人不投注在mRNA的日子顯然已經結束。

---

45 David Boczkowski, Smita K. Nair, David Snyder, and Eli Gilboa, "Dendritic Cells Pulsed with RNA Are Potent Antigen-Presenting Cells In Vitro and In Vivo," *Journal of Experimental Medicine* 184, 465–72, 1996.

46 Eli Gilboa, David Boczkowski, and Smita K. Nair, "The Quest for mRNA Vaccines," *Nucleic Acid Therapeutics* 32, 449–56, 2022.

47 Ian Sample, "Vaccines to Treat Cancer Possible by 2030, Say BioNTech Founders," *The Guardian*, October 16, 2022; Julie Steenhuysen and Michael Erman, "Positive Moderna, Merck Cancer Vaccine Data Advances mRNA Promise, Shares Rise," Reuters, December 13, 2022.

48 Gina Vitale, "Moderna/Merck Cancer Vaccine Shows Promise in Trials," *Chemical & Engineering News*, December 20, 2022.

簡而言之，奠定這些mRNA療法基礎的科學原理其實很簡單：在任何需要蛋白質來刺激免疫系統或取代缺失或突變蛋白質的案例中，使用對應mRNA來指示我們的身體製造特定蛋白質似乎是可行的。將理論化為實際應用很有挑戰性，但Covid-19 mRNA疫苗的成功帶來了極大的激勵效果。

我們現在已經看見3種RNA變成有療效的藥物。反義RNA（具有可提升穩定性與傳送力的化學修飾）在治療致命兒童疾病脊髓性肌肉萎縮症取得成功，這樣突出的表現已經證明其療效。小干擾RNA已經用來治療致命罕見遺傳疾病，而且可能很快就會用來對抗阿茲海默症與肌萎縮側索硬化症這類神經退化性疾病。還有mRNA已經變成一種有效的疫苗，可以對抗人們記憶猶新的最嚴重疫情，也準備好提供人們新的疫苗與療法。

這三種療法都是在RNA層級發揮作用，不會改變人類的基因。事實上，正如我們所見，mRNA疫苗可見的好處就是人們無須面臨基因體遭到改變的風險。不過現在，自然界另一個以RNA為基礎的過程（細菌用來保護自身免受病毒感染的防禦系統），則以前所未有的速度與專一性，被轉換成可以編輯包括人類在內任何物種基因體的工具。與早期的RNA干擾法不同，這項技術會讓基因體產生永久改變，這正是何以它會如此強大，以及若是使用不當將可能造成危害的原因。神奇的分子RNA再次催化了這場革命。

第十一章：運用剪刀加速前進

想像有一個世界，科學家可以在其中創造出抗熱、抗旱、且能在我們溫暖的地球上茂盛生長的作物，或是能夠逆轉氣候變遷影響的固碳生物，或是可以安全快速地治療嚴重遺傳疾病的解方。是CRISPR創造出此種烏托邦般的未來願景，最近的書籍[1]也將此種基因編輯技術譽為「掌控演化的不可思議力量」、具備「編輯人類」的驚人可能性、可以引導「人類未來」的機會。不過，也不是每個人都看好CRISPR。有人認為CRISPR所創造的不會是烏托邦般的願景，因為不負責任的人士或政府會利用它來創造一群具攻擊性的動物，或一群會聽話的超人。可能就像電影《星際大戰》那樣，有人以基因工程創造出一支克隆人部隊吧？

CRISPR讓我們幾乎可以改變所有生物的基因，從蚊子到玉米到人類。雖然許多人將CRISPR與基因工程技術聯想在一塊，但它實際上也存在於細菌的自然程序中，細菌會運用它來抵抗我

1 Jennifer A. Doudna and Samuel H. Sternberg, *A Crack in Creation: Gene Editing and the Unthinkable Power to Control Evolution* (Boston: Houghton Mifflin Harcourt, 2017); Walter Isaacson, *The Code Breaker: Jennifer Doudna, Gene Editing, and the Future of the Human Race* (New York: Simon & Schuster, 2021); Kevin Davies, *Editing Humanity: The CRISPR Revolution and the New Era of Genome Editing* (New York: Pegasus Books, 2020).

們一再遇到的噬菌體病毒攻擊。細菌與噬菌體這種病毒之間的戰爭已持續了超過10億年，每當其中一方創造出新的攻勢，另一方就會以新的反擊回應。因此，在某種意義上，對抗DNA病毒的CRISPR系統並不特別，不過是眾多對抗噬菌體的保護系統之一罷了。[2]但它是第一個被改造成基因工程組的工具，並從RNA中獲取了前所未有的力量。

CRISPR的DNA切割裝置是由2個部分組成。第一部分為Cas9蛋白（CRISPR關聯蛋白9），它是一種酵素，作用有點像分子剪刀，可以實際剪斷DNA雙螺旋的兩股。我們的父母都曾告誡我們，不可以拿著剪刀跑，這種分子剪刀也具有同樣的危險性，若是沒有正確引導，這些DNA剪刀將造成大量的隨機傷害。這裡就是RNA進場的時間點。我之前的博士後研究員珍妮佛．道納（我們之前看到她解開了RNA結構的奧祕）與她的合作夥伴艾曼紐．夏彭蒂耶（Emmanuelle Charpentier）發現，將Cas9酶與客製的「引導RNA」配對，就能準確地引導CRISPR剪刀剪下任何基因序列。在珍妮佛與夏彭蒂耶發表研究發現[3]的幾個月內，有幾個研究團隊就證實了這個由RNA引導的基因體編輯技術可以在活體人類細胞中運作，這些團隊包括麻省理工學院張鋒（Feng Zhang）的團隊、哈佛大學喬治．丘奇（George Church）的團隊，以及珍妮佛在柏克萊實驗室的團隊[4]。這為CRISPR眾多可能的應用提供了舞台，例如以CRISPR抑制**致癌基因**（oncogene），或是抑制阿茲海默症或肌萎縮側索硬化症中會造成錯誤摺疊的編碼基因。

RNA究竟是如何讓這一切成真的？正如我們一次次看到

的，RNA是鹼基配對好手，它對分子進行配對，讓核酸以富有成效的方式彼此對話。與Cas9蛋白有關的RNA分子會運用此能力與DNA雙股中的其中一股進行鹼基配對，進而以令人讚嘆的精準度定位出基因體編輯的確切位置。在這項技術出現之前，用來在人類基因體特定位置進行編輯的方法既昂貴繁瑣又困難，全世界只有少數實驗室有能力使用。時至今日，只要經過些許訓練，大學生就能組裝出一套CRISPR工具，並在數週內刪除基因中的有害突變，或完全剔除某個基因。在我的實驗室中，CRISPR被提及的程度高到它都變成一個跟「google」差不多的動詞了。一旦我們在基因中「CRISPR」一項改變，我們就能在培養皿中觀察它會對細胞生長造成何種影響。

絕對不只有我的實驗室擁抱了CRISPR技術。儘管這項技術的更極端應用理所當然地引發了爭議，但全球估計有7,000間

2 作者註：CRISPR-Cas9系統是第一個被轉成基因體編輯工具的系統，它可以保護細菌對抗DNA噬菌體，不過也有其他RNA引導的CRISPR系統可以切割RNA，並保護細菌免於受到RNA噬菌體的侵害。

3 Martin Jinek, Krzysztof Chylinski, Ines Fonfara, Michael Hauer, Jennifer A. Doudna, and Emmanuelle Charpentier, "A Programmable Dual-RNA–Guided DNA Endonuclease in Adaptive Bacterial Immunity," *Science* 337, 816–21, 2012.

4 Le Cong, F. Ann Ran, David Cox, Shuailiang Lin, Robert Barretto, Naomi Habib, Patrick D. Hsu, Xuebing Wu, Wenyan Jiang, Luciano A. Marraffini, and Feng Zhang, "Multiplex Genome Engineering Using CRISPR/Cas9 Systems," *Science* 339, 819–23, 2013; Prashant Mali, Luhan Yang, Kevin M. Esvelt, John Aach, Marc Guell, James E. DiCarlo, Julie E. Norville, and George M. Church, "RNA-Guided Human Genome Engineering via Cas9," *Science* 339, 823–27, 2013; Martin Jinek, Alexandra East, Aaron Cheng, Steven Lin, Enbo Ma, and Jennifer Doudna, "RNA-Programmed Genome Editing in Human Cells," *eLife* 2, e00471, 2013.

研究實驗室[5]已經在使用CRISPR，其中一些還有了令人印象深刻的新發現，預計後續也將帶來更多突破。研究學者經常使用CRISPR來改變細胞以及活體動物（例如果蠅及小鼠）的基因。科學家通常不會誇大其詞，但生命科學界的許多人士將這項科技的出現說得有點像基督再次降臨。他們通常稱此為「CRISPR革命」。

細菌來救場

要理解科學家的熱忱並確切了解CRISPR的崇高前景，我們就必須從它卑微的起源談起。研究學者一開始就只是透過觀察細菌基因體的DNA序列，發現到我們現在所說的CRISPR。研究學者擅於辨識細菌的蛋白質編碼基因—— 由三聯密碼子所組成的片段，都是以ATG為起始密碼子，並以3個終止密碼子之一結束。不過CRISPR DNA這個不尋常的新玩意，吸引了他們的注意。它包含了重複的迴文序列，向前及向後閱讀起來都一樣，就類似「上海自來水來自海上」這樣的句子。出現在這些重複片段之間的序列片段並非來自細菌，而是來自攻擊細菌的病毒「噬菌體」。

看來細菌似乎會保留過去入侵的噬菌體痕跡。他們發現這些重複片段之後會引導新的噬菌體序列插入行列[6]，就好像在更新某人的通訊錄似的。研究學者為這些DNA行列取了一個很長的名字「規律間隔成簇短迴文重複序列」（Clustered Regularly Interspaced Short Palindromic Repeats），並好心地將其縮寫成

CRISPR。不過CRISPR的作用是什麼仍不清楚。

2006年，珍妮佛·道納在柏克萊的同事吉莉安·班菲爾德（Jill Banfield）帶她認識了CRISPR。班菲爾德一開始是對這些不尋常的DNA序列感興趣，不過後來發現的功能意義更令人振奮。優格產業（仰賴健康細菌將牛奶轉變成優格的產業）的科學家發現，CRISPR讓益生菌能消滅前來攻擊的噬菌體。[7]不久後，他們與其他人都發現，CRISPR會切下並摧毀進到其中的噬菌體DNA。[8]一旦細菌將特定噬菌體序列儲存在它的CRISPR簇中，它就能對這類噬菌體的攻擊免疫。就好像CRISPR讓細菌可以大聲咆哮：「我的祖先之前就看過你了，你就是個壞蛋，所以我現在要摧毀你。」CRISPR就像人類的免疫系統，會經由過去的感染或疫苗啟動。不過CRISPR甚至更好，因為細菌的這項免

5 Caroline M. LaManna and Rodolphe Barrangou, "Enabling the Rise of a CRISPR World," *CRISPR Journal* 1, 205–8, 2018. 7,000這個數字是根據2013年～2018年從阿德基因（Addgene）配送中心取得CRISPR質體的實驗室數目，並假設這個數目從2013年～2023年會持續成長所計算出來的。因為阿德基因只是CRISPR質體的來源之一，所以實質上這可能低估了使用這項技術的實驗室數目。

6 Julie Grainy, Sandra Garrett, Brenton R. Graveley, and Michael P. Terns, "CRISPR Repeat Sequences and Relative Spacing Specify DNA Integration by *Pyrococcus furiosus* Cas1 and Cas2," *Nucleic Acids Research* 47, 7518–31, 2019.

7 Rodolphe Barrangou, Christophe Fremaux, Hélène Deveau, Melissa Richards, Patrick Boyaval, Sylvain Moineau, Dennis A. Romero, and Philippe Horvath, "CRISPR Provides Acquired Resistance Against Viruses in Prokaryotes," *Science* 315, 1709–12, 2007.

8 Josiane E. Garneau, Marie-Ève Dupuis, Manuela Villion, Dennis A. Romero, Rodolphe Barrangou, Patrick Boyaval, Christophe Fremaux, Philippe Horvath, Alfonso H. Magadán, and Sylvain Moineau, "The CRISPR/Cas9 Bacterial Immune System Cleaves Bacteriophage and Plasmid DNA," *Nature* 468, 67–71, 2010.

疫功能是藏身在DNA中，所以它可以代代相傳。也就是細菌基本上在出生時就已經接種疫苗了。

現在輪到RNA出場了。以約翰·范德奧斯特（John van der Oost）為首的荷蘭研究團隊發現，小RNA從細菌的CRISPR重複序列轉錄而來，而它們似乎引導了病毒的防禦過程。[9]但它是如何做到的？由於珍妮佛本身就是RNA專家，再加上RNA顯然在CRISPR中扮演著關鍵角色，所以她決定投入實驗室的部分資源來了解它如何運作。沒多久，她就成了這個全新領域的領導者。[10]

大約在2011年，珍妮佛懷疑CRISPR RNA是此抗病毒系統專一性的關鍵。它們似乎可以做為指引，辨識出哪些噬菌體DNA序列必須被切除，並留下完好無缺的細菌染色體（這些染色體不具有對應序列）。但若是RNA的工作就是辨識出要被切除的DNA，那麼又是誰負責執行切下的任務？這個問題將在珍妮佛與來自瑞典優密歐大學（Umea University）的艾曼紐·夏彭蒂耶的合作之中得到解答。

艾曼紐是位瘦小的女性，但當她走上講台時，她那專注且鏗鏘有力的論述，以及條理清晰的思維，讓任何聽眾都會立即聚焦在她身上。珍妮佛久仰艾曼紐的研究，不過兩人直到2011年波多黎各的一場研討會[11]上才第一次碰到面。在那次會面中，珍妮佛覺得艾曼紐[12]聲音柔和且幽默風趣，對談起來輕鬆愉快且令人耳目一新。她們倆相處甚歡，這往往也預示著她們的合作會順利進行。

艾曼紐發現，若是讓咽喉炎細菌中名為Cas9的蛋白發生突變，細菌就無法再抵禦噬菌體的攻擊，也就是CRISPR不再能有效運作。Cas9蛋白是否就是至今仍未知、負責切割入侵噬菌體DNA的酵素（剪刀）呢？若是如此，從CRISPR間隔片段中複製出的RNA，要如何向這些剪刀展示切割位置呢？珍妮佛與艾曼紐都對這些問題感到好奇，所以她們決定一同解決這些問題。

為了測試Cas9蛋白是否真是CRISPR的剪刀，她們決定要純化這種蛋白，並在試管中將其與各種可能的引導RNA混合。然後她們會加入各種合成DNA。有些DNA是與引導RNA（實驗組）匹配的噬菌體序列副本，有些則是未匹配的DNA（對照組）。若她們的假設正確，在匹配的引導RNA存在的情況下，類噬菌體DNA應該會被切除，而未匹配的DNA則會完整保留。

在珍妮佛的實驗室中，這個研究是由馬汀．吉內克（Martin Jinek）負責協調，他是一位謙虛且資質優異的捷克籍博士後研究員。艾曼紐實驗室中負責與馬汀對口的是名為克齊斯托夫．奇林斯基（Krzysztof Chylinski）的波蘭籍研究生。運氣不錯的是，兩人都在捷克與波蘭的邊境[13]長大，都會說波蘭語，這也方便他們在Skype上頻繁對話。

---

9 Stan J. J. Brouns, Matthijs M. Jore, Magnus Lundgren, Edze R. Westra, Rik J. H. Slijkhuis, Ambrosius P. L. Snijders, Mark J. Dickman, Kira S. Makarova, Eugene V. Koonin, and John van der Oost, "Small CRISPR RNAs Guide Antiviral Defense in Prokaryotes," *Science* 321, 960–64, 2008.

10 Rachel E. Haurwitz, Martin Jinek, Blake Wiedenheft, Kaihong Zhou, and Jennifer A. Doudna, "Sequence-and Structure-Specific RNA Processing by a CRISPR Endonuclease," *Science* 329, 1355–58, 2010.

11 Doudna and Sternberg, *Crack in Creation*, 70.

12 Doudna and Sternberg, *Crack in Creation*, 71.

13 Doudna and Sternberg, *Crack in Creation*, 78.

首要步驟是純化蛋白質。克齊斯托夫將Cas9的基因寄給馬汀，馬汀立即進行讓大腸桿菌製造蛋白質的工作。在大腸桿菌中表現出不同細菌的蛋白質通常可行，但並不保證一定沒問題，所以馬汀與跟他的學生必須嘗試多種條件，才能優化Cas9蛋白的製造。接著就是關鍵實驗：在試管中混合Cas9蛋白與引導RNA，讓它們可以彼此結合，再加入序列能與引導RNA配對的DNA來代替噬菌體DNA，然後觀察那個DNA（就只有那個DNA）是否會被切割。

然而實驗卻……徹底失敗了。反應過後的標的DNA毫髮無傷。

困惑的合作團隊透過Skype進行了一次腦力激盪。或許他們的假設有誤，Cas9並非DNA切割酵素？或者就只是他們的分子配方中少了某種成分？艾曼紐發現了第二種名為tracrRNA的RNA，其名稱來自「轉錄活化CRISPR RNA」（trans-activating CRISPR RNA）的縮寫，是鏈球菌製造CRISPR引導RNA所需之物。Cas9要切割DNA是否也需要第二種RNA？

馬汀試著將引導RNA與tracrRNA在試管中混合。這次標的被俐落地切成兩段。所以為了讓Cas9與引導RNA能夠像一把基因剪刀那樣作用，就需要tracrRNA的協助。經驗老道的tracrRNA會讓剪刀就定位進行切割。

不只是標的DNA被切割，過程還具有非常精準的專一性。[14]無法與引導RNA序列配對的DNA分子都毫髮無傷，不過只要設計出能夠與其20個核苷酸序列配對的新引導RNA，就能簡單切下那些毫髮無傷的DNA。這就類似文書處理軟體中的「尋找」功能。若你要尋找20個字母所組成的字串，文書處理就會標出所有完美匹配[15]的字串。[16]

珍妮佛與馬汀不是那種安於原有成就的科學家。因此，當珍妮佛與馬汀坐下來審視他的新數據時，她先恭喜他有了新發現，然後就接著說：「我們該如何在這個基礎上更進一步？」這項需要**2種**RNA與1種蛋白質的CPISPR切割技術，顯然在試管與細菌中都能運作良好。不過若是要將這項技術進一步用在人類細胞上，似乎就有點複雜了。你得將**3個**DNA片段送入細胞中，仰賴細胞製造出以下3種組成成分：Cas9蛋白、引導RNA與tracrRNA。然後你基本上就只能屏息等待，希望3個DNA片段能夠經由RNA聚合酶轉錄成個別RNA，其中生成的Cas9 mRNA能夠進到核糖體中轉譯成蛋白質，最後3種成分都能回到標的染色體DNA所在的細胞核中並找到彼此。這個系統有太多要移動的部分，是否有辦法簡化呢？

這兩位經驗老道的RNA科學家很快就找到答案。他們找到方法將引導RNA與tracrRNA組合成單一分子。珍妮佛25年前

---

14 Jinek et al., "A Programmable Dual-RNA–Guided DNA Endonuclease in Adaptive Bacterial Immunity."

15 雖然會切下完美配對的序列，不過這個系統還是會容許引導RNA與DNA之間的配對出現部分不匹配的情況。請參考：Patrick D. Hsu, David A. Scott, Joshua A. Weinstein, F. Ann Ran, Silvana Konermann, Vineeta Agarwala, Yinqing Li, Eli J. Fine, Xuebing Wu, Ophir Shalem, Thomas J. Cradick, Luciano A. Marraffini, Gang Bao, and Feng Zhang, "DNA Targeting Specificity of RNA-Guided Cas9 Nucleases," *Nature Biotechnology* 31, 827–32, 2013.

16 作者註：後續的研究顯示，CPISPR系統在單一引導RNA與DNA目標之間，並不需要20個核苷酸都完整配對，這會導致一些「脫靶」編輯，科學家正在努力解決這個潛在問題。

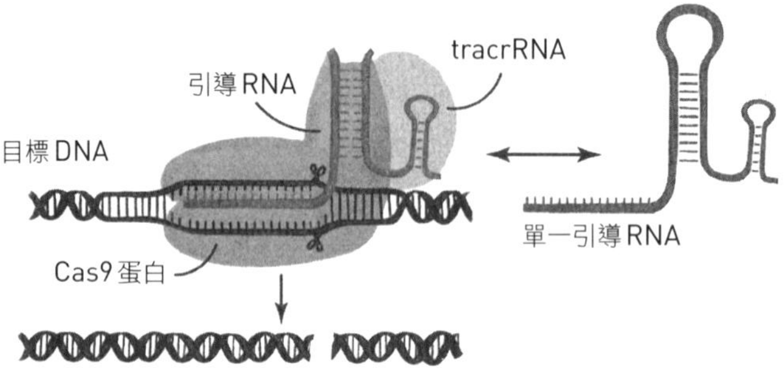

圖11-1：CRISPR-Cas9防禦複合體（如圖左）具有可以辨識目標噬菌體DNA序列的引導RNA，也具有可與引導RNA形成鹼基對並附著在Cas9蛋白上的tracrRNA。接著Cas9會切下DNA的雙股。用於基因體編輯的CRISPR-Cas9基因工程版本（如圖右），會將原先兩種RNA結合形成單一引導RNA。

是索斯塔克的研究生，她當時曾以SunY核酶進行研究。而她現在要用的技巧就是當年研究的反向操作。她想出一種方法，可以將幾個大小比較容易處理的片段組合成一個大型RNA。於是在審視CPISPR的2種RNA後，珍妮佛與馬汀知道要如何將這兩種RNA結合形成**單一引導RNA**（single-guide RNA）。當Cas9蛋白與單一引導RNA所形成的動力組合在試管中俐落地切下它的DNA標的時，珍妮佛暨艾曼紐研究團隊就已經準備好發表他們的發現[17]，也準備好迎接馬上就會蜂湧而至的關注。

先是剪刀，再來是膠水

若CRISPR魔法的起點與終點都是切割DNA，那麼學術實驗室對此的興趣會小得多，更別提工業界了。一種新式切割

DNA工具的出現，並不會催生出家庭工業式的生技公司。RNA引導Cas9蛋白能以前所未有的專一性來切割DNA，這樣的發現並非憑空出現。

從酵母菌與其他真菌的研究，到果蠅與哺乳動物系統，科學家們已經知道活體細胞無法讓受損的DNA分子維持這種受損狀態太久。基因體的完整性對生命而言非常重要。很久很久以前，生物體找到方法能夠快速修復受損DNA。結果就是，若是實驗者使用CRISPR切割基因，修復細胞的機器就會開始運作。這正是基因編輯發生的時機。[18]

包括人類在內的真核生物，修復DNA的主要方式有2種。首先是快速但簡單的「緊急修復」程序，其會將受損染色體的末端重新接合。此程序之專業名稱為**非同源末端接合**（non-homologous end joining；NHEJ）。「末端接合」應該不言自明，「非同源」則表示兩個受損DNA的末端無須有任何DNA共同序列，所以任何兩個受損DNA的末端都能接合。非同源末端接合的特點在於接合過程很馬虎，在修復的位置有核苷酸的缺失或插入。換句話說，這個過程時常導致被修復的DNA出現某些不討喜的突變。因此，CRISPR切割技術若後續產生非同源末端接合，常常會因為弄亂特定蛋白質密碼子串的順序而讓基因失去

---

17 Jinek et al., "A Programmable Dual-RNA–Guided DNA Endonuclease in Adaptive Bacterial Immunity."

18 2023年1月13日，在加州柏克萊與猶他大學特聘教授達納．卡羅爾（Dana Carroll）進行的作者面訪。也請參考：Dana Carroll, "A CRISPR Approach to Gene Targeting," *Molecular Therapy* 20, 1658–60, 2012.

作用。

以值得信賴的文書處理來比擬，就可以協助我們了解這是怎麼運作的。單一引導RNA定位DNA序列的這個過程，就像是「尋找」功能找到檔案中一個字串的位置。我們打了一個字串序列（由ATGCCTTCG所編碼的「The big cat」），然後軟體找到完整匹配的字串：

GTAGGGC *ATG* CCT TCG AAA ATA TTT TGT *TAG* CGC CTC CTT GGA GTA GAA

The big cat ate one fat rat.

起始與終止密碼子再次以斜體來標記。現在引導RNA定位出作用的位置，Cas9在這個位置切開DNA，就像是按下鍵盤上的「輸入」鍵。這時文句就會被換行符號打斷。

GTAGGGC *ATG* CCT TCG

AAA ATA TTT TGT *TAG* CGC CTC CTT GGA GTA GAA

The big cat

ate one fat rat.

若我們現在鍵入「倒退」鍵，原來的文句就會回復。非同源末端接合修復DNA的情況就類似這樣。但不要忘了非同源末端接合進行得很馬虎，在接合末端之前，常會不小心插入或刪除一、兩個字母。因此，我們在句子接合之前，會插入一個錯字，也就是以底線標示的一個字母T：

GTAGGGC *ATG* CCT TCG TAA AAT ATT TTG TTA GCG CCT CCT TGG AGT AGA

The big cat run now see fox run out big big fun sun ate

即使只插入一個字母也會破壞整句話的意思，基因也是一樣。這就是非同源末端接合這種快速但馬虎的程序所要付出的代價。

第二種修復方式為**同源重組**（homologous recombination）。DNA受損末端基本上會尋找匹配的DNA序列（這是「同源」的部分），然後會與此序列進行「重組」，也就是運用此序列做為模板進行完美修復。配對的DNA序列可能來自此染色體的其他副本，意思是繼承自母親的染色體可以做為模板，修復來自父親的受損染色體。因為同源重組的要求比非同源末端接合更嚴格，所以發生的頻率較低。

乍看之下，這種完美修復對基因編輯似乎沒什麼用處，若它只是回復原先的基因序列，的確沒什麼幫助。但在知道CRISPR之前，科學家就發現他們很容易就能經由引入[19]**供體模板**（donor template）DNA來誘發同源重組，此模板會與斷裂位置附近的序列匹配，但也包含了位於遠處的不匹配DNA片段。不匹配的DNA片段是順道搭便車而來的。這樣科學家就可

19 作者註：目前已有多種方法可以將外源DNA引入活體細胞。其中有些會在外源DNA存在的情況下破壞細胞表面，好讓一些外源DNA在細胞進行修復時進到細胞中。病毒也可以設計來攜帶非病毒DNA進入細胞中。還有一種名為基因槍（biolistics）的技術，會將外源DNA包覆在小粒子上，然後直接射進細胞中。

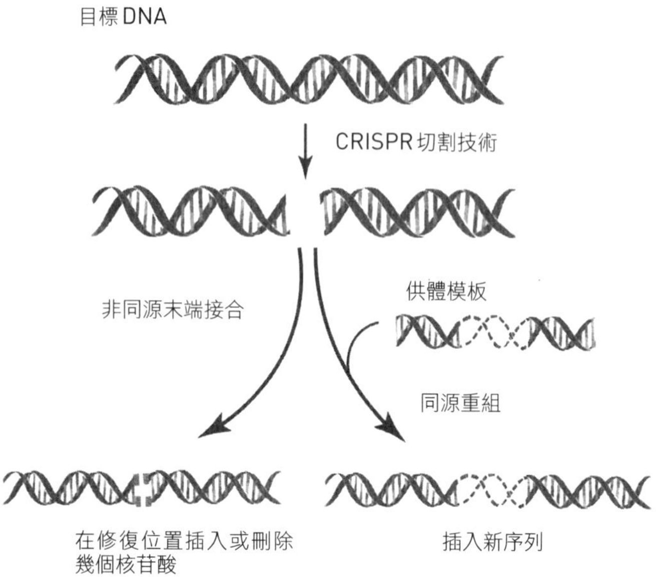

圖11-2：CRISPR-Cas9在特定序列處切開目標DNA後，細胞DNA修復機器就會接手進行基因編輯。非同源末端接合是個快速但馬虎的修復系統，常常會在修復位置插入或刪除幾個核苷酸。同源重組精準度高，需要供體模板DNA來引導修復。供體模板可以引入新的序列（雙螺旋的虛線處）來校正人類DNA中的突變，或是增加新的遺傳因子，只要兩側的序列能與目標DNA的序列匹配。

以精準編輯基因序列，或甚至大幅引入一段能與基因配對的序列，只不過其中會插入某些新的遺傳因子，重新設計整個基因。在CRISPR技術出現之前，並沒有簡單的方法能讓DNA產生特定斷裂，選定重組的位置。但如今有了RNA引導的CRISPR技術，就能以驚人的精準度做到這一點。

要了解同源重組如何運作，可以想想編輯文書處理檔案時，運用「複製貼上」功能來插入新字母，再將句子重新拼接在一起的情況。以下為染色體中的資訊：

GTAGGGC *ATG* CCT TCG AAA ATA TTT TGT *TAG* CGC CTC CTT GGA GTA GAA……

The big cat ate one fat rat.

這裡是供體模板，以同樣的染色體序列起始，不過後續有新的資訊：

ATG CCT TCG CTT ATG TTG TTA GTA TGG TAG CGC CTC CTT GGA

The big cat and the fox run for fun.

CRISPR切割後進行同源重組，造成被改變的句子被整合入染色體中：

GUAGGGC ATG CCT TCG CTT ATG TTG TTA GTA TGG TAG CGC CTC CTT GGA……

The big cat and the fox run for fun.

所以「the big cat」（大貓）不再「ate one fat rat」（吃肥老鼠），而是「and the fox run for fun」（與狐狸開心奔跑）。就像「複製貼上」功能讓我們可以重寫檔案中的句子，RNA驅動的CRISPR也能重寫生命的密碼。

失去活性的Cas9

CRISPR新發現的消息，沒多久就跨過海灣大橋傳到舊金山。珍妮佛甚至早在與艾曼紐於2012年共同發表CRISPR-Cas9

研究論文之前，就開始與加州大學舊金山分校的同事集思廣益，針對在完全不切割DNA的情況下，運用CRISPR-Cas9的超級精準度來開關特定人類基因。

為什麼不切割的CRISPR系統是基因套組的有用附加工具呢？雖然引導RNA可以讓Cas9在精準位置斷開雙股DNA，但之後研究人員仍需仰賴現有細胞機器來修復斷開處。修復是隨機的，通常多是以馬虎的非同源末端接合方式進行，偶爾才會發生精準的同源重組。如同我們所見，由非同源末端接合所進行的修復是無法控制的，有時還會產生有害後果，而科學家想避免這種情況發生。沒有切割就不會出現DNA末端，就不會發生非同源末端接合。

有數個團隊的科學家讓Cas9蛋白發生突變，使它無法進行DNA切割，但不影響它與單一引導RNA結合的能力。他們將自己的創作簡稱為「失活Cas9」（Dead Cas9）。他們現在發現，他們可以經由將其他各種蛋白質與失活Cas9結合，將這些蛋白質運送到人類基因體的特定位置上。其中也包括已知具有活化與抑制基因能力的蛋白質。

接下來要用的這個比喻有點牽強，不過還是請你想像一下用雷射導彈系統送花給某人的情況。你首先要解除彈頭，讓導彈不會爆炸（這就是「失活Cas9」的部分）。之後運用導彈的導航系統（引導RNA）將花束絕對精準地送到對方門口。你會輸入座標，因為你想讓方開心，而不是炸掉他們的房子。重點在於，一旦你開發出精準的引導運送系統，你能運送的裝載物也就不會只局限於一種。

構思發明新的失活Cas9且證實其有效的速度，快得令人震驚。珍妮佛與艾曼紐最初在2012年6月28日的《科學》期刊發表CRISPR-Cas9系統，到了同年12月，加州大學柏克萊與舊金山分校的研究團隊已經將失活Cas9與已知基因抑制因子及活化因子連結[20]，並證實有數個基因會依據指令開關。其他研究團隊很快投入設計其他的失活Cas9工具。[21]科學研究很少會以這樣的速度前進。這當然得歸功於這些科學家的才華與努力，不過RNA引導Cas9機器擁有過往所無法想像的耐用度，也是個關鍵因素。既然你手中已握有潛力無窮的閃電，就該讓它大鳴大放了！

劉如謙是哈佛大學化學家和生化學家，他運用失活Cas9開創了一種格外有用的基因編輯技術。他對於要如何修正一個基因中的單一鹼基突變有興趣，這種突變會發生在鐮狀細胞貧血症與許多其他人類遺傳疾病上。若要運用第一代的CRISPR技術，你必須加入一個具有正確序列的供體模板DNA，並期待同

---

20 L. S. Qi, M. H. Larson, L. A. Gilbert, J. A. Doudna, J. S. Weissman, A. P. Arkin, and Wendell A. Lim, "Repurposing CRISPR as an RNA-Guided Platform for Sequence-Specific Control of Gene Expression," *Cell* 152, 1173–83, 2013.

21 Luke A. Gilbert, Matthew H. Larson, Leonardo Morsut, Zairan Liu, Gloria A. Brar, Sandra E. Torres, Noam Stern-Ginossar, Onn Brandman, Evan H. Whitehead, Jennifer A. Doudna, Wendell A. Lim, Jonathan S. Weissman, and Lei S. Qi, "CRISPR-Mediated Modular RNA-Guided Regulation of Transcription in Eukaryotes," *Cell* 154, 442–51, 2013; David Bikard, Wenyan Jiang, Poulami Samai, Ann Hochschild, Feng Zhang, and Luciano A. Marraffini, "Programmable Repression and Activation of Bacterial Gene Expression Using an Engineered CRISPR-Cas System," *Nucleic Acids Research* 41, 7429–37, 2013; L. A. Gilbert, M. A. Horlbeck, B. Adamson, J. E. Villalta, Y. Chen, E. H. Whitehead, C. Guimaraes, B. Panning, H. L. Ploegh, M. C. Bassik, L. S. Qi, M. Kampmann, and J. S. Weissman, "Genome-Scale CRISPR-Mediated Control of Gene Repression and Activation," *Cell* 159, 647–61, 2014.

源重組能戰勝非同源末端接合，讓整個過程得以進行，但過程極無效率。劉如謙知道科學家早在多年前就發現「鹼基編輯酵素」（base-editing enzymes），可以將DNA字母表中的其中一個字母改成另一個字母。他覺得自己可以將其中一種鹼基編輯蛋白與失活Cas9結合，以此消除引導RNA指示位置上的單一鹼基突變。如此他就能控制基因編輯程序，而不是只能仰賴細胞本身的同源重組機器來修復基因。

劉如謙的推論得到了證實。他發現引導RNA確實能指示鹼基編輯酵素到基因體中任何需要「修復」的位置，然後酵素會改變DNA中的一個字母（例如將C改成T），但完全不會造成雙股斷開。新字母T接著會被轉錄成mRNA中的U（如下所示有底線的部分），改變三聯密碼子，讓它指示產生正確的胺基酸。

GUAGGGC *AUG* CCU UCG AAA AUA UUU UGU *UAG* CGC CUC CUU GGA GUA GAA

The big cat ate one fat rat.

GUAGGGC *AUG* CCU UUG AAA AUA UUU UGU *UAG* CGC CUC CUU GGA GUA GAA

The big fox ate one fat rat.

雖然改變一個字母可能看起來變化不大，但在某些案例中卻可能攸關生死。

對CRISPR研究來說，這是個令人振奮的時代，每年都會出現創新發明。在初始基因編輯技術中，Cas9引導RNA是用來在鄰近標的位置處切開DNA，且DNA是用來做為同源重組的供體模板。這種初始基因編輯技術仍被大量使用，並且持續不斷改良。利用Cas9引導RNA「歸巢」同時避免DNA被切開的各種失活Cas9策略，也在持續發展中。劉如謙的鹼基編輯器就是其中一種。其他科學家則正在研究使用Cas9關聯蛋白（包括名為Cas12a[22]的蛋白質酵素）的其他CRISPR系統，這類蛋白質似乎會扭轉DNA修復方式的比率，使得同源重組發生的機率高於同源末端接合。這讓我們幸運擁有多樣化的CRISPR工具組，也就是若其中一種治療方法失敗了，我們還有備用方案。

CRISPR治療

我們的基因剪刀讓我們可以精準編輯基因體，但是我們究竟要編輯**什麼**？

首先，最明顯的答案就是造成遺傳疾病的突變。綜觀全書，有許多人類遺傳疾病都是由某個基因中的局部突變所造成。第一個確定發生的分子層級例子是鐮狀細胞貧血症[23]，這是在 β 球蛋白基因（負責編碼血紅蛋白的某個子群組）中出現單一鹼基對突變，造成一個名為「麩胺酸」的胺基酸被一種名為「纈胺酸」的胺基酸所取代。血紅蛋白的其他一切都正常，所以突變的蛋白質

---

22 Bijoya Paul and Guillermo Montoya, "CRISPR-Cas12a: Functional Overview and Applications," *Biomedical Journal* 43, 8–17, 2020.

23 Linus Pauling, Harvey A. Itano, S. J. Singer, and Ibert C. Wells, "Sickle Cell Anemia: A Molecular Disease," *Science* 110, 543–48, 1949; Vernon M. Ingram, "Gene Mutations in Human Haemoglobin: The Chemical Difference Between Normal and Sickle Cell Haemoglobin," *Nature* 180, 326–28, 1957.

在多數時間都運作得很正常，在血流中攜帶氧氣四處流動。但突然受到壓力、脫水、運動或感染所啟動的突變蛋白質，會聚集在紅血球內部，造成細胞從正常的碟形扭曲變形成細長的鐮刀狀。變形的血球細胞會彼此附著在一起，阻塞血管並造成危機，患者會感到非常痛苦，甚至需要住院治療。醫院會試著控制疼痛，或甚至為患者輸血，但無法治癒此種疾病。

其他因局部突變造成的人類遺傳疾病包括：β型地中海貧血症（如同我們之前所見，這是第一個被確認出是由錯誤剪接所造成的疾病）、戴薩克斯症（Tay-Sachs Disease）、囊狀纖維化與多種形式的肌肉萎縮症。它們都跟鐮狀細胞貧血症一樣是無法治癒的疾病。我們在前幾章所討論到的RNA基礎治療法（例如小干擾RNA與mRNA）或許可用於治療這些疾病，但無法完全治癒，因為這些療法無法完全消除突變的蛋白質。理論上，藉由將基因編輯回正常沒有突變的狀態，我們就能找到治癒的方式。既然CRISPR這類基因編輯法已經在果蠅及小鼠身上試驗成功，那為何不在人類身上試試？

不過在考量將CRISPR基因編輯應用在治療上，生醫科學家還有很多需顧慮的問題。一方面，要從哪裡開始著手？畢竟，要開發一種疾病的療法得耗費研究團隊多年的努力以及近10億美元的投資，即便是具有精準及省時優點的CRISPR也是如此，因此在選擇目標疾病上就要謹慎。其中一個重要因素是該疾病需缺乏有效的治療方法，這樣成功的基因編輯才能帶來巨大影響。

其次，挑選的疾病必須是會讓人非常虛弱或甚至死亡的疾病，以盡可能提高風險收益率。除此之外，一個好的目標疾病得是讓部分蛋白質恢復正常就能帶來療效的疾病，因為我們目前還無法編輯人體所有受影響細胞中的DNA。這表示這種受突變影響的細胞要很容易進入，因此血液疾病成了特別吸引人的目標。你可以將人體中的血液輸出體外進行治療，再輸回人體中。舉個例子來說，你可以把此種血液疾病與阿茲海默症這類影響腦部的疾病做比較，那麼毋庸置疑，要進入人腦1,000億個細胞才是驚人的挑戰。

鐮狀細胞貧血症符合上述所有標準。它會讓人極度虛弱，而且目前無法治癒。我們也確實知道要修復血紅蛋白，得修改哪個DNA鹼基對。還有人類血液是一種容易進入的組織，因此多數大型CRISPR生物科技公司都有自己的鐮狀細胞研究計畫[24]也就不足為奇了。每間公司有自己的方法，這對科學界來說是好事，多次「射門」可以增加射門成功的機率。雖然劉如謙的失活Cas9鹼基編輯技術[25]似乎是專為這種應用所設計，不過它也有一些良性的競爭對手[26]。

不過就連開發鐮狀細胞的CRISPR療法，也有需要克服的重大挑戰。我們的紅血球基本上就是個裝有血紅蛋白的小袋子，它

24 這些公司包括Intellia、Beam Therapeutics、Editas Medicine，以及與福泰製藥公司（Vertex）合作的CRISPR Therapeutics。

25 Gregory A. Newby, Jonathan S. Yen, Kaitly J. Woodard . . . and David R. Liu, “Base Editing of Haematopoietic Stem Cells Rescues Sickle Cell Disease in Mice,” *Nature* 595, 295–302, 2021.

26 Hope Henderson, “CRISPR Clinical Trials: A 2023 Update,” Innovative Genomics, March 17, 2023, https://innovativegenomics.org/news/crispr-clinical-trials-2023/.

們已經失去自己的DNA，所以並沒有 β 球蛋白基因可供編輯。這些紅血球是從骨髓中的血液幹細胞衍生而出。而幹細胞中仍帶有它們的所有基因，其中也包括需要被修復的突變鐮狀細胞基因。好消息是，幹細胞會持續分裂產生形成紅血球細胞，因此我們若能修復幹細胞中的基因，所有的子細胞都能從受到修復的蛋白質受益。這裡的挑戰在於幹細胞的數量極少，不容易分離出來，而且就算從患者身上收集到幹細胞也很難在實驗室中培養，以進行所需的基因編輯程序。編輯過的幹細胞還需要再移植回患者體內，好讓它們在骨髓中找到一個家（這裡的專有名詞是「植入」〔engraftment〕）。因為它們是患者本身的細胞，所以應該不會出現捐贈骨髓會產生的免疫排斥。也就是不像一般骨髓移植還需進行放射治療。

2020年，一位來自密西西比州擁有4個孩子的三十多歲媽媽維多莉亞．格雷（Victoria Gray），成為首位接受CRISPR治療的鐮狀細胞患者。[27]格雷一直生活在嚴重疼痛突然發作的恐懼中。疲憊感時常讓她虛弱到無法照顧孩子，只能整晚在急診室中接受輸血，以求得暫時性的緩解。在接受CRISPR治療後的現在，她第一次享受到健康的人生。雖然這類故事確實鼓舞人心，但還是需要臨床試驗來嚴格評估CRISPR療法的益處與安全性，而這類臨床試驗也在持續進行中。2023年，有一種以CRISPR為基礎的藥物Exa-cel（或Casgevy）[28]創造了歷史，先後獲得英國監管機關以及美國監管機關許可，用於治療鐮狀細胞與依賴輸血的 β 型地中海貧血症。我們希望很快就有其他臨床試驗療法加入這個前景看好的藥物的行列。

公共價值

假設你擁有這些萬能的基因剪刀，你可能會問它為何只能用於矯正**體細胞**（somatic cell）的突變，卻不能應用在胚胎細胞上。在出生之前就矯正遺傳疾病的錯誤，不是更有效率的方法嗎？賀建奎就是這麼想的。他是中國上海南方科技大學教授，他在2018年宣布自己對一對雙胞胎姊妹的胚胎進行CRISPR基因編輯，去除愛滋病毒用來進入人體細胞的人類蛋白質，希望藉此賦予這對雙胞胎姊妹抵抗愛滋病毒感染的免疫力。這件事發生後，他遭到全球科學界唾棄。他遭到大學方解僱，並因為「非法醫療行為」入獄3年。不過他始終無視大眾的強烈抗議，甚至還在2023年告訴英國《衛報》（*Guardian*），他覺得自己當時「衝太快了」[29]。

---

27 Rob Stein, "First Sickle Cell Patient Treated with CRISPR Gene-Editing Still Thriving," NPR, December 31, 2021, https://www.npr.org/sections/health-shots/2021/12/31/1067400512/first-sickle-cell-patient-treated-with-crispr-gene-editing-still-thriving. 這種特別的CRISPR技術是由CRISPR Therapeutics與福泰製藥公司所合作開發。請參考：Haydar Frangoul, David Altshuler, M. Domenica Cappellini . . . and Selim Corbacioglu, "CRISPR-Cas9 Gene Editing for Sickle Cell Disease and β-Thalassemia," *New England Journal of Medicine* 384, 252–60, 2021.

28 Cormac Sheridan, "The World's First CRISPR Therapy Is Approved: Who Will Receive It? *Nature Biotechnology*, November 21, 2023. https://doi.org/10.1038/d41587-023-00016-6. 與其他開發中的CRISPR療法不同，Exa-cel不去矯正β球蛋白基因中的突變。相反地，它讓負責抑制胎兒β球蛋白製造的基因失去活性，使得胎兒蛋白得以表現並取代突變的成人β球蛋白。亦請參考：Adam Zamecnik, "CRISPR Gene Therapies: Is 2023 a Milestone Year in the Making?," *Pharmaceutical Technology*, January 3, 2023.

29 Hannah Devlin, "Scientist Who Edited Babies' Gene Says He Acted 'Too Quickly,' " *The Guardian*, February 4, 2023.

科學界認為應針對CRISPR及其他種基因編輯法可做之事設下一些界限，而賀建奎的作為違反了這項共識。這些是「至少到目前為止」的界限，隨著安全性與效益的累積，這些界限可以也應該再被重新評估。其中一條界限就是人類基因編輯應該只能局限在體細胞上[30]，不能使用在胚胎或是會形成精子及卵子的**生殖細胞**（germline cell）上。體細胞的基因改變不會傳遞至下一代，但生殖細胞的改變是會遺傳的。這裡的考量是，若基因編輯發生在錯誤的位置（所謂的脫靶編輯），應該也只能由接受治療的患者承受，不該讓未來的世代承擔。

第二條被廣泛接受的界限是，不能用於「強化」。強化的例子包括使用CRISPR基因編輯來讓你的下一代更高、更強壯、跑得更快、跳得更高，或是眼睛更漂亮。這類應用會讓CRISPR變成優生學的危險工具。雖然這類強化的倫理性還有爭議，不過大多數人都同意CRISPR資源應該優先應用在重症治療上。即使在這一方面，還是存在一些安全性與效益的法律問題尚待解答。即使我們同意避免編輯與強化生殖細胞，並建立起關於安全議題的政策性共識，還是會有人質疑我們是否有權力改變自然之母所賦予我們的一切。

值得注意的是，CRISPR療法是基因治療領域中的最新技術。截至2023年1月為止，美國核准使用的5種基因療法[31]中，沒有一種使用CRISPR技術。這些療法都旨在引入具功能性的基因副本來彌補突變的基因，但它們無法控制這些替代基因會落在人體基因體的哪個位置。舉例來說，B型血友病是凝血蛋白過低造成的罕見出血性疾病，使用病毒引入編碼凝血因子的健康基因副本，已在臨床試驗中展現效益。開發這項療法的傑特貝林公司（CSL Behring），每進行一次治療都收取高達350萬美金的治療費用，創下了當前可用藥物最高價的新紀錄。目前希望由RNA引導的CRISPR技術在改善效益與專一性後，可以讓未來的基因治療更加安全，也更加便宜。

由於意識到基因體工程的救命潛力及潛在風險，美國一群生醫領袖、律師與倫理學家於2015年1月24日齊聚加州納帕（Napa）會談，公開討論未來應如何審慎前進。這個卓越的團體達成共識，強力勸阻人們在近期內進行生殖系基因編輯，並建議未來有機會建立使用這類方法的指導方針再開啟大門。他們也強調應支持開放性研究，以評估CRISPR在人類與非人類應用[32]上的效益與專一性，並倡議舉行公共論壇以教育大眾關於CRISPR的風險與報償。避免大眾對CRISPR技術失去信任是這些領袖的整體目標，也是科學界其他許多人士認同的目標，因為若是我們能以負責任且符合規範的方式使用CRISPR，將能避免人們因為對潛在風險感到恐懼與困惑，而無法收到使用此技術可獲得的回報。

---

30 David Baltimore, Paul Berg, Michael Botchan, Dana Carroll, R. Alta Charo, George Church, Jacob E. Corn, George Q. Daley, Jennifer A. Doudna, Marsha Fenner, Henry T. Greely, Martin Jinek, G. Steven Martin, Edward Penhoet, Jennifer Puck, Samuel H. Sternberg, Jonathan S. Weissman, and Keith R. Yamamoto, "A Prudent Path Forward for Genomic Engineering and Germline Gene Modification," *Science* 348, 36–38, 2015.

31 Asher Mullard, "FDA Approves First Haemophilia B Gene Therapy," *Nature Reviews Drug Discovery* 22, 7, 2023.

32 Baltimore et al., "A Prudent Path Forward."

強力滅蚊計畫

運用CRISPR治療人類患者，並非唯一結合了巨大機會與碩大挑戰的應用。CRISPR的許多潛在環境應用，也同樣令人兩難。其中一項應用與一種特別令人憎惡的蚊子有關，這項應用同時引發了人們的高度興趣與擔憂。

瘧疾是重大公共衛生問題，每年主要在非洲與東南亞造成超過50萬名兒童死亡。我們知道病原是一種名為「瘧原蟲」（*Plasmodium*）的微小寄生蟲，它需要瘧蚊（*Anopheles*）這種蚊子來完成牠的生命週期。瘧蚊叮咬到感染者時，就會感染到瘧原蟲。然後瘧原蟲就會在蚊子體內繁殖。瘧蚊下一次再叮人時，瘧原蟲就會順便一起進入人體，讓傳染循環持續下去。

有各種公共衛生措施有助於對抗瘧疾。瘧蚊會在人類入睡後的夜裡出擊，所以在床上掛蚊帳能提供實質保護。排乾沼澤或其他露天水源，有助於減少蚊子的數量。不過有人建議了更為激進的方法：「根除瘧蚊」。原則上，我們的RNA引導CRISPR機器具有執行這種方法的潛力。[33]

這種方法名為「CRISPR基因驅動」。此方法會設計出一個Cas9與單一引導RNA的組合，而這個組合會定位瘧蚊基因中對雌性生育極為重要的基因。雌蚊與雄蚊都有這個基因，但只有雌蚊會表現出來。要確認出這個基因並不難，因為蚊子在某種程度上與果蠅是近緣種，而多年來的果蠅研究已確認出雌性生育基因，這在蚊子中也找得到對應基因。所以當負責編碼Cas9蛋白與單一引導RNA（調整至能與生育基因結合）的一段DNA被注入瘧蚊時，CRISPR機器就會在蚊子體內進行自我組裝，並相應地切割生育基因。到目前為止都很簡單，不過現在開始才是真正有創意的部分。注入的DNA也設計做為同源重組的供體模板，這樣編碼Cas9與單一導向RNA的序列就會嵌入蚊子的生育基因。於是，這個單一插入事件同時完成了兩項壯舉：它讓雌蚊生育基因失去活性，並將能夠促使基因失去活性的機器嵌入蚊子的基因組成。

結果就是，任何雌蚊與帶有基因驅動的雄蚊交配後所產生的子代雌蚊就會不育，而子代雄蚊仍然可以繁殖，並將嵌在其DNA中的CRISPR遺傳至下一代。CRISPR「驅動」整個群體，直到最終不育的雌蚊多到足以讓群體滅絕。

有關CRISPR基因驅動的研究，多到足以讓我們有信心它在自然界中確實可行。當然，也有可能會產生對CRISPR具抗性的突變蚊子，因為任何能抵抗CRISPR的蚊子都會享有巨大的適應優勢。話雖如此，若將經CRISPR改造的蚊子釋放到環境中，牠們或許可以讓瘧蚊族群銳減，有效揭止瘧疾造成的死亡，並每年拯救數十萬孩童的生命。

這種具有潛力的介入所獲得的回報很明顯。但風險是什

---

33 Andrew Hammond, Roberto Galizi, Kyros Kyrou, Alekos Simoni, Carla Siniscalchi, Dimitris Katsanos, Matthew Gribble, Dean Baker, Eric Marois, Steven Russell, Austin Burt, Nikolai Windbichler, Andrea Crisanti, and Tony Nolan, "A CRISPR-Cas9 Gene Drive System Targeting Female Reproduction in the Malaria Mosquito Vector *Anopheles gambiae*," *Nature Biotechnology* 34, 78–83, 2016; Rebecca Roberts and Brittany Enzmann, "CRISPR Gene Drives: Eradicating Malaria, Controlling Pests, and More," Synthego, August 9, 2022, https://www.synthego.com/blog/gene-drive-crispr.

麼？我們還不是很清楚。最近在著名的《美國國家科學院院刊》（*Proceedings of the National Academy of Sciences*）上所發表的一篇評論文章，提出了以下問題：「以CRISPR為基礎的基因驅動是生物防治的妙招，抑或對全球自然保護的威脅？[34]」我們可以思考一下。將基因驅動系統釋放到環境中，所可能造成的假設性影響並不容易評判。首先，人們可能會擔心如果瘧蚊族群遭到滅絕，以成蚊為食的蜻蜓、鳥類、蝙蝠和蜘蛛，或是以蚊子幼蟲為食的魚類可能會受到影響。然而，研究瘧蚊食用價值的生態學家發現這種情況不太可能發生，因為這些掠食者很容易就能吃到其他種類的蚊子與其他昆蟲[35]。

更難預測的一種可能性是，CRISPR系統在不同蚊子之間轉移時，在極少數情況下可能會錯失目標基因，插入蚊子基因體中的其他地方。在這種情況下，蚊子的後代仍具有生育能力，降低除去瘧蚊的成效。這樣的錯誤有可能會以某種方式散布到實際上會**加強**蚊子適應性的基因上，讓原本的問題雪上加霜。

要不是人類過往曾有將外來種引入環境的慘痛紀錄，我們根本不會認為這種惡夢般的場景會發生。1935年，有位官方科學家在澳洲繁殖並放養海蟾蜍（cane toads），試圖藉此控制甘蔗金龜（sugarcane beetle）的侵擾，結果最初引進的102隻蟾蜍倍增至超過10億隻。這些巨大蟾蜍具有毒性，任何將牠們吃下肚的原生動物都可能會死亡。蔗糖產業將紅頰獴（Asian mongoose）引進夏威夷來控制鼠患，但紅頰獴發現雛鳥和海龜蛋更容易獵食。紐西蘭也有類似的情況，他們引進英國白鼬（English stoats）試圖控制另一種外來種兔子，但白鼬卻開始捕殺包括國鳥鷸鴕（kiwi）在內的原生鳥類。1930與1940年代，美國土壤保育中心（U.S. Soil Conservation Service）補助農民種植葛藤[36]（kudzu；一種日本原生植物），以防止土壤侵蝕，並做為觀賞用籬笆。但它生長得太快，並且淹沒了南方多州的部分森林。

上述這些例子，以及其他將外來種釋放到環境中的例子，都造成了令人意想不到的後果，所以我們在將基因改造的CRISPR基因驅動蚊子引入非洲瘧疾肆虐地區之前得要謹慎三思。更重要的是，即使基因驅動如預期般在控制瘧蚊上發揮作用，它將無可避免地引發人們的興趣，將此科技擴展至消滅葛藤、黑鼠、斑馬咳菜蛤與非洲大蝸牛等外來物種。每個計畫都很吸引人，但每個計畫都有其一系列潛在問題，都需要謹慎納入考量。

這留給我們一道難題。清除瘧蚊可以大規模消滅瘧疾，每年避免數百萬人生病及50萬人死亡，其中大多數都是孩童。這讓CRISPR基因驅動變得極為誘人。好似大自然幾乎不會惦記瘧蚊，因為還有其他許多蚊種會持續興盛繁衍。不過，正因為我們

---

34 Bruce L. Webber, S. Raghu, and Owain R. Edwards, "Opinion: Is CRISPR-Based Gene Drive a Biocontrol Silver Bullet or a Global Conservation Threat?," *Proceedings of the National Academy of Sciences USA* 112, 10565–67, 2015.

35 C. M. Collins, J. A. S. Bonds, M. M. Quinlan, and J. D. Mumford, "Effects of the Removal or Reduction in Density of the Malaria Mosquito, *Anopheles gambiae s.l.*, on Interacting Predators and Competitors in Local Ecosystems," *Medical and Veterinary Entomology* 33, 1–15, 2019.

36 Nancy J. Loewenstein, Stephen F. Enloe, John W. Everest, James H. Miller, Donald M. Ball, and Michael G. Patterson, "History and Use of Kudzu in the Southeastern United States," Forestry & Wildlife, Alabama Cooperative Extension System, March 8, 2022, https://www.aces.edu/blog/topics/forestry-wildlife/the-history-and-use-of-kudzu-in-the-southeastern-united-states/.

對此並不了解，所以也阻止了我們馬上去執行。這就是為什麼美國國家科學院會在2016年所完成的一年研究中得出以下結論：在施行CRISPR基因驅動之前，還需要進行更多的研究。[37]

CRISPR的世界

雖然我們對CRISPR基因驅動尚無一致看法，不過可以幫助地球且侵入性較小的基因編輯技術應用，倒是值得考慮一下。當前地球顯然正經歷氣候變遷。從2014年～2023年，我們體驗了有史以來最熱的8年[38]。美國西部地區持續的乾旱，造成米德湖（Lake Mead）與鮑威爾湖（Lake Powell）這兩個美國境內最大湖泊的水位降至歷史低點。海洋溫度的上升造成珊瑚礁白化，因為珊瑚會釋出藻類，而藻類正是牠們自身與其他海洋生物的食物。健康的珊瑚礁不只美麗，也對全球食物供給至關重要，因為它們是四分之一海洋生物的家園。

這跟CRISPR基因編輯有什麼關係？在基因體中修改基因或插入新基因，可以提供一條路徑，讓生物更能在較熱、較乾的環境中生存繁衍。當然，只要有足夠的時間，透過達爾文的演化，珊瑚礁、農作物與其他大量瀕絕的物種，或許可以在毫無協助的情況下適應氣候變遷。但氣候變遷得如此之快，隨機突變與天擇已經跟不上它的速度。若要避免這些生物滅絕，可能得推牠／它們一把。因此，科學家運用CRISPR讓農作物更能耐熱與抗旱。當然，在發現CRISPR之前，農化公司就已經在對植物的基因進行改造，不過RNA引導CRISPR編輯的速度、效率與專一性，很快就讓它成為技術上的首選。科學家們甚至嘗試對海洋珊瑚進行改造，好讓珊瑚可以在較溫暖的海洋中茂盛繁衍，不會白化。CRISPR在這裡的優勢甚至更加引人矚目。珊瑚遺傳學還不是一個領域，所以沒有任何早已存在的科技，因此CRISPR對珊瑚具有效用的這件事（就像CRISPR在所有已測試的生物中一樣），讓它成為目前唯一可用於改造珊瑚基因體[39]的工具。

CRISPR準備以其他方法解決氣候危機，那就是提供更好的生物燃料。我們在家開暖氣、開車以及替手機充電時，主要仍仰賴化石燃料。2022年美國所消耗的能源中，大約有80%來自石油、煤炭與天然氣，只有20%來自水力發電、太陽能、風能與核能。[40]燃燒化石燃料會產生二氧化碳，這是一種會造成全球暖化的強力溫室氣體。但若是我們使用植物或藻類來生產生物燃料，就會更接近損益兩平的論點：植物活著的時候可經由光合作移除大氣中的二氧化碳，並彌補它們在製成燃料後在燃燒時所釋出的二氧化碳。

---

37 National Academies of Sciences, Engineering, and Medicine, *Gene Drives on the Horizon: Advancing Science, Navigating Uncertainty, and Aligning Research with Public Values* (Washington, DC: National Academies Press, 2016).

38 Henry Fountain and Mira Rojanasakul, "The Last 8 Years Were the Hottest on Record," *New York Times*, January 10, 2023, https://www.nytimes.com/interactive/2023/climate/earth-hottest-years.html.

39 Phillip A. Cleves, Marie E. Strader, Line K. Bay, John R. Pringle, and Mikhail V. Matz, "CRISPR/Cas9-Mediated Genome Editing in a Reef-Building Coral," *Proceedings of the National Academy of Sciences USA* 115, 5235–40, 2018.

40 "U.S. Renewable Energy Factsheet," publication no. CSS03-12, Center for Sustainable Systems, University of Michigan, 2022.

此種計算方式引最初發人們熱烈投入將玉米轉變成生物燃料乙醇，政府也對此祭出具有吸引力的獎勵措施，這種生物燃料後續會與汽油混合，以便讓汽油變得更加「環保」。但這個模式有幾個問題，包括原先做為食物供給的玉米轉用至此，還有實際上種植與加工玉米所產出的能源，大致上抵銷了其固碳的好處[41]。相反地，每英畝藻類所產出的燃料是玉米的20倍以上，它們可以在無法農用的土地上生長，而且使用的是鹽水，不像玉米需要使用日益缺乏的淡水[42]。這正是CRISPR能夠發揮作用的地方。藻類沒有成為超級乙醇生產者的演化動機，但它們的基因體可以被重新改造，以大幅增加此種生物燃料的產量[43]。

甲烷就是瓦斯爐與瓦斯暖爐所使用的氣體，若是甲烷未被燃燒而是排到大氣中，它就會成為全球暖化的強大推手。釋放甲烷的主要來源總是讓我們感到好笑：牛打嗝與放屁。令人吃驚地，每年排放到大氣中的甲烷有40%來自放牧動物，或者說來自牠們消化系統中的細菌。CRISPR基因編輯似乎很有可能運用在這些細菌上，使細菌從釋放甲烷轉換成[44]將碳固定在安全的分子中，例如糖或脂肪。

另一種減少大氣溫室氣體的方法是，加強植物一直以來在做的事情：運用光合作用將二氧化碳轉變成糖及氧氣。珍妮佛．道納在加州柏克萊分校的創新基因體研究所（Innovative Genomics Institute）已著手進行一項大型計畫，要改善植物與土壤細菌從空氣中移除二氧化碳並儲存碳的固有能力。他們正在使用CRISPR基因體編輯來改善植物可以進行的光合作用量，並增加根部系統的儲碳能力[45]。這些做法不只能補救氣候變遷所造成的後果，更有潛力實際逆轉這個過程。由引導RNA所驅動的CRISPR，可以協助拯救地球嗎？時間會證明一切。

科學家驚訝地發現，早在他們發現之前，細菌就配有CRISPR系統數十億年了；更讓他們驚奇的是，它可以如何被重新改造來切開或修改人類基因體中的特定序列。不過，若我們從另外一個角度來看，就會發現RNA又在故技重施了。在CRISPR的每個重複過程中，引導RNA會運用核酸鹼基配對的力量，帶領編輯機器來到複雜基因體中的特定位置。然後，相關蛋白質（無論是具有催化活性的Cas9，還是失活Cas9，或其他家族成員），就會對此DNA序列發揮一些作用。

我們之前在RNA干擾以及端粒酶上就見識過這個原理了：RNA提供引導，一旦RNA發現作用位置，某種蛋白酶就會發揮催化作用。CRISPR基因編輯為何會如此快速爆發的部分原因在

---

41 James Conca, "It's Final: Corn Ethanol Is of No Use," *Forbes*, April 20, 2014.

42 Conca, "It's Final."

43 Sudarshan Singh Lakhawat, Naveen Malik, Vikram Kumar, Sunil Kumar, and Pushpender Kumar Sharma, "Implications of CRISPR-Cas9 in Developing Next Generation Biofuel: A Mini-review," *Current Protein and Peptide Science* 23, 574–84, 2022.

44 L. Val Giddings, Robert Rozansky, and David M. Hart, "Gene Editing for the Climate: Biological Solutions for Curbing Greenhouse Emissions," Information Technology & Innovation Foundation, September 2020, https://www2.itif.org/2020-gene-edited-climate-solutions.pdf.

45 "Supercharging Plants and Soils to Remove Carbon from the Atmosphere" [press release], Innovative Genomics Institute, June 14, 2022, https://innovativegenomics.org/news/crispr-carbon-removal/.

於，它與早期RNA研究突破所建立的模式一致。雖然科學家被賦予的是一把革命性的新剪刀，但他們已經知道要如何使用它來加速前進了。

後記：RNA的未來

宇宙學家非常注重了解暗物質與暗能量的本質。從大爆炸開始，宇宙就一直在膨脹。但是隨著時間過去，恆星對彼此施展引力，宇宙膨脹的速度應該會緩慢下來。然而，天文學家卻發現宇宙在加速膨脹中。為了解釋恆星與星系的此種異常運動，他們主張宇宙中的內容物只有5%是我們可見的。其餘的都看不見：其中有27%是暗物質，還有68%是暗能量[1]。

雖然我們看不到，但我們知道暗物質**很重要**，至少在思考天文學時是如此。那生物學呢？事實證明，我們的基因體大部分也是由「暗物質」構成。用於指示製造蛋白質的所有人類基因編碼區域，只佔我們基因體的2%。當我們加入會打斷這些編碼區域的內含子（這些序列在DNA轉錄成前驅mRNA後會被剪接），還會算出另外的24%。基因體中餘下的四分之三就是「暗物質」。幾十年來，這75%被貶為「垃圾DNA」，無論它有什麼功能（如果真的有的話），我們都看不見。

不過隨著RNA定序技術提升，科學家已經發現大多數的暗物質DNA實際上會轉錄成RNA。暗物質DNA中有一部分會轉

1 Daniel Clery, "Into the Dark," *Science* 380, 1212–15, 2023.

錄成腦中的RNA，一部分則轉錄成肌肉中的RNA，或心臟或性器官中的RNA。只有將全身所有組織中的RNA加總起來，我們才會看到人類RNA真正的多樣性。從DNA中的「暗物質」所形成的RNA估計有數十萬種[2]。這些不是信使RNA，而是非編碼RNA，跟核糖體RNA、轉送RNA、端粒酶RNA與微小RNA都屬於一般分類。但它們的作用，絕大部分仍然成謎。

從暗物質形成的RNA稱為**長鏈非編碼RNA**（long noncoding RNA；lncRNA）。它們不只在人體內數量眾多，在其他哺乳動物體內也非常多，當然實驗室裡的白老鼠也不例外。在少數例子中，它們確實具有生物功能。舉例來說，一種名為Firre的長鏈非編碼RNA對小鼠血球細胞的正常發展具有貢獻；過量的Firre會阻礙小鼠對抗細菌感染[3]，因為牠們喪失了先天免疫反應。另一種名為Tug1的長鏈非編碼RNA[4]則對雄性小鼠的生育能力至關重要。但這類經過驗證的RNA功能非常稀少，大多數長鏈非編碼RNA的功能仍然未知。

因此，許多科學家不像我一樣熱衷於這些RNA。他們認為RNA聚合酶（協助DNA合成RNA的酵素）出了錯，有時會將垃圾DNA複製成垃圾RNA。更學術的說法會將此類RNA解釋為「轉錄雜訊」，這種思維再次暗示了RNA聚合酶不夠完美。它有時會停駐在DNA的錯誤片段上，並且將它複製到RNA中，所以那個RNA可能不會有功能。我也樂於承認，有些長鏈非編碼RNA或許實際上真是雜訊，沒有功能，也沒有任何意義。

不過我要指出，要不是我們不久前才了解端粒酶、微小RNA與催化性RNA，以及它們的功能，它們也可能會被貶為

「雜訊」或「垃圾」。但現在有數百位研究科學家參與年度研討會來討論這些RNA，還有生技公司嘗試運用這些RNA來開發下個世代的藥物。我們從RNA的故事中確實學到的教訓，正是不要低估它的能力。因此，這些長鏈非編碼RNA很有可能為RNA這本書的未來章節提供大量題材。

人類與小鼠並非唯一可能藏有尚待發現的RNA的地方。世界上充滿了生物學還未探索的奇異生物。想想本書中所提到的那些RNA發現，以及我們從中獲得這些發現的低等生物。舉例來說，研究微小池塘漂浮生物四膜蟲，不只引領我們發現催化性RNA，還發現了端粒酶。這讓我們能夠深入了解人類癌症與老化背後的關鍵過程。游仆蟲幫助我們發現端粒酶的蛋白質夥伴TERT（端粒酶反轉錄酶），還有對應人類TERT的基因正是所有癌症中第三常見的突變基因。研究細菌如何對抗病毒，賦予了CRISPR廣大的基因體編輯能力。大腸桿菌T7病毒貢獻了它的

---

2 Michael T. Y. Lam, Wenbo Li, Michael G. Rosenfeld, and Christopher K. Glass, "Enhancer RNAs and Regulated Transcriptional Programs," *Trends in Biochemical Sciences* 39, 170–82, 2014.

3 Jordan P. Lewandowski, James C. Lee, Taeyoung Hwang, Hongjae Sunwoo, Jill M. Goldstein, Abigail F. Groff, Nydia P. Chang, William Mallard, Adam Williams, Jorge Henao-Meija, Richard A. Flavell, Jeannie T. Lee, Chiara Gerhardinger, Amy J. Wagers, and John L. Rinn, "The *Firre* Locus Produces a *trans*-Acting RNA Molecule That Functions in Hematopoiesis," *Nature Communications* 10, 5137, 2019.

4 Jordan P. Lewandowski, Gabrijela Dumbović, Audrey R. Watson, Taeyoung Hwang, Emily Jacobs-Palmer, Nydia Chang, Christian Much, Kyle M. Turner, Christopher Kirby, Nimrod D. Rubinstein, Abigail F. Groff, Steve C. Liapis, Chiara Gerhardinger, Assaf Bester, Pier Paolo Pandolfi, John G. Clohessy, Hopi E. Hoekstra, Martin Sauvageau, and John L. Rinn, "The Tug1 lncRNA Locus Is Essential for Male Fertility," *Genome Biology* 21, 237, 2020.

RNA聚合酶，讓我們得以製造可以救命的mRNA疫苗。線蟲解答了「RNA干擾」這種完全超出我們意料的基因調控模式，這種模式也在人類身上運作，只是我們先前沒注意到。

我們研究人員都不知道這些案例確切將為我們的研究帶來什麼樣的結果。在大多數的案例中，我們都沒有預期到我們的研究最終會產出疾病的治療方式，或生物科技的新工具。相反地，我們是受到好奇心驅使，嘗試去了解基礎的生物現象。我們選擇研究的生物，以某些方式放大了其中一種現象，讓複雜的主題更容易進行，或在實驗室中提供了某種實質優勢。此外，因為我們相信演化，也就是所有生物都經由巨大的生命之樹連結起來，所以我們知道，無論我們在這個不起眼的生物中發現什麼，都對其他生物具有意義。

然而，儘管過去半個世紀以來，RNA科學以及由其衍生出的藥物及生物科技，都大幅受益於這些不起眼的生物，經費補助機構仍持續縮減對這類研究的支持。事實上，任何由好奇心驅使的基礎研究，在近幾十年來所獲得的補助都在減少。美國國家衛生研究院是目前為止全球最大的生醫研究支持機構，每年的研究預算超過300億美金，它就砍掉了對四膜蟲這類動物研究的大部分補助經費。美國國家衛生研究院目前著重於以人類細胞、患者或小鼠所進行的疾病導向研究，以及一小部分使用酵母菌、線蟲與果蠅的研究。我知道有些科學家心灰意冷地離開生物學研究或提早退休，因為他們所研究的「池塘漂浮物」被認為與人類的關係太過遙遠，無法幫助我們了解人類的生物學。

會想補助疾病導向的研究並不難理解。比起池塘漂浮物、真菌類及線蟲，國會議員或政府官員推動增加乳癌或攝護腺癌的補助，真的是容易多了。但RNA的故事正好說明了許多最具前瞻性的新藥與療法，都起源於純粹受到科學好奇心驅動的研究。我相信經由更平衡的研究重點組合，我們可以同時研究特定疾病與基礎科學所提出的基本問題。我們應該抱持謙遜的心，承認下一個重大醫學突破或許會再次出自意想不到之處。

大自然不是我們唯一能夠發現新RNA的地方。藉由史皮格爾曼這類研究學者的開創性研究，科學家已經可以在試管中快速追蹤演化的過程，並揭開RNA能夠超越自然現象的新奇潛力。

其中一類這樣的RNA名為**適體**（aptamers），它會摺疊成能與特定蛋白質或小分子結合的形狀，就跟蛋白質抗體與標的結合的情況非常相似。1990年，科羅拉多大學博爾德分校的克雷格·圖爾克（Craig Tuerk）與賴瑞·戈爾德（Larry Gold）[5]，以及哈佛大學的安德魯·艾靈頓（Andy Ellington）與傑克·索斯塔克（Jack Szostak）[6]分別獨立證實了，你可以收集大量不同的RNA序列，然後分離出能與選定標的結合的極少數序列。他們的實驗設計利用了RNA既是功能分子也是資訊分子的雙重特質。

---

5 Craig Tuerk and Larry Gold, "Systematic Evolution of Ligands by Exponential Enrichment: RNA Ligands to Bacteriophage T4 DNA Polymerase," *Science* 249, 505–10, 1990.

6 Andrew D. Ellington and Jack W. Szostak, "In Vitro Selection of RNA Molecules That Bind Specific Ligands," *Nature* 346, 818–22, 1990.

這些試管演化的實驗方法，得從超過一兆個不同的RNA序列試起。會與標的（可能是病毒外殼上的蛋白質）結合的RNA序列被留下，無法結合的「失敗者」分子就會被淘汰。實驗的關鍵在於將近一兆個RNA序列都是無法完成這項任務的失敗者；而能完成任務的極少數RNA要剛好摺疊成所需的形狀。如何才能找到這個一兆分之一的贏家呢？這就是RNA訊息特質派上用場的地方了。聚合酶在一個名為聚合酶連鎖反應（polymerase chain reaction；PCR）的過程中，一次又一次地複製這個贏家RNA。這個孤單的贏家RNA很快就會被百萬個同樣副本所圍繞，如此就能定序出它的A、G、C與U鹼基順序。

RNA非常適合摺疊成各式各樣的形狀，所以戈爾德成立了SomaLogic公司[7]，將這些適體轉變成診斷平台。他們製造了7,000個適體，每一個都可用於辨識與測量一滴血中的某種人類蛋白質含量。全球各地的研究學者已運用這些適體追蹤大量特定蛋白質的變化，這些蛋白質能預先警示心臟病與各種癌症的進程[8]。製藥公司正在利用從適體收集到的資訊，來確認出可以治療特定疾病的新蛋白質。因為會與各種分子結合的適體很快就能被確認出來，所以科學家們也正在將它們開發成生物感測器[9]。舉例來說，能與水銀或鉛結合的RNA適體，就可以用來檢測環境樣本中的這些毒素。在農產業中，會與致命大腸桿菌表面分子結合或與病毒、抗生素結合的適體，可以用來監測生鮮食品或絞肉中是否存在這類不健康的汙染物。

最後，RNA適體與特定蛋白質結合的能力（與抗體類似的活性），也賦予它們治療的潛力。美國食品藥物管理局在2004

年核准了第一個用於治療老年性黃斑部病變的治療性適體，黃斑部病變正是造成視力喪失的首要原因。Macugen這個由27個核苷酸所構成的RNA適體，會與成長因子VEGF結合並抑制其活性（VEGF會引發視網膜血管增生）。在臨床試驗中，每6週將Macugen直接注射到受試者眼中，可以改善三分之一受試者的視力。儘管它很快就被更有效的VEGF抑制劑取代，但它證明了適體具有療效[10]。

還有在1990年，沙克研究所的傑瑞．喬伊斯（Jerry Joyce）首先運用試管演化的方式，找出能夠執行新催化功能的人工RNA（核酶），這個核酶跟在自然界發現到的都不一樣。他所使用的一般程序，與戈爾德和索斯塔克用於找出適體的程序類似：

---

7 本書出版時，作者透露他是SomaLogic公司科學諮詢委員會一員。

8 Marie Cuvelliez, Vincent Vandewalle, Maxime Brunin, Olivia Beseme, Audrey Hulot, Pascal de Groote, Philippe Amouyel, Christophe Bauters, Guillemette Marot, and Florence Pinet, "Circulating Proteomic Signature of Early Death in Heart Failure Patients with Reduced Ejection Fraction," *Scientific Reports* 9, 19202, 2019; Anna Egerstedt, John Berntsson, Maya Landenhed Smith, Olof Gidlöf, Roland Nilsson, Mark Benson, Quinn S. Wells, Selvi Celik, Carl Lejonberg, Laurie Farrell, Sumita Sinha, Dongxiao Shen, Jakob Lundgren, Göran Rådegran, Debby Ngo, Gunnar Engström, Qiong Yang, Thomas J. Wang, Robert E. Gerszten, and J. Gustav Smith, "Profiling of the Plasma Proteome Across Different Stages of Human Heart Failure," *Nature Communications* 10, 5830, 2019.

9 Frieder W. Scheller, Ulla Wollenberger, Axel Warsinke, and Fred Lisdat, "Research and Development in Biosensors," *Current Opinion in Biotechnology* 12, 35–40, 2001; Erin M. McConnell, Julie Nguyen, and Yingfu Li, "Aptamer-Based Biosensors for Environmental Monitoring," *Frontiers in Chemistry* 8, 1–24, 2020.

10 Harleen Kaur, John G. Bruno, Amit Kumar, and Tarun Kumar Sharma, "Aptamers in the Therapeutics and Diagnostics Pipelines," *Theranostics* 8, 4016–32, 2018.

對收集到的大量隨機RNA進行任務挑戰（其中一個例子是切開特定位置的DNA分子），然後收集那些可以完成任務的極少數分子，並增加數量[11]。其他科學家運用這種方式找出具有功能的人工核酶，例如可以建構自身核苷酸元件[12]的人工核酶、具有RNA聚合酶作用[13]的人工核酶，或是能將胺基酸附著到RNA[14]的人工核酶。這些新式核酶展現了RNA的催化能力比過往所想像的還要多元，並支持了地球生命可能是在「RNA世界」中出現的看法。

因此，在RNA這本書的未來篇章中，將會有自然與人工兩種內容來源。在自然這方面，各種生物與人類基因體深處還潛伏著大量未經探索的RNA。在人工這方面，我們已經找到方法演化出能變出戲法的新式RNA，而就我們目前所知，新式RNA會的都是自然界變不出來的戲法。這是我們以前就學到的教訓：永遠別低估RNA。

在撰寫本書期間，我一直努力讓RNA成為我見證過的許多戲劇性事件的主角。畢竟，RNA是完美的催化劑。RNA能夠在進行自我剪接時催化自身排列，還能催化各種不同的RNA剪接，讓人類能夠從有限的基因體中發揮出如此多的作用。身體結構中所有蛋白質的建構，以及地球上每個人與其他每個生物所有細胞中酵素的建構，都是由RNA所催化形成。RNA與蛋白質結合，催化染色體末端（端粒）的延伸，讓人類胚胎發育，並且讓幹細胞（遺憾的是也會讓腫瘤細胞）持續分裂。RNA與蛋白質結合，在RNA干擾程序中催化出對基因表現的抑制。另一個RNA與蛋白質的合作團隊名為CRISPR，其可催化細菌性病毒解體，並提供編輯我們DNA基礎密碼的空前能力。RNA會催化出人類病毒的力量，但同時也會以mRNA疫苗的形式（包覆在脂質載體中）催化出抵抗病毒的保護力。從生命的最初源頭開始，RNA就一直在催化生命，它可以做為酵素運用魔法，同時也能充當資訊分子（我們是這樣認為的）。

雖然我盡可能努力聚焦在RNA上，但RNA的故事與我的人生歷程相互交織，所以有時我會偏離敘述者的角色，短暫登上舞台。我專注於DNA，完成博士學業與博士後研究時，全然想不到RNA會如此快速佔據我全部的思緒與精力。並不是只有我從DNA科學家變成RNA科學家，許多人在RNA這個領域剛展開時都走過同樣的路。在此同時，RNA走出陰霾，不再只是服侍DNA的工具，而是具有無限可能的神奇分子。能在這場歷程中的每個轉折點與RNA同行，我感到非常榮幸。

---

11 Debra L. Robertson and Gerald F. Joyce, "Selection In Vitro of an RNA Enzyme That Specifically Cleaves Single-Stranded DNA," *Nature* 344, 467–68, 1990.

12 P. J. Unrau and D. P. Bartel, "RNA-Catalysed Nucleotide Synthesis," *Nature* 395, 260–63, 1998.

13 Wendy K. Johnston, Peter J. Unrau, Michael S. Lawrence, Margaret E. Glasner, and David P. Bartel, "RNA-Catalyzed RNA Polymerization: Accurate and General RNA-Templated Primer Extension," *Science* 292, 1319–25, 2001; David P. Horning and Gerald F. Joyce, "Amplification of RNA by an RNA Polymerase Ribozyme," *Proceedings of the National Academy of SciencesUSA* 113, 9786–91, 2016.

14 Rebecca M. Turk, Nataliya V. Chumachenko, and Michael Yarus, "Multiple Translational Products from a Five-Nucleotide Ribozyme," *Proceedings of the National Academy of Sciences USA* 107, 4585–89, 2010.

致謝

我在2021年6月決定要寫這本書，當時我很有信心可以將複雜的科學概念解釋給一般大眾了解，畢竟，我在科羅拉多大學已經教過幾千位大學生普通化學課。向更一般的讀者解釋RNA哪會有多困難？事實證明我太過自信了。不像我的化學系學生才剛上過高中科學課，他們的父母大部分早已遠離各種科學研究了。要為非科學家的廣大好奇讀者寫一本書，最終讓我辛苦了2年。

若是沒有多方協助，我是無法堅持寫作的。我很幸運遇到了史帝夫．海曼（Steve Heyman），他跟我的目標讀者群一樣只有最基本的生化知識。他對每個章節的每個版本所提出的意見，對最後的成品都相當重要。而我在W.W.諾頓公司的編輯潔西卡．姚（Jessica Yao），都大膽地對幾乎所有句子提出質疑。這裡的架構是否完美？我的解釋是否太專業？若不是發現她幾乎都是對的，我可能會更常反駁。還有我很幸運能夠找到畫家佐維納爾．赫里米安（Zovinar “Zovi” Khrimian），她那細緻的水墨畫有助於說明複雜的概念。她以一致的風格描繪RNA，希望可以將簡化的概念呈現給讀者。最後我要謝謝我的經紀人彼得與艾咪．伯恩斯坦夫婦（Peter and Amy Bernstein），謝謝他們展現的熱忱，也謝謝他們找到這麼好的出版社。

珍妮佛．道納與約翰．英格利斯（John Inglis）從一開始就以鼓勵的態度協助這個寫書計畫，也在出版上給予忠告。我開始寫書時，與許多科學家進行了深入的訪談與對話，對於協助讓人們了解RNA一事，他們幾乎無一例外地興致高昂，其中包括了約翰・艾貝爾森、達納・卡羅爾、菲利普・費爾格納、埃爾弗里德・加莫夫（Elfriede Gamow）、塞西莉亞・蓋里爾—高田、克莉絲汀・格思里、黃威龍、梅麗莎・摩爾、哈利・諾勒、諾曼・佩斯（Norm Pace）、丹尼爾・羅克薩爾、瓊・史泰茲、布魯斯・蘇林格（Bruce Sullenger）、艾瑞克・維斯特霍夫與姚孟肇。他們的回憶增加了書中內容的真實性，也增添了一些偶發的重要軼事。我要謝謝我的同事薛定（Ding Xue）以及他的博士後研究員喬伊塔・巴德拉（Joyita Bhadra），他們與我進行討論並親自示範注射線蟲。在描述一些我不熟悉的醫學概念時，也仰賴保羅・羅斯曼（Paul Rothman）的專業能力幫忙做檢核。

我很感謝過去幾十年在我實驗室中學習的100位研究生與博士後研究員，還有人數相近的大學生。雖然書中只提到其中一些人的名字，但是我們在研究過程中一同經歷的歡笑與淚水，讓我得以用現在的方式對一般讀者解釋這段歷程。所以在本書背後都有你們的存在，你們都為本書的基調做出貢獻，就跟我的長期研究助理亞瑟・札格、我的同事奧爾克・烏倫貝克與我的朋友湯姆・曼（Tom Mann）一樣。

最後要特別感謝我太太卡蘿，感謝她在我需要時傾聽我並給予回饋，也感謝她寬大包容我每晚長時間穴居在辦公室中。謝謝我的女兒及女婿，能夠理解我為何有時不得不放棄滑雪或其他活動。也要謝謝斯凱勒（Skyler），在我走路帶她去幼兒園的星期三早晨，從言語中帶給我的生活樂趣。斯凱勒、布萊德利（Bradley）與班傑明（Benjamin）都美好地提醒了我們人類發展的魔法，而這在很大程度上都得歸功於RNA這個催化劑。

詞彙表

- **後天免疫（adaptive immunity）：**針對特定病原體或其他外來物質感染的保護程序。與先天免疫系統相反，後天免疫系統需要先經由感染或注射疫苗來接觸病原體，後續才能對接觸到的病原體產生反應。亦請參考**先天免疫**。
- **α 球蛋白（alpha-globin）：**構成血紅素的兩種**蛋白質**鏈之一。血紅素是紅血球中負責攜帶氧氣的蛋白質。血紅素各有2條 *α* 與 *β* 球蛋白鏈，它們雖然相似但並非一模一樣，亦請參考 **β 球蛋白**。
- **選擇性mRNA剪接（alternative mRNA splicing）：**運用不同剪接位置產生不同mRNA副本的過程，讓單一基因就能編碼出2種以上的**蛋白質**。
- **胺基酸（amino acid）：蛋白質**的建構元件之一。有20種常見胺基酸，每一種由1～6個mRNA**密碼子**指示形成。
- **胺基酸序列（amino acid sequence）：蛋白質**鏈的建構元件（胺基酸）的特定順序，可決定蛋白質的三維摺疊形狀並取得特定功能，例如在胃中消化食物、讓肌肉動作，或在血流中攜帶氧氣。
- **反密碼子（anticodon）：**轉送RNA分子上會與mRNA密碼子進行鹼基配對的3個**鹼基**。

- **反義RNA（antisense RNA）**：運用與標的mRNA互補（反義）的RNA來抑制基因功能的工具。
- **適體（aptamer）**：用於結合特定**蛋白質**或小**分子**的人工核酸分子；源自拉丁文的「aptus」（適合的意思）。
- **阿格諾酵素（Argonaute）**：進行**RNA干擾**時要與**小干擾RNA**和**微小RNA**結合時所需的**蛋白質**，阿格諾酵素會以小干擾RNA和微小RNA做為指引，來降解或抑制一組mRNA的**轉譯**。
- **B細胞（B cell）**：會製造抗體的**淋巴球**，會製造與病毒或細菌結合的抗體，並藉此抑制入侵的病毒與細菌，保護動物免於受到感染。
- **噬菌體（bacteriophage/phage）**：會感染細菌的DNA或RNA病毒。
- **鹼基對（base pair）**：涉及G（鳥糞嘌呤）與C（胞嘧啶）或A（腺嘌呤）與T（胸腺嘧啶）或U（尿嘧啶）配對有關的互動。鹼基對會構成DNA雙螺旋這個扭曲梯子上的橫木。RNA的結構取決於單鏈內所形成的鹼基對。
- **鹼基（base）**：DNA或RNA鏈上每個位置所存在的化學單位，它也是核酸訊息的基本單位。DNA與RNA中有3個同樣的鹼基（A、G、C），第四個鹼基在DNA中是T，在RNA中是U。亦請參考**核苷酸**。
- **β球蛋白（beta-globin）**：形成血紅素的2種**蛋白質**鏈之一。血紅素是紅血球負責攜帶氧氣的蛋白質。血紅素各有2條α與β球蛋白鏈，亦請參考**α球蛋白**。
- **殼體（capsid）**：一種具有保護作用的蛋白質外殼，它在引導

RNA進入標的細胞時，可以保護病毒RNA免於受到活體組織（例如：**核糖核酸酶**）的危害。

- **細胞膜（cell membrance）**：由**脂質**分子所構成的兩層套膜，形成許多活體細胞的保護外層。
- **染色體（chromosome）**：帶有生物遺傳訊息的DNA與**蛋白質**的個別套組。在DNA進行**複製**之前，每條染色體都含有1條DNA雙螺旋。
- **密碼子（codon）**：在mRNA上由3個**核苷酸**所組成，可以指示製造**蛋白質**產物中的特定**胺基酸**。
- **配對（complementary）**：匹配；例如在RNA鹼基對中，G會與C配對。
- **CRISPR（規律間隔成簇短迴文重複序列〔Clustered Regularly Interspaced Short Palindromic Repeats〕）**：一種DNA切割系統，由引導RNA（以被切開的**DNA序列**為目標）與Cas9**蛋白**（CRISPR關聯蛋白9）所驅動。CRISPR是在細菌內被發現的自然程序，用於抵抗噬菌體的攻擊。
- **切割機酵素（Dicer）**：一種**蛋白酶**，可以將長雙股RNA切碎成小干擾RNA，也可將前驅的**微小RNA**切碎為成熟的微小RNA。
- **DNA序列（DNA sequence）**：DNA鏈上建構元件（**核苷酸**）的特定順序。
- **DNA疫苗（DNA vaccine）**：運用編碼病毒或細菌蛋白質的基因來訓練**後天免疫**系統搜尋病原體。DNA疫苗需要接種者將DNA複製到mRNA中，然後再複製成**蛋白質**。

- **供體模版**（donor template）：CRISPR基因編輯技術中所用到的DNA分子，在DNA被切開後，為**同源重組**提供模板。供體模板的序列會成為被修復**染色體**中的一部分。
- **酵素／酶**（enzyme）：活體細胞中的一種物質，可以在不被消耗的情況下加速生命所需的生化反應。酵素通常都是蛋白質，可讓心臟搏動，或分解胃中的食物，還可以合成將我們細胞聚集在一起的所有結構。
- **真核生物**（eukaryote）：會形成細胞核將DNA隔開的生物體，從藻類到人類都包括在內。
- **胞吐作用**（exocytosis）：這是細胞發展來輸出自身些許**蛋白質**的程序，也成了成熟病毒順道離開感染細胞的路徑。
- **家族疾病**（familial disease）：因為致病突變會經由父母遺傳給孩子，而在家族內流傳的疾病。
- **發酵**（fermentation）：在酵母菌或其他微生物中，將糖或澱粉經由**酵素**催化形成酒精的過程。
- **膠體電泳**（gel electrophoresis）：用來將DNA與RNA這類大分子分離出來的研究方法。膠體是一塊會晃動的果凍狀材料，當你對膠體施予電場時（上方是負電極，下方是正電極），一開始位於上方且帶負電的DNA或RNA分子會被推動穿過膠體，並根據自身大小被分離。
- **基因治療**（gene therapy）：運用DNA來治療或預防疾病，最常見的方式是給予患者一個新的健康基因副本來彌補受損基因。
- **基因體**（genome）：生物體內的DNA總量。人類的基因體由

23對染色體組成，大約有30億個**鹼基**。

- **生殖細胞（germline cell）**：就是性細胞（精子與卵子）以及會產生性細胞的細胞，與**體細胞**的不同之處在於，其遺傳訊息會傳遞給生物的後代。
- **同源重組（homologous recombination）**：修復雙股斷裂DNA的程序，需要相同或類似（同源）序列的完整版來引導修復。這個修復程序的中間步驟會在2個DNA版本中進行遺傳訊息的交換（重組）。
- **先天免疫（innate immunity）**：保護生物體免於受到感染的一種程序，與**後天免疫**的不同處在於，它不會針對特定病原體。先天免疫系統會識別出病原體的保守特徵，並迅速活化摧毀入侵的病原體。
- **內含子（intron）**：不會編碼蛋白質且在**轉錄**成RNA後會被接剪掉的DNA片段。rRNA與tRNA的內含子則是會打斷具有功能性成熟分子的片段，它們也一樣必須被剪接掉。在談DNA與RNA時都會用到這個術語。
- **核糖體大次單元（large subunit of the ribosome）**：蛋白質合成機器的一部分，具有在**肽基轉移**反應中用來連接**胺基酸**以形成**蛋白質**的活性位置。大腸桿菌的核糖體大次單元由2個rRNA（分別有2,904個和120個核苷酸）與大約33個蛋白質所構成。
- **脂質套膜（lipid envelope）**：對一些RNA病毒而言，**殼體**已足以提供「空間被膜」來保護RNA並將其運送到目的地。不過在其他病毒中，殼體還會被另被一層由**脂質**分子所構成的套膜所包覆。

- **脂質奈米粒子**（lipid nanoparticle；LNP）：由**脂質**分子所構成的藥物運送系統，可以讓mRNA疫苗或藥劑通過細胞的防禦。
- **脂質**（lipid）：不太溶於水的脂肪、蠟與油。脂質構成包覆動物細胞的膜，以及病毒的外層套膜。
- **微脂體**（liposome）：將DNA或RNA運送至細胞中的載體，外部具有雙層脂質，將內部的核酸包覆。
- **長鏈非編碼RNA**（long noncoding RNA；lncRNA）：大於200個**核苷酸**且不會編碼**蛋白質**的RNA分子。大多數長鏈非編碼RNA的功能仍未知。
- **淋巴球**（lymphocyte）：構成免疫系統其中一部分的白血球。主要由**B細胞**與**T細胞**所組成。
- **信使RNA**（messenger RNA；mRNA）：具有一串**密碼子**可以指示特定**蛋白質**合成的RNA。人類mRNA攜帶從細胞核DNA而來的訊息到細胞質的**核糖體**中。
- **微小RNA**（microRNA）：會在細胞質中與mRNA結合，並切割它們或抑制它們**轉譯**的極小RNA，因此它們會在RNA層級干擾基因的表現。微小RNA起初所形成的也是較大的RNA，它們內部會進行**鹼基配對**形成長雙股片段，再經由**切割機酵素**切割成適當大小。對手腳的發育、心肌的形成、血球細胞的製造（特別是免疫細胞）與胎盤發育及妊娠等過程均有貢獻。
- **微小染色體**（minichromosome）：在同一細胞中位於染色體DNA之外，獨自進行複製的小型DNA片段。微小染色體是大自然版的**質體**。四膜蟲的**核糖體**RNA基因就出現在微小染色體上。

- **分子（molecule）**：經由化學鍵結以特殊方式聚合的一群原子。水、蔗糖與二氧化碳是分子。DNA、RNA與蛋白質也是分子，不過因為它們的尺寸較大，所以被稱為大分子。
- **mRNA疫苗（mRNA vaccine）**：運用編碼病原體表面**蛋白質**的mRNA來驅動免疫系統尋找特定病原體的產品。人類細胞會將mRNA轉譯成病原體特有的蛋白質，然後這種蛋白質就會對後天免疫系統下指示。亦請參考**後天免疫**。
- **負（-）股RNA病毒（negative strand RNA virus）**：以mRNA互補股形式進入宿主體內的病毒RNA。這些病毒會攜帶它們自己的**複製酶**，將負股複製成可做為mRNA的正股。所有的流感病毒、呼吸道融合病毒、狂犬病毒與伊波拉病毒也都是負股病毒。
- **非編碼RNA（noncoding RNA）**：即使不會編碼蛋白質，但在細胞生物學中仍扮演關鍵角色的RNA群。這類RNA包括了**核糖體RNA**、**轉送RNA**、**端粒酶RNA**、**小核RNA**與**核酶**。
- **非同源末端接合（non-homologous end joining；NHEJ）**：一種修復雙股斷裂DNA的程序，斷裂的末端會直接結合，無須借助完整版本的相同（同源）序列來引導修復。非同源末端接合常常會在修復位置插入或刪除幾個核苷酸。亦請參考**同源重組**。
- **核苷酸（nucleortide）**：DNA或RNA的基本建構元件，每一個都由磷酸根、糖（去氧核糖或核糖）與**鹼基**（A、G、C與T或U；DNA中含有T，RNA中含有U）所構成。核苷酸所帶有的資訊內容與鹼基所帶的一樣。

- **致癌基因（oncogene）**：正常人類基因經突變所形成，會驅動異常細胞分裂並造成癌症。
- **肽基轉移（peptidyl transfer）**：2個**胺基酸**結合以形成**蛋白質**鏈的化學反應。
- **噬菌體（phage）**：bacteriophage的簡稱，一種可以感染細菌的病毒。
- **質體（plasmid）**：位於細胞**染色體**外獨自進行複製的人工DNA片段。通常是小型環狀DNA。質體會被用在分離與操作基因的研究中。
- **正（+）股RNA病毒（positive strand RNA virus）**：此種病毒RNA在進入宿主後，已經準備好要做為編碼病毒**蛋白質**的mRNA。病毒mRNA挾持了宿主細胞的**核糖體**去製造它們有毒的蛋白質。正股RNA包括了小兒麻痺病毒、登革熱病毒、A型與C型肝炎病毒、SARS-CoV-2病毒與鼻病毒，最後一種會造成一般感冒。
- **前驅物（precursor）**：以RNA為例，是RNA一開始轉錄而成的形式，尚未經過修整、剪接，或任何修改到可以執行任務的程度。
- **蛋白質（protein）**：可摺疊成特定形狀以執行各種功能的**胺基酸**鏈。在動物之中，有些蛋白質會形成肌肉纖維、皮膚或頭髮。有些則會做為**酵素**，將我們吃下的食物分解成原先的組成成分，然後回收這些成分來建構新的分子機器。有些可以在包覆我們細胞的膜上打洞，選擇性地讓一些鹽類或營養物質進入細胞，並排出其他物質。有些蛋白質可以做為傳訊分子，接收外界資訊，並據此活化內部程序。有些蛋白質是抗體，會保護我們免於受到病毒這類外來入侵者的侵害。

- **假U**（pseudoU）：一種尿嘧啶的修飾版本，自然存在於某些tRNA分子的特定位置上。它仍會形成A-U鹼基對，但不會被先天免疫系統辨識出來。亦請參考**先天免疫**。
- **受體**（receptor）：會與各種**蛋白質**或荷爾蒙、氣味等特定**分子**結合的蛋白質。受體讓細胞能對外部環境做出反應。
- **複製酶**（replicase）：將核酸複製成更多同類核酸的這類酵素通稱。DNA聚合酶與病毒RNA依賴性RNA聚合酶都是複製酶的例子。
- **複製**（replication）：製造出相同單一核酸分子或近乎相同副本的過程。在DNA複製中，一條雙螺旋會被複製成2條雙螺旋。在RNA複製中（主要存在病毒中），一條單股RNA會被複製成多條子代股。
- **反轉錄酶**（reverse transcriptase）：將單股RNA轉錄成DNA的**酵素**，是正常DNA**轉錄**至RNA的反向運作。
- **核糖核酸酶**（ribonuclease；RNase）：會切割RNA的**酵素**。
- **核糖核酸酶P**（ribonuclease P；RNase P）：從前驅tRNA上剪下前導序列，以形成具有活性之成熟tRNA的**酵素**。細菌的核糖核酸酶P是由催化性RNA（**核酶**）與支持性**蛋白質**所構成。亦請參考**前驅物**。
- **核糖體RNA**（ribosomal RNA；rRNA）：是一種**非編碼RNA**，對**核糖體**的功能極為重要。細菌核糖體包含了3種核糖體RNA，而真核生物的核糖體則包含了4種。

- **核糖體**（ribosome）：負責製造**蛋白質**的細胞工廠。核糖體是由RNA（rRNA）與核糖體蛋白質所構成。
- **核酶**（ribozyme）：具有酵素活性的核糖核酸。
- RNA**干擾**（RNA interference；RNAi）：一種自然的調節程序，可以讓生物體在mRNA群轉錄後降低活性。RNA干擾還被重新應用於治療罕見遺傳性疾病。亦請參考**微小**RNA與**小干擾**RNA。
- RNA**聚合酶**（RNA polymerase）：將訊息從DNA複製到RNA中的**酶**。
- RNA**加工**（RNA processing）：在**前驅**RNA最初轉錄後必會發生的步驟，這是為了要形成具有功能性的RNA。這些步驟包括RNA**剪接**與切除不需要的序列，以及增加不是由DNA編碼的鹼基。
- RNA**序列**（RNA sequence）：RNA鏈上建構元件（**核苷酸**）的特定順序。
- RNA**剪接**（RNA splicing）：將**前驅**RNA裡的中斷序列（**內含子**）切除，並將兩側序列接合的生化程序。
- **衰老**（senescence）：細胞老化的最終階段，細胞會持續存活並改變新陳代謝，但不會再分裂。
- **單一引導**RNA（single-guide RNA）：專門設計給CRISPR基因編輯技術使用的RNA，其結合了引導RNA與tracrRNA。
- **小干擾**RNA（small interfering RNA；siRNA）：由23個核苷酸所組成的人工雙股RNA，其中一股與標的mRNA互補。經由RNA**干擾**路徑，小干擾RNA會引導程序對標的mRNA進行切割，使其失去活性。

- **小核RNA（small nuclear RNA；snRNA）**：穩定且數量眾多的非編碼RNA，會與特定**蛋白質**結合形成複合物，並以這樣的形式存在。U1與U2小核RNA會在前驅mRNA上標記剪接位置，而U2、U5與U6小核RNA會直接參與mRNA剪接的催化。U4小核RNA在剪接早期會持續控管U6小核RNA直到它被取代為止。U3小核RNA不會參與mRNA剪接，但會參與rRNA成熟的過程。
- **核糖體小次單元（small subunit of the ribosome）**：**蛋白質**合成機器的一部分，是最先與mRNA接合的部分。小次單元會引導mRNA的解碼以及tRNA的接合。大腸桿菌的核糖體小次單元由3個rRNA中第二大的那一個與22個蛋白質所構成。
- **體細胞（somatic cell）**：不是**生殖細胞**的其他所有身體細胞，包括皮膚細胞、肌肉細胞、肝臟細胞、血球細胞與腦細胞等等。人類的體細胞為二倍體（2組**染色體**），而且不會將任何的突變遺傳給生物體後代。
- **脊髓性肌肉萎縮症（spinal muscular atrophy；SMA）**：一種致命的神經退化性疾病，是**運動神經元存活基因1**突變所造成。
- **剪接（splicing）**：請參考**RNA剪接**。
- **剪接因子（splicing factor）**：眾多促進與調控mRNA剪接的任何一種**蛋白質**。這些因子與直接催化剪接的**小核RNA**—蛋白質複合物不同。
- **偶發疾病（sporadic disease）**：一種沒有家族病史的自發性疾病。**體細胞**突變所造成的基因問題，仍然可能造成偶發疾病。

- **運動神經元存活基因**（survival of motor neuron；SMN1及SMN2）：運動神經元存活基因1會編碼一種**蛋白質**，其會參與snRNA－蛋白質複合物的組成。若其發生突變，就會造成**脊髓性肌肉萎縮症**。活化運動神經元存活基因2，可以彌補運動神經元存活基因1突變所造成的失能。
- **T細胞**（T cell）：是一種**淋巴球**，會摧毀任何遭受病原體感染或癌化的細胞，保護動物免於受到傷害。
- **端粒酶**（telomerase）：經由在**染色體末端**（**端粒**）增加保護性DNA序列，讓真核細胞可以持續分裂的分子機器。端粒酶由一個RNA分子與數個**蛋白質**所構成，其中包括**端粒酶反轉錄酶**。
- **端粒酶反轉錄酶**（telomerase reverse transcriptase；TERT）：**端粒酶**RNA的蛋白質夥伴，其中包含了端粒DNA合成的催化中心。
- **端粒**（telomere）：染色體末端，由重複的DNA序列與相關保護性**蛋白質**所構成。端粒的長度就是量測**體細胞**可經歷細胞分裂次數的時鐘。
- tracrRNA：「轉錄活化CRISPR RNA」，這是一種存在於自然界中的細菌RNA，可以與引導RNA配對，並將其固定在Cas9蛋白上。
- **轉錄**（transcription）：將DNA複製到RNA上的程序。
- **轉送RNA**（transfer RNA；tRNA）：一種小型RNA，可以將正確的**胺基酸**運送到**核糖體**內正在增長的**蛋白質**鏈上。每個轉送RNA都能辨識出與特定胺基酸對應的mRNA**密碼子**。

- **轉譯**（translation）：讀取mRNA密碼以合成**蛋白質**的程序。這個程序是由**核糖體**所執行。
- **移位**（translocation）：mRNA**密碼子**（以及與其結合的tRNA）在**核糖體**中，從一個位置移動到另一個位置上。每當一個密碼子被讀取就必定會發生一次移位，以騰出空間讓下一個tRNA進入。
- **三聯體密碼子**（triplet codon）：請見**密碼子**。
- **X光晶體繞射法**（X-ray crystallography）：用以確認**蛋白質**與胺基酸等分子結構的技術。它的過程是，先打一束X光到樣本上（例如蛋白質分子的結晶），再收集X光繞射的影像，最後計算出什麼樣的結構才會產生這樣的繞射。

科學新視野 195

生命的催化劑 RNA：諾貝爾化學獎得主破解生命最深沉謎題的探索之旅

The Catalyst: RNA and the Quest to Unlock Life's Deepest Secrets

作者—— 湯瑪斯・切克博士（Dr. Thomas R. Cech）
譯者—— 蕭秀姍
企劃選書—— 黃靖卉、羅珮芳
責任編輯—— 羅珮芳
版權—— 吳亭儀、江欣瑜
行銷業務—— 周佑潔、林詩富、賴玉嵐、吳淑華
總編輯—— 黃靖卉
總經理—— 彭之琬
第一事業群總經理—— 黃淑貞

發行人—— 何飛鵬
法律顧問—— 元禾法律事務所王子文律師
出版—— 商周出版
台北市 115 南港區昆陽街 16 號 4 樓
電話：(02) 25007008・傳真：(02)25007759
發行—— 英屬蓋曼群島商家庭傳媒股份有限公司城邦分公司
台北市 115 南港區昆陽街 16 號 8 樓
書虫客服服務專線：02-25007718；25007719
服務時間：週一至週五上午 09:30-12:00；下午 13:30-17:00
24 小時傳真專線：02-25001990；25001991
劃撥帳號：19863813；戶名：書虫股份有限公司
讀者服務信箱：service@readingclub.com.tw
城邦讀書花園：www.cite.com.tw
香港發行所—— 城邦（香港）出版集團
香港九龍土瓜灣土瓜灣道 86 號順聯工業大廈 6 樓 A 室
電話：(852) 25086231・傳真：(852) 25789337
E-mail:hkcite@biznetvigator.com
馬新發行所—— 城邦（馬新）出版集團【Cite (M) Sdn Bhd】
41, Jalan Radin Anum, Bandar Baru Sri Petaling,
57000 Kuala Lumpur, Malaysia.
電話：(603) 90563833・傳真：(603) 90576622
E-mail:services@cite.my

封面設計—— 廖韡
內頁排版—— 陳健美
印刷—— 韋懋實業有限公司
經銷—— 聯合發行股份有限公司
電話：(02)2917-8022・傳真：(02)2911-0053
地址：新北市 231 新店區寶橋路 235 巷 6 弄 6 號 2 樓

初版—— 2025 年 5 月 27 日初版
定價—— 580 元
ISBN—— 978-626-390-528-3

國家圖書館出版品預行編目 (CIP) 資料

生命的催化劑 RNA：諾貝爾化學獎得主破解生命最深沉謎題的探索之旅／湯瑪斯・切克（Thomas R. Cech）著，蕭秀姍譯 -- 初版 -- 臺北市：商周出版：英屬蓋曼群島商家庭傳媒股份有限公司城邦分公司發行，2025.05
336 面；14.8*21 公分 --（科學新視野；195）
譯 自：The Catalyst: RNA and the Quest to Unlock Life's Deepest Secrets
ISBN 978-626-390-528-3(平裝)

1.CST：核糖核酸 2.CST：生命科學

364.217　　114004794

書號：BU0195	書名：生命的催化劑RNA	編碼：

請於此處用膠水黏貼

商周出版

讀者回函卡

感謝您購買我們出版的書籍！請費心填寫此回函卡，我們將不定期寄上城邦集團最新的出版訊息。

不定期好禮相
立即加入：商
Facebook 粉

姓名：＿＿＿＿＿＿＿＿＿＿ 性別：☐男 ☐女

生日：西元＿＿＿＿年＿＿＿＿月＿＿＿＿日

地址：＿＿＿＿＿＿＿＿＿＿

聯絡電話：＿＿＿＿＿＿＿＿ 傳真：＿＿＿＿＿＿＿＿

E-mail ：＿＿＿＿＿＿＿＿＿＿

學歷：☐ 1. 小學 ☐ 2. 國中 ☐ 3. 高中 ☐ 4. 大學 ☐ 5. 研究所以上

職業：☐ 1. 學生 ☐ 2. 軍公教 ☐ 3. 服務 ☐ 4. 金融 ☐ 5. 製造 ☐ 6. 資訊

☐ 7. 傳播 ☐ 8. 自由業 ☐ 9. 農漁牧 ☐ 10. 家管 ☐ 11. 退休

☐ 12. 其他＿＿＿＿＿＿＿＿

您從何種方式得知本書消息？

☐ 1. 書店 ☐ 2. 網路 ☐ 3. 報紙 ☐ 4. 雜誌 ☐ 5. 廣播 ☐ 6. 電視

☐ 7. 親友推薦 ☐ 8. 其他＿＿＿＿＿＿＿＿

您通常以何種方式購書？

☐ 1. 書店 ☐ 2. 網路 ☐ 3. 傳真訂購 ☐ 4. 郵局劃撥 ☐ 5. 其他＿＿＿＿

您喜歡閱讀那些類別的書籍？

☐ 1. 財經商業 ☐ 2. 自然科學 ☐ 3. 歷史 ☐ 4. 法律 ☐ 5. 文學

☐ 6. 休閒旅遊 ☐ 7. 小說 ☐ 8. 人物傳記 ☐ 9. 生活、勵志 ☐ 10. 其他

對我們的建議：＿＿＿＿＿＿＿＿＿＿

＿＿＿＿＿＿＿＿＿＿

＿＿＿＿＿＿＿＿＿＿

【為提供訂購、行銷、客戶管理或其他合於營業登記項目或章程所定業務之目的，城邦出版人集團（即英屬蓋曼群島商家庭傳媒（股）公司城邦分公司、城邦文化事業（股）公司），於本集團之營運期間及地區內，將以電郵、傳真、電話、簡訊、郵寄或其他公告方式利用您提供之資料（資料類別：C001、C002、C003、C011 等）。利用對象除本集團外，亦可能包括相關服務的協力機構。如您有依個資法第三條或其他需服務之處，得致電本公司客服中心電話 02-25007718 請求協助。相關資料如為非必要項目，不提供亦不影響您的權益。】

1.C001 辨識個人者：如消費者之姓名、地址、電話、電子郵件等資訊。
2.C002 辨識財務者：如信用卡或轉帳帳戶資訊。
3.C003 政府資料中之辨識者：如身分證字號或護照號碼（外國人）。
4.C011 個人描述：如性別、國籍、出生年月日。

請於此處用膠水黏貼